食品科学与工程系列教材

食品工艺学导论

蒲　彪　艾志录　主编

科学出版社
北　京

内 容 简 介

本教材分为8章，主要包括食品的腐败变质及其控制、食品的低温保藏、食品罐藏、食品的干制保藏、食品的腌制和烟熏、食品发酵、食品的化学保藏、食品的辐照保藏等内容。本书在兼顾高等学校教材理论性、系统性较强的前提下，尽可能从实用出发，既有最新理论和技术，又涉及食品加工中的生产实际问题，努力做到理论和实践有机融合为一体，有利于学生更好地掌握各章的重点内容和学习要求，同时也为教师压缩课堂教学内容提供了可能。

本教材既可作为高等院校食品类专业的教材，也可供从事食品贮藏加工实际工作的专业技术人员参考。

图书在版编目(CIP)数据

食品工艺学导论 / 蒲彪, 艾志录主编. —北京 :科学出版社, 2012.8
(2024.7 重印)
食品科学与工程系列教材
ISBN 978-7-03-034528-8

Ⅰ. ①食… Ⅱ. ①蒲… ②艾… Ⅲ. ①食品工艺学-高等学校-教材
Ⅳ. ①TS201.1

中国版本图书馆 CIP 数据核字 (2012) 第 191073 号

责任编辑：刘 琳 / 责任校对：彭 映
责任印制：罗 科 / 封面设计：墨创文化

科学出版社出版
北京东黄城根北街16号
邮政编码：100717
http://www.sciencep.com

成都锦瑞印刷有限责任公司 印刷
科学出版社发行 各地新华书店经销
*
2012 年 8 月第 一 版 开本：787×1092 1/16
2024 年 7 月第十二次印刷 印张：17
字数：400 000

定价：36.00 元

(如有印装质量问题,我社负责调换)

《食品工艺学导论》编委会

主　编：蒲　彪（四川农业大学）

　　　　艾志录（河南农业大学）

副主编：方　婷（福建农林大学）

　　　　王兆升（山东农业大学）

　　　　宋晓燕（河南农业大学）

编　委：（按姓名拼音为序）

　　　　艾明艳（塔里木大学）

　　　　敖晓琳（四川农业大学）

　　　　李述刚（塔里木大学）

　　　　刘兴艳（四川农业大学）

　　　　田建军（内蒙古农业大学）

前　言

食品工艺学导论是高等学校食品科学与工程、食品质量与安全等本科专业的专业主干课程。本书以食品保藏原理为基础，在系统阐述食品加工保藏基本原理的基础上，增加了国内外该领域内的最新应用技术和研究成果，充实了我国食品工业的发展成果。

全书分为8章，主要包括食品的腐败变质及其控制、食品的低温保藏、食品罐藏、食品的干制保藏、食品的腌制和烟熏、食品发酵、食品的化学保藏、食品的辐照保藏等内容。其中，蒲彪、刘兴艳编写绪论和第1章，艾志录编写第2章，宋晓燕编写第3章，李述刚、艾明艳编写第4章，王兆升编写第5章，敖晓琳、刘兴艳编写第6章，田建军编写第7章，方婷编写第8章。由蒲彪负责全书统稿。

本书在兼顾高等学校教材理论性、系统性较强的前提下，尽可能从实用出发，既有最新理论和技术，又涉及食品加工中的生产实际问题，努力做到理论和实践有机融合为一体。本教材作为食品工艺学导论、食品工艺学、食品保藏原理或食品保藏学等课程的配套教材，是学生学习其他食品工艺学课程的基础，同时又要求学生具有食品化学、食品微生物学、食品工程原理等先修课程的基础。本教材既可作为高等院校食品类专业的教材，也可供从事食品贮藏加工实际工作的专业技术人员参考。

本书由全国多所院校共同参与编写，汇集了东南西北中各方力量，是集体智慧的结晶。由于涉及知识面广，内容丰富，科技发展日新月异，尽管作者尽了最大努力，但书中疏漏和不妥之处在所难免，衷心期待广大同仁和读者批评指正。

蒲　彪

2012年5月于雨城雅安

目　　录

绪　论

自古以来，供人类食用的食物几乎全来自于动植物和微生物。随着人类文明的进步，获取食物的过程已经从简单的采集和狩猎发展为种植、饲养和捕捞。与此同时，为了获得更好的食品风味、口感以及更长的保藏时间，食品加工和保藏方法也得到了长足发展。

虽然我国食品工业的标准化发展史不足百年，但是食品加工却有很久远的历史。公元前1000多年，古人就开始利用盐腌的方法保存鱼类。到了20世纪50年代，具有一定规模的食品企业只有几百家，大部分仍沿袭手工作坊式的生产方式。第一个五年计划期间(1953～1957年)，国营食品工业企业学习苏联经验，强化技术管理，制定工艺规程和卫生制度，开始了我国食品工业化生产的道路。

虽然不同的食品加工的工艺原理和工艺过程各有不同，但是食品加工的目的主要体现在以下几点：

(1)延长食品的储存时间，防止食品腐败变质。常用的方法如罐藏、冷冻、干燥、腌渍等。

(2)增加产品的多样性，提高消费者的接受度。常用的技术有精制、萃取、挤压膨化、包装等。

(3)改变营养成分的可消化性，促进营养吸收。常用的技术如发酵、加热处理等。

(4)提高运输能力。常用的技术如浓缩、冷藏或冷冻、干燥等。

(5)创造更多的经济利益。

在食品加工的诸多目的当中，防止食品的腐败变质和延长保质期是最主要的目的。而食品腐败变质的原因主要归结为微生物和酶的作用，因此研究食品保藏的过程就是研究如何抑制微生物的生长代谢和酶的活性的过程。对微生物的抑制一般可通过高温杀菌和低温保藏的方法，例如罐藏食品、熟肉制品等；也可通过糖渍、腌渍、干燥等方法降低食品的水分活度，使微生物的生长繁殖受到抑制，例如奶粉的喷雾干燥、咸鱼等；还有一种抑制微生物的方法是利用有益微生物发酵产生的抑菌物质，如乳酸、醋酸、过氧化氢、细菌素等对腐败或有害微生物进行抑制，使食品的保藏期限得以延长，比较常见的食品如酸奶、泡菜等。酶的作用一般可通过高温使酶失活和低温降低酶的活性来进行控制。因此，通过科学合理的加工方法可以延长食品保质期，保障食品安全卫生，保持食品营养价值和感官品质。

食品加工的方法非常多，可以简单地分为三类。第一类，物理方法：改变食品外观、结构、成分、物理性质等，如冷藏、冻藏、干燥。第二类，化学方法：改变食品的化学组成，常添加化学物质或酶，如水解、氢化、酯化、中和、褐变等。第三类，微生物学方法：改变食品的化学组成及物理结构，常用的方法如发酵。

随着生活水平的不断提高，人们对食物的追求已不再局限于口味和食感，卫生安全、营养保健、美味多样、方便快捷的食品正在逐渐成为消费者的新宠。与此同时，食品加工技术也在不断改进，许多新的技术被运用于食品工业，例如超临界萃取、超微粉碎、微胶囊技术、静电杀菌技术等。这些新技术的应用使食品工业走向了多样化、方便化、规模化、产业化的道路。

1. 食品的概念与分类

1）食品的概念

食品泛指可以食用的物品，是人体生长发育、更新细胞、修补组织、调节机能必不可少的营养物质，也是供人体产生热量维持体温和进行体力活动的能量来源。从食品卫生立法和管理的角度来看，广义的食品概念还涉及所生产食品的原料、食品原料种植或养殖过程接触的物质和环境、食品的添加物质、所有直接或间接接触食品的包装材料或设施，以及影响食品原有品质的环境等。而从狭义上来讲，食品是对经过加工制作的食物的统称。《食品安全法》第九十九条对食品的定义如下：食品，指各种供人食用或者饮用的成品和原料以及按照传统既是食品又是药品的物品，但是不包括以治疗为目的的物品。《食品工业基本术语》将食品定义为可供人类食用或饮用的物质，包括加工食品、半成品和未加工食品，不包括烟草和只作药品用的物质。

2）食品的分类

食品的分类方法非常多，按照食品不同的加工工艺，我们可以将食品分为低温保藏食品、腌制食品、烟熏食品、干制食品、罐藏食品、辐照食品等。根据食品原料的不同可将食品分为果蔬制品、肉禽制品、乳制品、水产品、粮油制品等。而按照食品的食用对象，可将食品分为老年食品、儿童食品、婴幼儿食品、妇女食品、运动食品、航空食品、军用食品等。

目前，国内外较常用的食品分类系统主要是出于界定添加剂使用范围而作的。我国根据《食品安全国家标准 食品添加剂使用标准》（GB 2760-2011）中提出的食品分类系统，将食品分为十六大类，三百多个小类。该分类系统是我国目前制定企业标准和食品安全认证的主要依据性文件。《食品安全国家标准 食品添加剂使用标准》（GB 2760-2011）中十六大类食品分别如下。

（1）乳与乳制品：以生鲜乳及其制品为主要原料，经加工制成的各种食品，如消毒牛奶、酸奶、奶油、奶粉等。

（2）脂肪、油和乳化脂肪制品：指植物和动物性食用油料，如花生油、大豆油、动物油等。

（3）冷冻饮品：指固体冷冻的即食性食品，如冰棍、雪糕、冰激凌等。

（4）水果、蔬菜（包括块根类）、豆类、食用菌、藻类、坚果以及籽类等。

（5）可可制品、巧克力和巧克力制品（包括类巧克力和代巧克力）以及糖果。

（6）粮食和粮食制品：指各种原粮、成品粮以及各种粮食加工制品，包括方便面等。

（7）焙烤食品：指以面粉、食糖、油脂等为原料经过调制成形、熟制装饰等加工成的食品，如面包、蛋糕、饼干等。

(8)肉及肉制品：以生鲜肉类及其制品为主要原料加工而成的各种成品或半成品，如香肠、火腿、午餐肉等。

(9)水产品及其制品：指鲜活的水产品或以其为主要原料加工而成的产品，包括鲜鱼、鱼丸、鱼罐头、熏鱼等。

(10)蛋及蛋制品：禽蛋及以其为主要原料加工而成的产品，包括鲜蛋、皮蛋、咸蛋、蛋黄粉等。

(11)甜味料：包括食糖、蜂蜜及花粉、各种糖浆及其他甜味料。

(12)调味品：指酱油、酱、食醋、味精、食盐及其他复合调味料等。

(13)特殊膳食用食品：为满足某些特殊人群的生理需要，或某些疾病患者的营养需要，按特殊配方专门加工的食品，如婴儿配方食品、低能量食品、特殊医学用途配方食品。

(14)饮料类：经加工制成的供人饮用的液体，尤指用来解渴、提供营养或提神的液体，如矿泉水、果蔬汁、蛋白饮料、碳酸饮料等。

(15)酒类：指以含糖或淀粉类的原料，经糖化发酵蒸馏而制成的白酒(包括瓶装和散装白酒)和以发酵酒或蒸馏酒作酒基，经添加可食用的辅料配制而成的酒，如果酒、白兰地、香槟、汽酒等。

(16)其他食品：未列入上述范围的食品或新制订评价标准的食品类别。

2. 食品工艺学导论课程简介

食品工艺学是食品科学与工程专业的主干专业课，是一门综合性学科，涉及应用化学、物理学、生物学、微生物学、机械学和食品工程等多个领域，是研究食品资源的选择、加工、包装和贮运中的各种问题，探索解决问题的途径，实现生产合理化、科学化和现代化，为人类提供营养丰富、品质优良、种类繁多、食用方便的食品的一门学科。

食品工艺学导论系统地介绍了各种不同的食品加工工艺及其加工原理、适用的食品种类、加工过程中的工艺要点以及加工过程对食品品质的影响等。不管是冷藏、罐藏、腌制、辐照、干制还是发酵保藏技术，其核心内容主要是研究引起食品腐败变质的原因及其控制方法，解释各种食品腐败变质现象的机理并提出合理的、科学的防止措施，阐明食品保藏的基本原理和技术，从而为食品的加工保藏提供理论基础和技术。

食品工艺学涉及的内容非常多，其主要任务有以下几点：

(1)研究食品保藏原理，探索食品加工、贮藏、运输过程中腐败变质的原因和控制方法；

(2)研究食品保藏过程中物理、化学及生物学特性的变化规律，分析其对食品质量和食品保藏的影响；

(3)解释各种食品腐败变质的机理及控制食品腐败变质应采取的技术措施；

(4)研究先进的食品生产的方法以及科学的生产工艺，在提高食品质量的同时提高食品的生产效率和企业的生产效益。

3. 食品工业的现状与发展前景

食品工业在国际上被喻为永不衰败的产业，与人口、环境、能源一起被列为当今国际经济和社会发展四大战略研究课题之一。在我国，食品工业是国民经济的重要支柱产业，对推动农业发展，增加农民收入，改变农村面貌，推动国民经济持续、稳定、健康发展具有重要意义。

1）我国食品工业的现状

（1）食品工业取得的成绩。我国食品工业在中央及各级政府的高度重视下，在市场需求的快速增长和科技进步的有力推动下，已发展成为门类比较齐全，既能满足国内市场需求，又具有一定出口竞争能力的产业，并实现了持续、快速、健康发展的良好态势。2009年，我国规模以上企业食品工业总产值49678亿元，比2005年的20473亿元增长了143%，提前实现了“十一五”规划中食品工业总产值2010年达40900亿元，年均增长15%的目标。2011年，全国食品工业持续增长，规模继续扩大，效益有所提高，市场供应丰富。根据国家统计局数据，2011年食品工业总产值7.8万亿元，同比增长31.6%。

近年来，食品工业取得了骄人的业绩：

①食品工业化水平不断提高。食品工业总产值以年均10%以上的水平递增，自动化水平进一步提高，生产技术不断改进，精深加工产品比例不断上升。食品工业高新技术得到了较好的应用，大中型企业技术装备水平有了较大的提高。如生物工程技术、超高温杀菌、冷冻速冻、超临界萃取、膜分离、分子蒸馏等一大批高新技术在食品行业得到了推广应用，有力地促进了食品工业生产技术水平的提高和产品的更新换代。啤酒、葡萄酒、饮料、乳品、烟草加工等行业中较先进的技术装备已接近发达国家20世纪90年代中期的先进水平。我国食品机械设备制造水平正在逐步适应食品工业的发展和技术改造的要求。

②食品工业结构进一步优化。粮食类制品、肉类制品发展迅速，益生菌发酵乳等新型乳制品产量快速增长，软饮料行业产品更加多元化，绿色食品、有机食品将成为食品消费的主旋律。为了满足市场向科技含量高的优质产品高度集中的需求，企业的装备得到了前所未有的提升和优化。食品工业结构调整促使产品销售收入快速增长，经济效益大幅度提高，为国民经济建设发挥着支柱产业的重要作用。

③高新技术得到较好应用。食品工业高新技术得到较好的应用，如生物工程技术、超高温杀菌、冷冻速冻、超临界萃取、膜分离、分子蒸馏等一大批高新技术在食品行业得到了推广应用，有力地促进了食品工业生产技术水平的提高和产品的更新换代。通过自主创新和集成创新，我国成功研发了一批具有自主知识产权的食品高新加工装备，如大功率高压脉冲电场设备、高压二氧化碳杀菌设备、太阳能果蔬高效节能干燥设备等。这些技术设备的应用缩短了我国在食品精深加工技术和装备领域与国际先进水平的差距。

④食品监管力度不断加大，食品法规不断完善。由于食品安全事故时有发生，使食品安全问题受到全社会空前的、高度的重视，食品安全监管力度不断加大。国务院于2009年6月1日颁布实施了《中华人民共和国食品安全法》，强化了“从农田到餐桌”全过程的食品安全责任和处罚力度；成立了国务院食品安全委员会及办公室，加强了对食品安全监管的组织领导。目前，我国食品法规和标准已较为完善与健全，食品企业普遍重视基础管理，特别是规模以上的大、中型食品企业，基本上都建立了企业食品质量安全的保障体系，如HACCP认证、ISO认证及QS准入制等。

（2）食品工业存在的问题。在看到食品工业所取得的成绩的同时，食品工业存在的问题更应引起我们的注意。当前，中国食品工业存在的主要问题集中在以下两点。

①食品安全问题时有发生。“民以食为天，食以安为先”，食品安全是消费者的最大关注点。然而，近年来，我国的食品安全问题时有发生，从2001年广东“瘦肉精”事件到2004年安徽省阜阳劣质奶粉造成的“大头娃娃”事件，2006年苏丹红“红心咸鸭蛋”，2009年三鹿“三聚氰胺毒奶粉”事件，无一不给消费者带来这样的疑惑：怎么才能吃到安全放心的食品？造成食品安全问题的因素很多，主要集中在以下几点：行业的诚信危机和社会责任缺失导致问题产品的生产和流通；食品安全标准滞后于食品的生产发展，不能适应食品安全控制的要求，存在某些食品标准技术水平偏低，标准实施力度不够等问题；食品安全执法中存在不少薄弱环节，有些地方少数不法分子违法使用食品添加剂；源头污染和环境污染给食品卫生也带来了很多隐患。因此，进一步加强和健全我国的食品安全法律体系，发展快速高效的检测技术是目前亟待解决的问题。

②科技投入少，传统食品离优质化的要求还有很大差距。目前，我国的食品总产值中粗加工产品仍然占有较大比重。农产品加工转化程度低，采后损耗率较高。因此在食品加工行业应加快新技术、新设备的开发，加大食品的深加工项目，促进农民增收。同时，随着中国国民经济的增长和消费观念、健康观念的变化，食品加工除了考虑在风味和口感上的变化，更多地开始着眼于食品的优质化。大众食品功能化，功能食品产业化、大众化逐渐成为中国食品工业发展的趋势。

优质化的食品不仅需要卫生安全，而且要具备营养化和功能化等多重特点。我国营养产业还属于朝霞产业，起步较晚，不过发展较迅速。在2001年以前，我国还没有“营养产业”的概念，而目前，中国营养产业已经形成了一批有竞争力的企业，中国企业生产的维生素C、维生素E、维生素D_3在世界上已占有垄断优势。消费者健康意识的觉醒和增强，使营养产品的需求增加，从而促进了营养产业的发展。但是目前我国用于营养改善的食品，无论是品种、质量，还是方便水平，都难以满足人们营养健康的需要和市场的需求，因此必须以现代营养科学为指导，开拓食品工业发展领域。

食品的功能化指食品除了具有适当的营养作用，还要在某种程度上具有改善人体健康状况及降低患病风险的作用。功能性食品包括特殊膳食食品、保健食品、功能性食品配料和天然营养保健食品等。我国的功能性食品年产值2000多亿元，约占全国食品工业总产值的4%，其中保健功能食品约占50%。近年来，国外功能性食品市场呈现以下特点：一是低脂肪、低热量、低胆固醇的保健食品品种多，销量最大；二是植物性食品受宠，保健茶、中草药在国外崛起，销路看好；三是食品工艺先进，科技含量高，产品纯度高、性能好，多为软胶囊或片剂剂型，或被制成运动饮料，易于吸收。

我国功能化食品的研制和生产还存在很多的问题。首选是基础研究不够。功能性食品的研究涉及多个学科的知识，需要食品科学、生理学、生物化学、营养学及中医药学等多个学科的理论基础，因此需要多学科共同努力，对功能性食品进行基础研究。其次是低水平重复现象严重。我国幅员辽阔，物产丰富，含有很多功能性的食品原料，但基础研究薄弱，功能性成分不能得到很好的应用，造成功能性产品的开发力度不够，低水平重复现象严重。目前，我国90%以上的功能性食品属于第2代产品，即功能因子不明确、作用机理尚不清楚的产品。除此之外，我国的功能性食品价格昂贵，且存在夸大产品功效等现象，在一定程度上也阻碍了功能性食品的发展。

2)食品工业发展前景

目前，世界食品产业的产品发展趋势是“营养保健、方便快捷、安全卫生、回归自然”，因此，方便食品、健康食品、新鲜及天然的食品将会在未来食品销售市场上占据主要位置。随着科技的进步以及人民消费认识的提高，我国食品工业的发展趋势将紧跟世界步伐，开发优质化、功能化的食品，食品种类将更加多样化，食品的加工能力将进一步加强，新的资源和技术将不断被开发和应用于食品行业。

(1)方便、营养、健康、天然的食品将占主导地位。随着人类生活方式的演变和现代社会生活节奏的加快，人们对食品的方便性和快捷性的追求也越来越高，因此在国际市场上花样繁多的方便主食、副食、休闲食品等受到越来越多消费者的欢迎。目前，全世界方便食品的品种已超过1.5万种，有向主流食品发展的趋势。包装多样化、品种丰富化、风味特色化、调理简单化、食用家庭化是这类食品的发展趋势。

①我国在方便食品的研究方面具有良好的发展势头。在主食上，我国方便面产量已居世界首位，我国人均方便面占有量居世界第9位，而且消费主要集中于城市，农村居民消费水平不及城市的1/3。随着城市化步伐加快，城乡居民收入提高，方便面市场前景乐观。我国居民消费各种肉、蛋、菜的熟食制品和半成品很少。在发达国家，熟肉制品占肉类总产量一半以上，据测算，如果我国达到这个水平，仅肉类一项就可增值2500亿元。速冻食品制造业的快速兴起也为方便食品的发展注入了新的动力。今后，方便消费的主食、肉食等菜肴食品将成为速冻食品发展的重点。除现有的速冻饺子外，速冻面条、速冻炒饭发展前景较好。油炸后速冻的牛排、炸鸡腿以及肉饼、土豆饼等也将受到欢迎。此外，微波系列套餐、速冻烘焙食品和冷冻面团、速冻蔬菜等都是开发的重要领域。

②营养保健食品备受关注。随着人类基因图谱的破译以及功能基因组学的创立和发展，人们越来越注意饮食与健康、营养与基因之间的关系。因此各类健康食品及各种具有预防、治疗疾病或有助于病后康复等调节人体功能的功能性食品将得到快速发展并占据越来越大的市场份额。我国营养产业的发展方向应该朝以下几个方向发展：第一，“全”营养食品。根据中国居民的营养标准和膳食平衡的原则，开发满足一日三餐营养需要的制成食品，实现餐桌食品工厂化和营养方便化。第二，营养专用食品。根据不同年龄、不同职业、不同性别人群的营养需要，合理组配宏量与微量营养素和食物原料类别的配比，研制具有不同营养特性的系列专用化的营养食品，以适应食品多样化、专一化和个性化的发展要求，如孕妇食品、婴幼儿食品、军用食品、临床专用食品等。第三，营养强化食品。任何一种食品都不可能提供人体所必需的全部营养素。为了达到合理膳食、均衡营养的目的，在提倡食物多样合理搭配的同时，通过对食品进行微量营养素强化，人们无须改变现有的饮食方式，就可以提高食品的整体营养价值，使得广大群众以较低的成本，方便、安全地摄取每日身体所需的微量元素，如营养素强化面粉、大米、食用油、碘盐等。我国碘盐推广是一个成功的范例。第四，富营养素食品。加大对食物营养素资源的深度开发利用，充分利用工农业加工制造手段，生产富含某些营养素的特色食品，如富纤维食品、高蛋白食品、富硒食品等。第五，营养补充剂。开发生产蛋白

质、维生素、多糖、脂肪酸、矿物质等营养素类的单体和复配体的补充剂食品。第六，牛奶和大豆制品。牛奶和大豆都是营养丰富的食品。2009 年世界奶产量约 6.95 亿吨，而我国人均占有量只有世界人均水平的 1/4。在进入小康水平的地区，要倡导少年儿童从小喝牛奶的习惯。“青菜豆腐保平安”，适当多吃一些豆制品对健康也大有益处。

③有机食品、天然食品越来越受到青睐。人类生态环境日益恶化，环境污染通过生物链的传递造成的食品污染问题也越来越多，因此有机、天然的食品也受到人们的关注。近年来，天然食品在美国的销量以两位数的速度迅速增长。根据市场调查，为了让儿童消费更多的新鲜食品，很多家庭专门为他们的孩子购买新鲜产品，因此，天然、新鲜将成为未来消费者选择食品的重要标准。

(2)生物技术将在食品工业中得到广泛应用。从 20 世纪 70 年代以来，随着基因工程为核心内容的，包括细胞工程、酶工程技术和发酵技术在内的现代生物技术被广泛地应用于食品开发与生产，食品工业也有了飞速的发展。利用现代生物技术不仅能改造食品资源，同时还能改进传统工艺，改良食品品质，提高产品加工深度，增加食品包装功能并将其产业化。现代生物技术也将成为解决食品工业生产所带来的环保和健康等问题的有效途径。

①基因工程在食品工业中的应用。基因工程运用于植物食品原料的生产上，可进行品种改良、新品种开发与原料增产，如选育抗病植物、耐除草剂植物、抗昆虫或抗病毒植物、耐盐或耐旱植物等。这不仅丰富了食品原料的多样性，也改善和提高了食品资源的品质特性，增加了食用与营养价值。如利用基因工程可以改变谷类蛋白质中氨基酸的比例，使其营养价值大大提高；利用反义 RNA 技术将几种不同的基因转移至番茄植株上，可延缓番茄的后熟和老化，延长其货架期；在畜产品生产中可以利用生物技术改变乳的成分，如生产酪蛋白含量高，乳糖含量低的牛奶等；在发酵工业上通过基因工程改良发酵用菌种的性能，使代谢产物产量增大，生长周期缩短等，大大提高产品的得率；应用于保健食品原料上，通过基因表达而获得有利于人类健康的有效成分等。

②细胞工程在食品工业中的应用。细胞工程应用于食品领域是随着细胞培养和细胞融合技术的发展而发展起来的。可以利用植物细胞的大量培养，生产天然色素、天然香料、功能性食品和食品添加剂。日本已成功利用草莓细胞生产红色素。通过原生质体的细胞融合技术还可以对霉菌进行种内或种间的细胞融合，选育蛋白酶分解能力强、发育速度快的优良菌株应用于酱油的生产过程中，以提高酱油的品质和生产效率。

③酶工程在食品中的应用。酶工程在食品工业中应用得较为广泛。目前已有几十种酶成功地运用于食品工业，涉及淀粉的深度加工，果汁、蛋奶制品、乳制品的加工制造。酶工程的应用能有效地改造传统的食品工业，应用酶法生产果葡糖浆是现代酶工程在食品工业中最成功、规模最大的应用。酶工程在食品保鲜与贮藏过程中也发挥着较大作用，比如溶菌酶对革兰氏阳性菌、枯草杆菌等的溶菌作用，现已广泛用于干酪、肉制品和乳制品等食品的防腐保鲜上。

④发酵工程在食品中的应用。现代发酵工程对食品工业的影响主要表现在利用现代发酵技术改造传统食品以及加速开发附加值高的现代发酵产品。如利用双酶法糖化工艺取代传统的酸法水解工艺，用于味精生产，可提高原料利用率 10% 左右。酵母、真菌等

单细胞蛋白质含量高，同时还含有多种微生物，被认为是最具应用前景的蛋白质新资源之一，通过发酵工程大量生产，发展前景看好。除此外一些药用真菌，如灵芝、冬虫夏草等其多糖成分具有能提高人体免疫力、抗肿瘤、抗衰老等功效，通过发酵过程可实现真菌多糖的工业化连续生产。

(3)产品更加多样化，精深加工产品将大有可为。当前中国食品工业主要还是以农副食品原料的初加工为主，精深加工程度较低，食品制成品水平低。市场上缺乏符合营养平衡要求的早、中、晚餐方便食品，也缺乏满足特殊人群营养需求的食品。随着全面建设小康社会进程的不断加快，居民消费层次的变化以及年龄、文化、职业、民族、地区生活习惯的不同，食品消费的个性化、多样化发展趋势越来越明显。所以，各种精深加工和高附加值的食品，肉类、鱼类、蔬菜等制成品和半成品，谷物早餐，以及休闲食品等和针对不同消费人群需求的个性化食品，在相当长的一段时间内都将具有广阔的发展前景。

(4)食品新产品被不断开发，新资源、新技术被不断利用。由于人口的增长，传统食品资源已逐渐不能满足需要，因此，各种有前途的食品新资源的开发和应用将会得到加强，如蛋白质、野生植物、动物性食物和粮油新资源以及海洋资源(如各种海洋生物的生物活性物质、海洋动植物等)均将成为食品新资源开发和应用方面的热门课题。由于消费结构的多元化变化趋势，各种有开发和应用价值的新技术和具有市场前景的新产品将会得到重视和推广，如以生命科学为代表的各种高新技术，各种工程化、功能性食品以及绿色和方便食品等。尤其是随着人们消费水平的提高和生活节奏的加快，方便食品(包括传统食品经过工业化加工发展形成的方便食品)将得到较快的发展。

(5)食品工业机械化和自动化能力有所提高。提高食品生产机械化和自动化程度，是生产安全卫生、高营养价值食品的前提和基本要求，也是实现食品加工企业规模化生产和发挥规模效益的必要条件。食品工业企业应该从传统的手工劳动和作坊式操作中解脱出来，完善软、硬条件，提高生产的机械化和自动化程度。

(6)传统食品国际化。商品生产的国际化、标准化、产业化，商品流通的现代化，人们思想意识的全球化，使得食品的区域性特点越来越小，人们有可能在当地品尝世界各地的特色食品。而且随着全球化的日益渗透，人种、民族、国家的概念将逐渐淡化，与人们生活密切相关的食品则更加走向具有本土化特点的全球化。

4. 本课程学习要求

食品工艺学是以食品化学、食品工程原理、食品微生物学、食品原料学、食品法律法规等为基础的一门应用科学。希望大家通过学习该课程，掌握食品加工保藏的基本原理和方法，学会分析食品生产过程中存在的技术问题，提出解决问题的方案。希望食品工艺学导论能给大家打开一扇窗户，通过这扇窗户，激起大家对食品工艺的学习兴趣，为今后学习食品工艺学各论打下基础。

第 1 章　食品的腐败变质及其控制

【内容提要】

本章主要从引起食品腐败变质的主要原因及其特性出发，讲述不同食品保藏方法的基本原理，同时阐述栅栏技术在控制食品腐败变质中的应用。

【教学目标】

1. 掌握引起食品腐败变质的生物学、化学和物理学因素及其特性；
2. 掌握不同食品保藏方法的保藏原理；
3. 了解栅栏技术的原理及其在控制食品腐败变质中的应用；
4. 了解食品的保质期及食品标签需要标注的内容。

【重要概念及名词】

食品腐败变质；褐变；氧化作用；水分活度；栅栏效应；栅栏因子；保质期；食品标签

1.1　引起食品腐败变质的主要因素及其特性

食品的腐败变质是指食品在内在的或是外来的因素作用下，其原有的化学性质或物理性质发生变化，降低或失去其营养价值和商品价值的过程。外来因素主要指引起食品腐败的生物学因素，如来自环境中的细菌、真菌等微生物或害虫；内在因素主要是指食品本身的酶以及理化作用。

为了确保加工食品的安全性，为消费者提供高品质的产品，控制食品在加工和贮藏期间的腐败变质是食品工艺中首要考虑的问题。与此同时，合理的加工工艺在抑制产品腐败变质的同时延长了产品的供应期和货架期，促进了企业利润的提高。因此，分析引起食品腐败变质的主要因素有利于分析和解决食品在加工和贮藏期间引起的质量问题，确保产品的品质。

1.1.1　生物学因素

1.1.1.1　微生物

在食品发生腐败变质的过程中，微生物起着非常重要的作用。经过彻底灭菌的食品即使长期保藏也不会发生腐败，但是一旦被微生物污染，在条件适宜的情况下，微生物就会引起食品的腐败变质。所以微生物的污染是导致食品腐败变质的主要原因。

引起食品腐败变质的微生物种类很多，一般可以分为细菌、酵母菌和霉菌。一般情况下细菌的生长繁殖比酵母菌和霉菌占优势。

1. 微生物引起食品腐败变质的特点

自然界中微生物分布非常广泛，几乎无处不在，我们呼吸的空气、植物生长的土壤、饮用的自来水中都有微生物的存在。食品中的水分和营养物质是微生物生长繁殖的良好基质，一旦被腐败微生物污染，就会导致食品的腐败变质。

细菌：在引起食品变质的微生物中，细菌是最常见的。一般来说，细菌引起的变质表现为食品的腐败。例如细菌分解食物中的蛋白质和氨基酸，产生恶臭或异味，无氧时产生有毒物质，引起食物中毒。假单胞菌和欧氏杆菌等细菌能破坏蔬菜中的果胶质，使蔬菜软烂，有时还产生令人不愉快的气味。而且一些耐热的细菌如肉毒杆菌、嗜热脂肪芽孢杆菌等在中性环境中即使经过数小时100℃的高温也不能完全被杀死，常在食品的保藏期间引起食品的腐败变质。

酵母菌：该类微生物在含碳水化合物较多、pH 5.0 左右的微酸性食品中生长发育良好，在富含蛋白质的食品中一般不生长。容易受酵母菌作用而变质的食品有蜂蜜、果冻、酱油、果酒等。同时，酵母菌也能在肉制品中引起产品的发黏，在乳制品中产生酒精味和气体，造成鼓包和异味。

霉菌：该类微生物易在有氧、水分少的干燥环境中生长，富含淀粉和糖的食品易滋生霉菌。霉菌可引起鲜肉及冷藏肉的霉变，如白粉枝孢霉和白地霉引起的白色霉斑；耐热性强的霉菌孢子可引起罐藏水果的腐败等。由于霉菌属于好氧微生物，所以无氧环境可抑制霉菌生长，而水分含量15%以下的环境，也可抑制其生长发育。

由于食品中含有丰富的营养成分，几乎所有的微生物都能在其中生长繁殖，所以食品腐败变质往往是细菌、霉菌、酵母菌同时作用的结果。为了保障食品的安全和质量，必须严格控制食品在原料采集、加工除菌以及后期产品保藏过程中微生物的生长与环境条件。

2. 食品中影响微生物生长发育的主要因素

影响食品中微生物生长发育的因素很多，一般来说，食品的营养成分，基质条件（pH、水分、渗透压），存放环境的温度、氧气含量等对微生物的生长影响较大。

1）温度对微生物生长的影响

微生物的生命活动由一系列的生物化学反应组成，而温度对这些反应的影响极为显著，因此温度是影响微生物生长的最重要的因素之一。适宜的温度可以促进微生物的生长发育，不适宜的温度将会减弱微生物的生命活动，甚至引起微生物的生理机能异常或促使其死亡。

根据微生物适宜生长的温度范围，可将微生物分为嗜冷性、嗜温性和嗜热性三个类群，由于不同类群的微生物生存的环境温度的差异，引起腐败的食品类型也有差异，见表1-1。

表 1-1 不同类型微生物的生长温度及其对不同食品的危害

类型	最低温度/℃	最适温度/℃	最高温度/℃	对食品的危害
嗜冷微生物	-10~5	10~20	20~40	导致鱼类和冷藏食品腐败变质
嗜温微生物	10~20	20~40	40~50	是大多数食品中的腐败菌和致病菌
嗜热微生物	30~40	50~60	60~80	导致罐头等热处理食品腐败

为了抑制微生物的生长，在食品加工过程中常通过高温加热灭菌和低温保藏的方法来保藏食品。从不同微生物耐热的情况来看，嗜冷微生物对热最敏感，其次是嗜温微生物，而嗜热微生物耐热性最强。而就微生物的不同状态而言，产芽孢细菌比非芽孢细菌更为耐热，霉菌的孢子较营养体更为耐热。在低温保存时，不同微生物的生长速度都会下降，但降温幅度相同时，嗜温微生物的生长繁殖下降的速度比嗜冷微生物更大，受到的抑制作用更强。

2)pH 对微生物生长的影响

表 1-2 按 pH 分类的食品的杀菌条件

酸度	pH	常见腐败菌	杀菌要求	常见食品种类
低酸性	> 5.0	嗜热脂肪芽孢杆菌、肉毒杆菌等	高温杀菌 105~121℃	虾、蟹、牛肉、猪肉、蘑菇、青豆
中酸性	4.6~5.0			蔬菜肉类混合制品、汤类、面条、无花果
酸性	3.7~4.6	非芽孢耐酸菌、耐酸芽孢菌	沸水或 100℃以下介质杀菌	荔枝、樱桃、苹果、番茄酱、各类果汁
高酸性	< 3.7	酵母、霉菌、乳酸菌		柠檬、果酱、果冻、酸泡菜、柠檬汁等

不同的微生物都有其最适 pH 范围。大多数细菌，尤其是病原细菌，适宜在中性至微碱性环境中生长繁殖，而在低 pH 的酸性条件下，微生物的生长活动会受到抑制，酸性越强抑制细菌生长发育的作用越显著。霉菌和酵母菌一般能在酸性环境中生长发育，按耐酸性由强到弱排列，霉菌 > 酵母菌 > 细菌，因此耐酸性细菌、霉菌和酵母菌的共同作用通常是引起酸性食品腐败的原因。微生物对热的抵抗性在最适 pH 范围内较强，离开最适 pH 范围，耐热性极强的细菌芽孢也易被杀死。因此在选择杀菌条件时，通常以 pH 4.6 为界，pH 4.6 以上的环境宜采用加压高温杀菌，而 pH 4.6 以下的环境常采用常压杀菌，见表 1-2。

3)氧气对微生物生长的影响

氧气对微生物的生命活动有着极其重要的影响。按照微生物与氧气的关系，可以将微生物分为专性好氧菌、兼性厌氧菌、耐氧菌和厌氧菌。专性好氧菌必须在有分子氧的条件下才能生长，有完整的呼吸链，以分子氧作为最终的氢受体。绝大多数真菌和许多细菌属于这一类，如产膜酵母菌、霉菌、绿脓杆菌等。好氧微生物引起食品腐败，可通过控制食品中的氧含量来控制微生物的活性，例如采用真空包装或利用 N_2 或 CO_2 置换包装材料中的氧气等。兼性厌氧菌在有氧或无氧条件下均能生长，但在有氧条件下生长得更好，许多酵母菌和细菌属于这一类，如酿酒酵母、肠杆菌科的各种细菌等。耐氧菌是一类能在分子氧存在的条件下进行厌氧生活的微生物，它们的生长不需要氧，分子氧对它也无毒害，乳酸菌多数为耐氧菌。厌氧菌是指分子氧对它们有毒，即使短暂接触空气也会抑制生长甚至死亡的一类微生物，常见的有具有益生作用的双歧杆菌和能引起食物腐败产生内毒素的肉毒梭状芽孢杆菌等。

4）水分

微生物的生长离不开水分。食品中的水分以三种形式存在：结合水、不易流动的水、自由水。通常，食品中的水分的存在状态用水分活度（A_w）来表示，A_w 指某种食品体系中，水蒸气分压与相同温度下纯水蒸气压之比。A_w 值越高，水的结合程度越低；A_w 值越低，水的结合程度越高。不同的微生物生长所需要的最低水分活度存在较大的差异。一般情况下，细菌需要的水分活度较高，一般要求 A_w 大于0.94，大多数酵母菌要求 A_w 大于0.88，霉菌相对来说对水分活度的要求较低，大多数能在 A_w 大于0.75 的环境下存活。食品中的很多加工方法都通过控制食品中的水分活度来达到控制微生物生长繁殖的目的，比如干制过程通过除去自由水分来降低水分活度，盐腌和糖渍的过程就是利用盐和糖在较高浓度时具有较高的渗透压降低了水分活度，从而抑制微生物的生长。

1.1.1.2 害虫和啮齿动物

1. 害虫

一般贮藏类食品常受到害虫的侵袭，危害贮藏类食品的主要害虫有苍蝇、蚂蚁、蛾类、蟑螂和螨类。害虫不仅损耗食品，而且其排泄物、尸体会污染食品，有些害虫还会传播疾病，使食品丧失商品价值和食用价值。害虫的种类非常多，而且分布非常广，繁殖快，适应性强，常隐居于食品中。

为了防止害虫所造成的危害，通常通过以下几个方面来对食品进行处理：

（1）通过动植物检验检疫法规限制危害性病虫害在动植物中的传播蔓延。

（2）仓库、加工厂、商店、农贸市场、包装物、运输工具等必须经常清扫去污，防止害虫的感染和蔓延。粮食类食品应根据湿度不同、加工程度不同以及是否感染虫害进行区别存放。

（3）采用各种物理、化学、生物的方法杀死害虫。常用的物理方法有高温杀虫、低温杀虫、气调杀虫、臭氧杀虫等；化学方法一般采用高效低毒化学药剂杀死或消除贮藏物中已存在的害虫；生物防治通常利用信息素、天敌昆虫、植物活性物质来对害虫进行防治。

2. 啮齿动物

啮齿动物中对食品危害最大的是鼠类。老鼠食性杂，食量大，繁殖快，适应性强，分布广，凡是有人迹的地方都有鼠类栖存，因此在不同程度上对人类的生产和生活造成了危害。鼠类有咬啮的特性，对食品及其包装物品有危害。鼠类的粪便，以及咬食后的残渣也能污染食品和储藏环境，使食品产生异味，不仅影响食品卫生，还会造成很多疾病的传播。因此鼠害的防治也是防止食品腐败变质的环节之一。

常采用的防鼠和灭鼠的方法主要有以下几类。

化学方法：有毒饵灭鼠和熏蒸灭鼠两种方法，其中毒饵灭鼠应用最广。常用的毒饵有急性杀鼠剂和抗凝血灭鼠剂。前者用量少，使用方便，适合农田灭鼠和需要迅速降低鼠密度的情况，防治家鼠效果较差。后者作用缓慢，鼠类不易拒食，使用安全，灭鼠效果好。

物理方法：在仓库等门窗和鼠类易出入的地方安装防鼠板、鼠夹、粘鼠胶等，该方法不污染环境，对人畜安全，便于清除鼠尸，但是捕杀数量有限，且不宜连续使用。

生物学方法：采用鼠类的天敌如猫、黄鼠狼、猫头鹰等进行灭鼠。该方法不造成公害，但天敌的存在会引起其他问题，因此常作为辅助手段使用。

建筑防鼠法：使仓库等建筑物与外界隔绝，防止鼠类进入仓库危害食品。

此外，定期对存放食品进行检查，加强食品的包装和贮藏容器的密封性都能在一定程度上防止鼠害的发生，保障食品的安全和卫生。

1.1.2 化学因素

1.1.2.1 酶的作用

食品几乎都来源于动植物和微生物。新陈代谢是生物体生命活动的基础，而新陈代谢过程中物质和能量的变化都是在酶(一种具有催化活性的生物活性物质)的作用下完成的。酶能改善食品的品质，但是另一方面，酶的作用也会引起食品原料品质发生不良变化。在植物采后和动物宰后，体内酶的继续作用是引起食品质量变化的主要原因，而酶的活性一般受温度、pH、水分活度等因素的影响。因此采取不同的加工方法使食品原料中酶失活或者钝化，将有利于保持食品的良好品质，防止食品在加工和贮藏过程中因酶引起的不良反应。能引起食品腐败变质的酶类较多，主要有酚酶、脂氧化酶、脂酶、果胶酶、蛋白酶、淀粉酶等。

1. 多酚氧化酶

多酚氧化酶是催化酚类底物氧化的一类酶，常常在食品加工和贮藏过程中引起食品的褐变。几乎所有的植物中都存在这种酶，它在马铃薯、苹果、香蕉、枇杷等果实中活性较高。当这些果蔬被剥皮或切分，暴露在空气中时就会出现褐色或者黑色的变化，这种变化主要是食品中的酚类物质、黄酮类化合物或单宁物质在酶的作用下生成黑色素而造成的。催化酚类氧化的各种酚酶通常包括多酚氧化酶、酪氨酸酶和儿茶酚酶，催化作用的进行需要氧的参与。

大多数情况下，果蔬加工过程中引起的褐变是不期望的。热带水果50%以上的损失都是由于酶促褐变而造成的。为了防止和减少褐变的发生，可以通过控制酶的活性以及隔绝反应所需要的氧气来控制，比如驱除氧气或者添加抗坏血酸、亚硫酸氢钠和硫醇类化合物等使中间产物被还原从而阻止黑色素的生成；通过75～95℃，5～7 s的加热处理，可使酶的活性被钝化；多数酚酶最适pH为6～7，在pH小于3的高酸性环境下易失活，因此用酸处理能降低酶的活性。

2. 脂氧化酶

脂氧化酶广泛存在于动植物中，在大豆中含量最高。脂氧化酶主要作用是催化顺顺间二烯结构的脂肪酸或脂肪转化为氢过氧化物。该酶引起的食品变质主要表现为破坏亚油酸、亚麻酸等脂肪酸；产生游离基损害某些维生素和蛋白质等成分。由于该酶具有较强的抗低温能力，所以青豆低温贮藏前必须进行热烫处理，以钝化酶的活性，否则脂氧化酶会使青豆产生异味，造成颜色的变化。

3. 脂酶

脂酶广泛存在于微生物和动植物中，主要作用是使脂肪分解为甘油和脂肪酸。肉制品通常因脂酶的作用而使游离脂肪酸含量增加从而出现酸败变质。牛奶中的脂肪如果被水解生成脂肪酸，即使脂肪酸的浓度很低也会产生非常不好的气味。

4. 果胶酶

果胶酶可分为多聚半乳糖醛酸酶、果胶脂酶和果胶裂解酶，存在于高等植物和微生物之中，在动物中几乎不存在，主要作用是使果胶类物质水解。果蔬成熟时果胶酶活力增加，分解果胶质变成水溶性的物质，使果蔬软化。因此在水果罐头加工中，切开的水果先经热烫钝化果胶酶的活性，可以防止果肉在罐藏过程中过度软化。在浑浊性果汁的生产过程中，果胶的存在有助于维持果汁中悬浮颗粒的稳定性，因此，通过热打浆的方法破坏内源性果胶酶的活性，将有助于保持产品的质地均匀。

其他一些酶类，如抗坏血酸氧化酶能促进抗坏血酸氧化，导致营养素的损失；叶绿素酶能催化叶绿醇环从叶绿素中移去，导致绿色的丢失；肉类制品中蛋白酶的作用使蛋白质产生自溶，随后发生腐败变质。在加热过程中，酶的活性通常会被钝化，因此在原料处理或者冷冻保藏食品之前一般可以通过热烫处理钝化酶的活性以防止酶的作用。

1.1.2.2 非酶褐变

食品在贮藏和加工过程中，还经常发生与酶无关的褐变作用，称为非酶褐变。非酶褐变常见的类型有三种：美拉德反应所引起的褐变、焦糖化褐变和抗坏血酸氧化褐变。加热和长期贮藏通常容易造成褐变的发生。褐变的发生不仅对食品的营养成分造成影响，而且在褐变过程中会形成大量的对色、香、味有影响的成分，从而影响食品的感官品质。

美拉德反应是由还原性的单糖(葡萄糖、果糖等)或双糖(麦芽糖、乳糖)与氨基酸作用引起的褐变反应。在乳和乳制品的加工和贮藏过程中，牛奶中的酪蛋白末端氨基酸赖氨酸的氨基与乳糖或者其他糖类的羰基发生反应，生成不期待的棕褐色物质。面包生产过程中添加不同的氨基酸与糖类，会使面包产生不同的色泽，因此控制还原糖和氨基酸的用量可以调节褐变的程度。美拉德反应不仅可能造成不期待的色泽变化，而且氨基酸与糖反应后，可能降低蛋白质的含量和营养质量，同时，美拉德反应的终产物——类黑精具有较强的抑制胰蛋白酶的作用。为了控制美拉德反应所引起的不必要的褐变反应，常通过控制食品加工的条件或食品的成分来降低反应速度。褐变的速度随温度的升高而增加，温度每升高10℃，反应速度增加3~5倍，因此降低食品贮藏温度可降低反应速率。食品的水分含量对褐变的速度也有影响，水分含量越高，褐变的速度越快。当食品完全脱水干燥后，褐变也趋于停止，因此降低食品水分也是降低反应速率的有效方法。美拉德反应还与食品的pH有关，pH在3~9的范围内，随着pH上升，褐变反应速度加快，pH在7.8~9.2范围内，褐变较严重，而在pH小于3的高酸性条件下褐变反应的程度较轻微，所以可通过提高食品酸度防止褐变。除此之外，氧气、光、铁等金属离子也能促进美拉德反应，因此控制食品中氧的含量，防止食品与光、金属等物质接触也能有效防止褐变的发生。

糖类尤其是单糖在没有氨基化合物存在的情况下，加热到熔点以上的高温(一般是150~200℃)时，也会生成褐色色素物质，这种反应称为焦糖化反应。糖在强热的情况下生成两类物质：一类是糖的脱水产物，即焦糖或酱色；另一类是裂解产物，即一些挥发性的醛、酮类物质，它们进一步缩合、聚合，最终形成深色物质。焦糖化反应在酸、碱条件下均可进行，但速度不同，如在pH 8时要比pH 5.9时快10倍，不同糖类反应速度也不相同，例如果糖的反应速度大于葡萄糖。

抗坏血酸褐变是抗坏血酸自动氧化，分解为糖醛和二氧化碳的结果。在富含抗坏血酸的柑橘汁和蔬菜中时有因抗坏血酸氧化而引起的褐变发生。在很大程度上褐变程度依赖于pH及抗坏血酸的浓度。在pH为2.0~3.5范围内，特别是pH接近2时更易发生褐变。控制抗坏血酸引起的褐变可通过降低产品温度、亚硫酸盐处理产品、降低产品浓度等方法来抑制。在果蔬汁生产过程中常通过降低浓缩比来阻止褐变的发生。

1.1.2.3 氧化作用

氧化作用主要发生在一些富含不饱和脂肪酸的油脂型食品中，随脂肪不饱和度的增加，易氧化程度增加。这些食品常暴露在空气中就会因接触氧而发生氧化变质，从而食品的酸度增加，并伴随着刺激性或酸败臭味的产生。除此外，维生素、色素等也容易引起氧化，从而导致食品色泽变化，风味变差，营养价值降低。氧化过程的发生受温度、光照、氧气、水分等因素的影响，因此低温、避光、隔绝氧气、添加抗氧化剂可防止或减轻氧化作用。

1.1.2.4 食品与包装容器发生的化学反应

当使用金属材质作为包装材料时，会因为内容物的酸度或含容易引起金属反应的物质而发生产品的变质现象。例如使用菠萝或番茄等含酸量高的原料制作的罐头，容易使罐壁的金属被腐蚀，锡被溶出等；在生产桃、葡萄等食品时，原料中的花青素会在食品罐藏过程中与锡、铁反应；而玉米、芦笋等原料中的含硫蛋白质也会与锡、铁等发生反应而变色。因此，对罐装容器进行涂层处理有利于防止反应的发生。

1.1.3 物理因素

物理因素通常通过改变化学反应速度、酶的催化活性或微生物的生长发育而引起食品变质。物理因素主要包括温度、水分、光照等。

1.1.3.1 温度

温度是影响食品腐败变质最重要的环境因素。随着温度的升高，化学反应的速度将会加快，从而也加快了食品变坏的速度。比如起酥油，当温度在21~63℃，温度每升高16℃，其氧化率增加2倍，又如玉米油和鱼油的混合物，在50℃时的氧化速度为在30℃时的5倍，因此温度的升高会加快油脂氧化变质的速度。

在适宜微生物生长的范围内，随着温度的升高微生物生长繁殖的速度也在加快。特别是在25~40℃温度范围，大多数腐败微生物能在此条件下生长繁殖。如果富含蛋白质的鱼、肉、蛋等食品在这种环境中存放，很快会发黏、发霉、变色、变味。因此食品加工过程一般通过高温杀菌和低温保存来抑制微生物的活性从而达到保藏食品的目的。

温度对酶促反应的影响分为两个方面，一方面随着温度的升高，酶促反应速度加快，另一方面当温度升高到一定程度，酶的活性会被钝化，酶促反应就会受到抑制甚至停止。

除此之外，温度还会影响果蔬制品的口感，改变淀粉食品的老化程度等。

1.1.3.2 水分

水分不仅会影响食品的外观、风味和营养成分，而且对微生物的生长繁殖影响很大，因此水分含量与食品的质量关系非常密切。

食品中水分的蒸发不仅会使食品重量减轻，引起干缩，而且会对食品的品质产生重大危害。糕点、面包等淀粉质食品，会由于水分蒸发而加快淀粉老化的速度，从而使产品干缩变形，组织僵硬，易掉渣，口感粗糙。肉类制品因水分的蒸发还会引起色泽变化，脂肪氧化速度加快，蛋白质变性，品质下降。果蔬制品因水分的散失使贮藏性减弱，引起品质和风味的变化。

水分活度对酶的活性有重要影响，一般当食品的$A_w<0.8$时，大多数酶的活性会受到抑制，当食品的$A_w<0.3$时，食品中的淀粉酶、酚氧化酶和过氧化物酶就会受到强烈的抑制或丧失活性。

水分是微生物生长的必要条件，微生物细胞内所进行的各种生物化学反应均以水为溶媒。鱼、肉、乳、水果和蔬菜等食品其A_w值在0.98~0.99之间，因此非常容易被微生物污染，一般A_w小于0.7时，大多数微生物都不能生长，因此控制水分活度可以抑制微生物的生长繁殖。

1.1.3.3 阳光和空气

紫外线和空气中氧的作用可促进油脂氧化和酸败。阳光的照射还会加速食品色泽的变化，富含花青素的食品在阳光的照射下会很快变为褐色，因此一般食品要求采用不透光的包装材料或进行避光保存。空气中的氧气可促进好氧性腐败微生物的生长，从而加速食品的变质速度，因此降低食品的氧含量或者充氮包装将有助于延缓食品的腐败。除此外，控制氧气含量将有助于防止食品氧化变质。

1.1.4 其他因素

其他一些因素，比如果蔬自身的生理生化反应、机械损伤、外源性的污染物也会造成食品的腐败或变质。

果蔬自身的生理生化反应：植物的成熟、衰老、老化、发芽、抽薹、呼吸等生理现象均有可能在果蔬贮藏期间发生，这些生理现象对果蔬的食用品质、耐藏性等均会产生不同的影响。当果蔬类食品过熟时，食品的食用品质就开始劣变，比如果实的组织开始解体，细胞趋于崩溃，从而导致果实软烂，风味消失，营养价值降低。而萝卜、白菜、甘蓝、土豆等蔬菜发生抽薹、开花、萌芽等，将会使蔬菜慢慢失去食用价值。在果蔬贮藏保鲜过程中乙烯的产生具有促进果蔬呼吸、后熟和衰老，降解叶绿素，使果皮、菜叶变黄等作用，因此在贮藏过程中应采取措施抑制乙烯的生成从而延缓果蔬的后熟和衰老。

机械损伤：通常发生在果蔬制品的采收和贮运加工等环节。碰撞、震动等原因不仅影响产品外观，而且加速水分蒸发，含酚类物质较多的产品还容易发生褐变，从而加速食品的腐败变质。除此外，鲜禽蛋类也容易因机械作用而影响品质，一旦形成损伤，就容易被微生物侵染，从而造成食品的腐败。

除此之外，外源性污染比如环境、农药残留等也会影响食品的质量，引起食品安全问题。因此，不管是什么因素引起的食品的腐败变质，都需要对其成因进行分析，寻求相应的防止措施，并应用于不同的产品生产过程中。

1.2 食品保藏的基本原理

在食品保藏过程中，微生物和酶的影响是造成食品腐败变质的主要原因。因此通过不同的加工和保藏方法使微生物的生长代谢被抑制和降低酶的活性，将有助于延长食品的贮藏期，对保障食品的安全和质量具有十分重要的意义。

1.2.1 微生物的控制

微生物的污染是造成食品腐败变质最重要的因素，在食品加工过程中常通过不同的加工方法杀灭微生物或者改变适合微生物生长繁殖的条件来阻止和消除微生物造成的影响。下面就不同的加工方法分别阐述其保藏食品的基本原理。

1.2.1.1 加热杀菌法

加热对微生物的控制作用主要体现在高温对微生物具有致死作用。高温可使微生物细胞内原生质胶体变性，使酶结构受损而失活，从而使微生物生长繁殖受到抑制。当温度继续升高时，原生质胶体和酶被破坏，微生物死亡，不再恢复生命活动。一般来说，杀菌温度越高，处理时间越长，杀菌效果越好。大多数微生物的生长温度在 10～45℃，而在 60℃保持 30 min 就可能杀灭这些微生物，巴氏杀菌就是基于这个原理。但是这个条件下只是容易导致腐败变质的微生物被杀灭，残存的微生物仍然容易导致食品腐败变质的发生。如果需要杀灭所有的微生物，则需要采取更高的杀菌温度或更长的杀菌时间。

不同微生物对热的耐受性有所不同。酵母菌对热敏感，最适生长温度在28℃左右，采用65℃左右的温度几秒就可以将其杀死，因此经过加热杀菌的食品一般不会存在由酵母菌引起的败坏。而霉菌相对来说耐热性比酵母菌强，尤其是霉菌的孢子。一些经过杀菌的果蔬制品中残存的霉菌容易引起果蔬制品变质。细菌中的芽孢杆菌在食品原料中分布较广，且耐热性很强，因此更容易导致食品的腐败变质。所以就杀菌而言，细菌是最主要的杀菌对象。从微生物的生长温度可将其分为嗜冷性、嗜温性和嗜热性微生物三类。同等条件下，嗜热性微生物对热的敏感程度较其他两类低，因此需要更高的杀菌温度。细菌的芽孢和霉菌的孢子较营养生殖细胞耐热性更强，如果食品中感染嗜热芽孢杆菌，则需要100℃以上的高温处理。食品的pH不同，常见的微生物也有所不同，杀菌温度也有所差异。低酸和中酸性食品（pH>4.5）适合大多数微生物生长，且种类较多，因此杀灭其中的微生物一般需要高于100℃的温度条件。而在pH<4.5的酸性食品中，由于pH对微生物的生长有一定的抑制作用，因此需要的杀菌温度相对较低，一般可采用低于100℃的杀菌温度。

加热杀菌在考虑对微生物的杀灭作用的同时还需要兼顾对食品品质的影响，不恰当的热处理温度会导致食品中热敏性成分的损失。目前，在牛奶热加工过程中常采用超高温瞬时灭菌（135~140℃，1~5 s），虽然处理温度较高，但因用时很短，热敏性成分损失较小。而在果蔬加热处理过程中，为有效杀灭其中的微生物又不致高温使制品软化等，常通过调节制品的pH来降低处理温度。而对于某些需要长期保存的食品，尤其是低酸性的食品，如肉类罐头、鱼肉罐头等，通常需要制品达到商业无菌的状态，则需要对制品进行加压杀菌，以增加杀菌温度来达到消灭绝大多数微生物的目的，保证制品在保质期内不发生腐败变质。

1.2.1.2 低温保藏法

任何微生物都有一定的生长和繁殖的温度范围，温度愈低，生长繁殖速度越慢。故低温可减缓微生物生长和繁殖的速度，从而达到保藏食品的目的。低温保藏是目前最常用的食品保藏方法，根据保藏温度的不同可分为冷藏（-2~10℃）和冷冻（通常低于-15℃）两种。前者无冻结过程，通常降温至微生物和酶活力较小的温度，新鲜果蔬类常用此法；后者将保藏温度降低到冰点以下，使水部分或全部成冻结状态，动物性食品常用此法。

低温对微生物的抑制和失活作用主要体现在以下几个方面：

（1）低温降低微生物体内酶的活性。温度下降，酶活性降低，物质代谢中的各种生化反应减缓，因而微生物的生长繁殖就逐渐减慢。各种生化反应的温度商数Q_{10}不同，因而降低相同的温度，反应降低的程度各不相同，从而能破坏各种反应原有的协调性，影响微生物的生活机能。温度愈低，失调程度愈大，从此能破坏微生物细胞的新陈代谢，达到抑制微生物生命活动的目的。一般将温度降低到-18℃以下，酶的活性才能被较大程度的抑制，当温度降低到-10℃，几乎所有的微生物的生命活动都处于停止状态，不过在低温状态下，微生物的死亡速度比在高温下缓慢得多。

（2）温度下降时微生物细胞内原生质黏度增加，胶体吸水性下降，蛋白质分散度改变，并最后导致蛋白质不可逆凝固，从而破坏物质代谢的正常运行，对微生物细胞造成严重损害。

(3)冷却时，介质中冰晶体的形成会促使微生物细胞内原生质或胶体脱水，胶体内溶质浓度的增加常会促使蛋白质变性。微生物细胞失去了水分就失去了活动要素，于是它的代谢机能就受到抑制。同时，冰晶体的形成还会使细胞遭受到机械性破坏。

低温保藏不像热处理能杀灭微生物，它只能使微生物生长繁殖受到抑制。而且低温保藏并不是对所有食品都适用。有些食品(主要是新鲜食物)就不宜在过低的温度中贮藏，否则品质会发生劣变，比如番茄、香蕉、柠檬、南瓜、甘薯、黄瓜等只能在10℃以上的温度中贮藏，才能保持良好的品质，否则会发生不同程度的冷害。

1.2.1.3 干燥保藏法

干燥保藏指在自然或人工控制条件下，使食品中的水分降低到足以防止食品腐败变质的水平后并始终保持低水分的保藏方法。常见的干燥食品有果干制品、干鱼贝类制品、干菜类、谷类、乳粉等。

食品中 A_w 的大小对微生物的生长发育和对热的耐受性以及芽孢和毒素的形成都有一定的影响。大多数新鲜食品的 A_w 在0.99以上，适合各种微生物的生长，只有当 A_w 降至0.75以下，食品的腐败变质才显著减慢。因此通过干燥的方法使食品中水分去除，降低食品中的水分活度就能有效降低微生物的活性，从而达到食品保藏的目的。

水分活度对微生物的作用主要体现在以下几个方面：

(1)水分活度对微生物生长发育的影响。微生物的生长有其最适水分活度和最低水分活度，通常，细菌类生长发育的最低水分活度为0.9，而酵母菌和霉菌的最低水分活度分别为0.88和0.80。因此将水分活度降低到0.9，大多数细菌的生长将会受到抑制。而真菌能忍耐更低的水分活度，它在干燥制品中常引起食品的腐败变质，因此为了抑制食品中大多数微生物的生长，使食品具有较长的贮藏时间，就需要将水分活度降低到0.70以下。除此外，水分活度与微生物生长的关系还受到食品成分、温度、pH等的影响。

(2)水分活度对微生物耐热性的影响。微生物耐热性会因食品中水分活度的不同而存在差异。一般来说，水分活度越低，微生物细胞的耐热性越强。原因可能为高水分活度条件下蛋白质加热变性速度较低水分活度条件下更快，从而使微生物更容易死亡。相同温度条件下，湿热杀菌的效果较干热杀菌的效果好可能也是基于这个道理。因此在干燥处理时随着水分活度的降低，微生物的生长受到限制，但是与此同时微生物的耐热性却增大。

(3)水分活度对细菌芽孢形成和毒素产生的影响。芽孢是细菌在生长发育后期形成的抗逆性休眠体，由于芽孢有极强的耐热性能，通常需要较高温度才能将其杀灭，例如肉毒梭菌在100℃沸水中，经过5.0～9.5 h才能被杀死。经试验证明，芽孢的形成一般需要比细胞发育更高的水分活度。例如用蔗糖和食盐来调节培养基的水分活度，在水分活度为0.96时，可观察到芽孢梭菌的芽孢发育，而在水分活度高于0.98时才能观察到完整的芽孢的形成。微生物毒素的产生随着水分活度的降低而减小，比如金黄色葡萄球菌C-243在水分活度下降到0.93～0.96时就不产生肠毒素B。因此在低水分活度的干制品中，微生物不容易产生毒素。

虽然低水分活度条件下，微生物的生长代谢受到抑制，但是为了延长脱水食品的保藏时间，食品干燥之后还必须对其进行严密的包装，避免吸收空气中的水分，防止当到达一定水分含量后，微生物的生长导致干燥食品的腐败变质。

1.2.1.4 腌制保藏法

腌制指用食盐、糖等腌制材料处理食品原料，使其渗入食品组织内，以提高其渗透压，降低水分活度，并有选择性地抑制腐败微生物的活动，促进有益微生物的生长繁殖，从而防止食品腐败，改善食品食用品质的加工方法。不同的食品类型，采用的腌制剂和腌制方法有所不同。比如肉类制品的腌制主要是利用食盐与亚硝酸盐的联合作用来抑制微生物和酶的活性；蔬菜类制品主要是利用较高的食盐含量配合各种香辛料来起到防腐作用，在发酵型蔬菜中乳酸菌等益生菌的代谢产酸也起到较好的抑菌作用；水果类制品主要是利用高浓度的糖液既达到改善制品风味，又起着一定的防腐作用。

在腌制过程中腌制剂起到重要的抑菌作用。

1. 食盐

食盐是食品尤其是肉制品和蔬菜制品中主要的腌制剂，它除具有调味的作用外，更重要的是可以通过抑制微生物的生长繁殖来实现对食品的防腐作用。食盐的抑菌作用主要表现在对细胞的渗透脱水，降低水分活度以及对微生物产生生理毒害等几个方面。

微生物的生长需要在等渗溶液条件下进行。而食盐在水溶液中离解为钠离子和氯离子，使食盐溶液具有很高的渗透压，1%的食盐溶液就会产生61.7 kPa的渗透压，大于微生物细胞内的渗透压30.7~61.5 kPa，随着食盐浓度增加，产生的渗透压越大。因此采用1%以上的食盐浓度就能使微生物细胞发生脱水作用，导致细胞的质壁分离，使微生物的生理代谢活动呈抑制或停止状态，较高食盐浓度还会导致微生物的死亡。另外食盐溶液中的离子会与水分子形成水合分子，食盐浓度越高，所吸附的水分子就越多，从而使食品中能被微生物利用的自由水含量减少，当自由水减少到一定程度后，微生物的生长就被抑制。在饱和的食盐溶液中，水分子会全部被离子吸附，从而使微生物生长繁殖受到抑制。除此外，食盐中的离子达到一定浓度后对微生物会产生生理毒害作用，而且在食盐浓度较大的情况下，氧气的溶解度会有所下降，使好氧型微生物的生长受到抑制。

虽然食盐具有较好的抑菌效果，能使大多数微生物的生长繁殖被抑制，但是在盐腌制品中要预防嗜盐菌的污染。由于嗜盐菌具有区别于其他微生物的细胞膜，因此大多数嗜盐菌能在10%~30%的食盐浓度中生长，而且在5%~6%的高盐浓度或营养丰富的低盐浓度环境中都会孳生，因此常导致一些不太咸的咸菜、咸蛋、腌鱼、腌肉等的腐败变质。

2. 食糖

食糖通常用于果品或蔬菜的糖渍，常见的糖渍食品有果脯蜜饯、果酱、果冻等，在这类制品中糖溶液的浓度会达到60%左右。食糖的保藏作用主要体现在食糖溶液产生的高渗透压作用、较低的水分活性和抗氧化作用。

由于糖的相对分子质量比食盐大，所以要达到相同的渗透压，需要的浓度要比食盐更高。1% ~10%糖溶液具有促进微生物生长的作用，当浓度达到50%时会阻止大多数酵母菌的生长，65%的糖溶液可达到抑制多数细菌生长的目的，而霉菌需要更高的糖浓度才能被抑制，因此霉菌常容易引起糖渍制品的变质。由于糖在水中的溶解度非常大，可使食品中的水分活度降低到0.85以下，在这个水分活度条件下大多数细菌以及酵母菌的生长会受到抑制。除此外，由于氧在糖溶液中的溶解度小于在水中的溶解度，糖浓度愈高，氧的溶解度愈低，因此能较好地抑制好氧型微生物的生长繁殖。

3. 食醋

食醋通常作为酸味剂使腌渍制品具有酸香特色，同时又起到抑菌的作用。食醋的有效成分为醋酸，抑菌原理主要是通过改变制品的酸度从而达到抑菌的目的。一定浓度的食醋对芽孢杆菌、微球菌属(最常见的食物腐败菌)、荧光假单胞菌和亨氏片球菌(乳品、鱼、贝等多种食品的低温腐败菌)、金黄色葡萄菌(引起细菌性食物中毒最主要的病菌之一)等都能起到抑制其繁殖的作用。当醋酸浓度在0.2%时，就开始具有抑菌效果；当浓度达到0.4%时，对多数细菌和部分霉菌具有抑菌效果；当浓度达到0.6%时，几乎对所有的微生物都有抑制作用。醋酸的抑菌作用不仅随着浓度增加而增强，而且通过加热将有助于提高醋酸的抑菌效果。除此外，食醋中含有的氨基酸、醇类等物质对微生物也有一定的抑制作用。

1.2.1.5 化学保藏法

食品化学保藏就是在食品生产和贮运过程中添加化学防腐剂和抗氧化剂来抑制微生物的生长和推迟化学反应发生，从而达到保藏的目的。由于防腐剂的使用简单而且经济，在食品的生产过程中常利用防腐剂作为辅助手段配合其他保藏方法来达到防止食品中微生物生长繁殖的目的。

目前世界上用于食品保藏的化学防腐剂有30~40种，按照防腐剂抗微生物的主要作用性质，可将其大致分为具有杀菌作用的杀菌剂和具抑菌作用的抑菌剂。杀菌和抑菌，并无绝对界限，常常不易区分。同一物质，浓度高时可杀菌，而浓度低时只能抑菌，作用时间长可杀菌，作用时间短则只能抑菌。另外，由于各种微生物性质的不同，同一物质对一种微生物具有杀菌作用，而对另一种微生物可能仅有抑菌作用。一般认为，食品防腐剂对微生物的抑制作用是通过影响细胞亚结构而实现的，这些亚结构包括细胞壁、细胞膜、与代谢有关的酶、蛋白质合成系统及遗传物质。由于每个亚结构对菌体而言都是必须的，因此食品防腐剂只要作用于其中的一个亚结构便能达到杀菌或抑菌的目的。目前常用的防腐剂主要分为有机和无机两类。常见的有机防腐剂如苯甲酸钠、山梨酸钾等，无机防腐剂如亚硫酸盐和亚硝酸盐等，除此外，还有一类天然的有机防腐剂，如有机酸、甲壳素、乳酸链球菌素等。

由于防腐剂通常以添加物的形式融入食品之中成为食品的一部分，所以安全卫生、使用有效、不破坏食品的固有品质是食品防腐剂应具备的基本条件。因此在使用防腐剂时首先要考虑防腐剂在一定的使用范围内是否对人体有害。进入人体后，最好能参与人体正常的物质代谢，或能经正常的解毒过程解毒后排出体外，或不被人体吸收等。目前使用的人工合成的防腐剂对人体都有一定的毒性，因此在使用过程中必须严格控制使用量，使用量在能够产生预期效果的前提下必须是最低剂量的，且符合国家标准中规定的该添加剂的使用量。使用添加剂之前，还需要了解使用的添加剂的理化性质，针对性地选择合适的添加剂将会使添加剂以最小的用量达到最好的作用效果。比如苯甲酸是一种广谱的抑菌剂，在酸性条件下具有很好的防腐效果，但是在弱酸或者中性食品中防腐效果显著降低甚至无效。因此根据食品的不同理化性质选择适宜的防腐剂将起到事半功倍的效果。

1.2.1.6 发酵保藏法

虽然大部分微生物会导致食品的腐败变质，但是有些微生物却可以通过对食品发酵，产生有益的代谢产物，不仅能增加食品的营养价值，改善制品的品质，而且能抑制腐败微生物的生长繁殖，使发酵制品获得较长的保质期。发酵食品根据所用微生物的不同可分为细菌发酵食品，比如酸奶、泡菜等；酵母菌发酵食品，如面包、啤酒等；霉菌发酵食品，如腐乳等。除此外，很多发酵食品是由多种微生物共同作用的结果，如奶酪发酵过程中主要是乳酸菌和霉菌相互作用，而白酒发酵是霉菌、酵母菌和细菌共同作用的结果。

发酵产生的抑菌物质主要有酒精、有机酸、CO_2、抑菌素等。

1. 酒精

酵母菌在无氧条件下发酵会产生酒精。酒精是蛋白质变性剂，可以使微生物细胞的蛋白质发生不可逆变性，从而起到杀菌作用。一般来说，当食品中的酒精含量达到1% ~2%时，对葡萄球菌、假单胞菌、大肠杆菌都有杀灭作用。当酒精含量在30%以上时，食品中的微生物能被全部杀灭。因此一些酒精含量较高的酒类，不会因微生物的污染引起变质，反而因存放时间的延长，其中的风味物质更丰富，味道更醇厚。在食品加工过程中有时也添加一定的白酒，不仅可以使食品风味更好，而且具有一定的抑菌效果。

2. 有机酸

在发酵过程中微生物通过发酵糖类等物质产生不同的有机酸，比较常见的有乳酸和醋酸。有机酸一般通过降低食品的pH来抑制微生物的活性。醋酸的抑制作用如腌制保藏所述。乳酸主要由乳酸菌发酵产生，不仅能形成产品特有的风味、质地，并能明显延长产品的货架期。比如巴氏灭菌的牛奶一般保质期只有1~2天，但是经接种乳酸菌发酵后，不仅产生了独特的风味和口感，而且酸奶的保质期一般为半个月左右。一般来说，0.05%的乳酸浓度就能抑制某些腐败微生物的生长，0.3%的乳酸盐就能对食品中的蜡质杆菌、枯草杆菌及环菌的生长具有极大的抑制作用。除此外，乳酸在有氧条件下对细菌的抑制作用更强。虽然乳酸的浓度越大，抑菌效果越好，但是浓度太大后会影响食品的感官特性，因此在发酵过程中需要控制乳酸的产生量，才能既达到好的品质又延长食品的保质期。

3. CO_2

酵母菌等微生物在发酵过程中会产生 CO_2 气体。CO_2是一种气体抑菌剂，在空气中的正常含量为0.03%，低浓度的 CO_2能促使微生物的繁殖，高浓度的 CO_2能阻碍引起食品腐败的大多数需氧微生物的生长。CO_2易溶解于水形成碳酸而降低食品的 pH，溶解度随温度降低而增加，因此 CO_2在 10℃时的抗菌活性比 15℃时明显大得多。随着 CO_2增加，抑菌作用增强。

不同微生物对 CO_2的敏感度差异较大，霉菌、极毛杆菌和无色杆菌等需氧菌对 CO_2高度敏感，容易受抑制，酵母对 CO_2有阻抗性或不敏感，而乳酸菌等厌氧菌对 CO_2阻抗性较强，CO_2对其无抑制作用。

虽然微生物的代谢产物具有一定的抑菌作用，但还是难以避免某些微生物的污染，比如在酸奶产品中，耐酸性的酵母菌和霉菌常引起酸奶存放过程中的腐败变质；酱油生产过程中，常因嗜盐菌而引起变质。而且细菌还容易受到噬菌体的污染，导致发酵失败。因此在食品的发酵过程中一般需要对原辅料进行灭菌处理，发酵用菌株纯度高才能保证发酵产品的品质。

1.2.1.7 辐照保藏法

食品的辐照保藏是利用射线照射食品，使食品中的微生物、害虫被杀死，抑制鲜活食品的生命活动，从而达到防霉、防腐、延长食品货架期目的的一种食品保藏方法。食品辐照加工的过程是一种冷杀菌过程，杀菌效果好，而且不会引起食品内部温度的升高，因此不会引起食品在色、香、味等方面的变化。

食品经辐照后，附着在食品上的微生物和昆虫发生了一系列生理学与生物学效应最终死亡，其机理十分复杂，目前还没有完全搞清楚。一般认为辐照杀菌的机理主要有两点：一是辐照造成微生物遗传物质 DNA 的损伤，从而使微生物的繁殖受到抑制；二是微生物一旦接受射线照射后，具有生物活性的溶质和大量的分子产生激发和电离，从而产生各种化学变化，使细胞受到致死的影响。此外，微生物细胞内其他物质的变化也会间接地使细胞的机能受损。辐照除了可以抑制和杀灭微生物外，还可以使食品的生化过程延缓或受到抑制，使果蔬延缓生长或成熟以及改变食品本身的渗透性，缩短蔬菜干燥或烹调的时间等。

电离辐照杀灭微生物一般以杀灭90%微生物所需的剂量(单位为Gy)来表示，即残存微生物数下降到原菌数10%时所需用的剂量，并用 D_{10}值来表示。当知道某种菌的 D_{10}值时，就可以确定辐照灭菌的剂量。肉毒芽孢杆菌能引起食物中毒且耐热性特强，其抗辐照性也强，其 D_{10}值在 1.9～3.7 kGy，而嗜热脂肪芽孢杆菌为 1 kGy。细菌对辐照的敏感性因种类不同而异，一般来说剂量越高，杀灭率越高。常污染鱼、贝类的假单胞菌(一种低温菌)，其对辐射抵抗力较弱，低剂量辐照即可被杀灭，而沙门氏菌是常见的污染食品的致病菌，也是非芽孢菌中最耐辐照的致病微生物，平均 D_{10}值为 0.6 kGy。不能采用加热处理的鲜蛋，用4.5～5.0 kGy 剂量辐照冻蛋，可杀灭污染的沙门氏菌，又可使其风味和制成的蛋制品不发生改变。

最小辐照剂量值的大小主要决定于辐照微生物的种类、被辐照的食品种类和辐照时的温度等。通常条件下，带芽孢菌体比无芽孢者对辐照有较强的抵抗力，酵母与霉菌对辐照的敏感性与非芽孢细菌相当。过高的剂量对新鲜食品的质量有影响，因此常用加热与辐照并举的方法，降低辐照剂量及抑制细菌的活性。

虽然辐照保藏具有很多优点，但是其安全问题还是受到很多人的关注。一般来说，采用10 kGy以内的能量辐照，不会造成对人体的伤害。

1.2.2　酶和其他因素的控制

1.2.2.1　酶的控制

生物体内存在着多种酶类，食品的加工和贮藏过程容易引起酶促反应，从而造成食品色、香、味、形等方面的变化，导致食品的腐败变质。常见的酶有氧化酶类、酯酶、果胶酶、蛋白酶等。

对酶的控制主要采用各种物理、化学或生物学的方法使酶活性降低，造成酶的钝化或失活。从控制方法来看，可以通过温度、pH、水分活度、电离辐射及其他因素对酶进行控制。

1. 温度的控制

酶在一定的温度条件下才具有最大的活性，因此可通过调节温度使酶处于不适温度条件，从而抑制酶的活性或使酶失活。大多数酶的最适温度在30～40℃，一般酶的反应速度随温度的升高而增加。但是当温度上升到一定程度，酶的活性会因温度升高而逐渐丧失，因此可通过高温处理来钝化酶的活性。食品加工过程中通常采用热烫处理来钝化酶的活性，当温度达到80～90℃时，几乎所有酶的活性都会遭到破坏。酶的耐热性因种类不同而有较大的差异，如牛肝中的过氧化氢酶在35℃时极不稳定，而一些DNA聚合酶能在100℃左右的高温条件下保持几分钟而不失活，因此不同的酶需要采用的温度会有所差异。过氧化物酶是存在于食品中比较耐热的一种酶，多数过氧化物酶在100℃条件下处理10 min仍不能完全失活，因此它常被用来判断热处理条件是否合理。

与高温处理不同，低温条件下一般通过降低酶的活性来影响酶的作用。但是低温对酶并不能起到完全的抑制作用，酶仍然能保持部分活性，因而催化作用并未停止。一般将温度维持在－18℃以下，酶的活性才能受到很大程度的抑制，从而延长食品的变质和腐败。胰蛋白酶在－30℃下仍有微弱的反应，而脂肪分解酶在－20℃下也能引起脂肪水解，因此冷冻食品解冻后，酶的活性会重新活跃起来，从而导致食品的腐败变质。

2. 水分活度的控制

酶是影响食品质量的重要因素，每种酶有其最适的水分活度。当水分活度在中等偏上范围内增大时，酶活性也逐渐增大；相反，减小水分活度，则会抑制酶的活性。这是因为水分活度高时，酶由吸附状态转入溶解状态，酶活性增加；而当水分活度低时，酶则由溶解状态转入吸附状态，酶活性降低，从而酶促反应速度减慢。一般情况下，当食品中的水分活度低于0.8时，大多数酶的活性会受到抑制，当食品的水分活度小于0.3时，食品中的淀粉酶、酚氧化酶和过氧化物酶就会受到强烈的抑制或丧失其活性。但是，脂肪酶在水分活度为0.5～0.1时仍有活性。

因此在食品加工过程中，通过降低食品中的水分活度可降低酶的活性。比如食品的干燥过程通过脱水降低水分活度，冷冻过程将水分冻结成冰从而使水分活度降低，腌制过程通过高浓度的食盐或糖的作用使食品脱水等。因此，不管通过什么方法只要能将食品中的水分活度降低至0.8以下，大多数酶的活性就会受到抑制。低水分活度只能抑制酶的活性，而不能使酶失活，因此一旦水分活度提高，酶的活性又会恢复，从而导致食品的腐败。而且有些酶即使在很低的水分活度条件下仍有活性，因此要防止这些酶的活性恢复，可通过结合其他加工方式进行处理，比如加热使酶钝化等。

3. pH的控制

酶是具有生物活性的大分子，在食品中的酶类主要是蛋白质。因此不同的酶有其最适pH，在最适pH范围，酶的活性将最大。当pH高于或低于最适pH，酶的活性都会有所降低或丧失。因此对酶的控制首先要了解酶的特性，大多数酶在pH4.5～8.0具有活性。pH对酶的影响可能有以下几种：影响作用基团的解离；控制酶活性中心和酶构象中有关区域的变化；影响酶与底物的亲和力；影响酶分子的稳定性。

基于pH对酶活性的影响，在加工过程中，若需要提高酶的活性就需要将pH调整到最适pH范围；如果要抑制酶的活性，则应在不影响食品品质的情况下将pH尽量远离最适pH，从而使酶的活性降低或失活。例如酚酶能引起酶促反应，其最适pH为6.5，若将pH降低到pH 3.0时就可很大程度上抑制此酶活性。因此，在水果加工中加入柠檬酸、苹果酸或磷酸等酸化剂可抑制酶促褐变。

除此外，pH还会影响酶的热稳定性。一般酶在最适pH条件下热稳定性最高，而高于或低于此值的pH都将使酶的热稳定性降低。

4. 电离辐照

电离辐照可以破坏蛋白质的构象，因而可以导致酶的失活。但是，如果要使酶失活，所需的辐照剂量是破坏微生物所需剂量的10倍。由于食品辐照杀菌对剂量有限制，因此在剂量允许的辐照后，食品中残存的酶活性仍会影响食品的品质。所以在以破坏酶的活性为主的食品保藏中，不能单独使用辐照，可采用辐照与加热、冷冻等方法结合的方式处理。

除此外，酶对辐照的抵抗力受酶的种类、浓度和纯度、食品中水分活度、pH、所处的温度等因素的影响。

1.2.2.2 其他因素的控制

1. 氧化与变色作用的控制

常见的氧化和变色如油脂酸败、食品的氧化变色、维生素的氧化失效、蛋白质和氨基酸的氧化变性等。

油脂中的脂肪酸都能发生氧化，不饱和程度越高，越容易氧化。温度越高，油脂氧化速度越快，因此低温有助于延缓油脂的酸败。从紫外线到红外线之间的所有光辐射都能引发脂肪酸产生游离基，又能促进氢过氧化物的分解，其中紫外光的作用最强，因此富含油脂的食品要用有色避光的材料包装，并避光贮存。当然，氧气是油脂氧化的必需成分，在一定范围内，油脂的自动氧化速度随氧分压的增大而增大。因此真空包装、充氮气或二氧化碳、添加脱氧剂等能有效防止氧化的发生。

在氧化变色的过程中，主要可以通过低温控制氧化反应速度、避光密封保存、气调包装等降低氧化变色的程度。

2. 果蔬贮藏过程中生化反应的控制

果蔬制品在后期贮存过程当中还会发生一系列的生化反应。有些果蔬在贮藏过程中因成分的变化，导致品质发生改变，例如果蔬中淀粉水解成单糖或双糖，有机酸被消耗，从而使糖酸比趋向合理等有利变化；果蔬老化、抽薹等不利变化。因此，不同的果蔬需要不同的贮藏条件。控制环境条件使有益反应能够顺利进行同时又有效控制不利因素的发生将会达到最好的保藏效果。

总之，食品加工保藏的过程都是通过调节食品中的水分、pH、温度等条件从而达到抑制食品腐败变质目的。食品的腐败通常不是由某一种因素引起的，因此在加工过程中需要通过多种途径对引起腐败变质的因素进行控制。

1.3　栅栏技术

1.3.1　栅栏技术的发展历史与现状

栅栏技术最早是由Leistner(德国肉类研究中心微生物和毒理学研究所所长)在长期研究的基础上提出的。其作用机制是利用存在于肉制品内部用来阻止残留致病菌和病原菌生长繁殖的因子，以其复杂的交互作用来控制微生物的腐败、产毒或有益发酵，从而使肉制品达到其固有品质，延长其保质期。随着栅栏技术的发展，该技术已被广泛地应用于食品的防腐保鲜过程中，不再局限于肉制品的应用。食品要达到可贮藏性和卫生安全性，就要求在其加工过程中根据不同的产品采用不同的防腐技术，以阻止残留的导致食品腐败变质的微生物的生长繁殖。Leistner把食品的防腐原理归结为高温处理、低温冷藏或冻结、降低水分活性、酸化、降低氧化还原电势和添加防腐剂等因子的作用，这些因子被称做栅栏因子。栅栏因子共同防腐作用的内在统一，称做栅栏技术。

在提出栅栏因子这个概念以前，食品行业实际上已经开始应用栅栏因子来进行食品的防腐和保藏，比如利用加热来杀灭微生物，干燥除去食品中的水分，腌制提高渗透压，发酵使食品中的酸度升高等抑制微生物的生长。栅栏技术囊括了这些方法，并从作用机理上予以了研究。到目前为止，食品保藏中已经得到应用和具有潜在应用价值的栅栏因子数量已经超过100个，其中最重要和最常用的是温度、pH、水分活度等。栅栏因子控制微生物所发挥的栅栏作用与栅栏因子的种类、强度有关，而且受作用次序的影响。

1.3.2 栅栏效应

影响食品保藏的各个栅栏因子单独或相互作用，形成特有的防止食品腐烂变质的“栅栏”，使食品中的微生物在这些因子的作用下被杀灭或抑制，这就是所谓的栅栏效应。栅栏因子之间具有协同作用，当两个或两个以上的栅栏因子共同作用时，其作用效果强于这些因子单独作用的叠加。这主要是因为不同栅栏因子进攻微生物细胞的不同部位，如细胞壁、DNA、酶系统等，改变细胞内的pH、A_w、氧化还原电位，使微生物体内的动态平衡被破坏，即“多钯保藏”效应。但是对于某一个单独的栅栏因子来说，当其作用强度的轻微增加即可对肉制品的货架稳定性产生显著的影响时，我们称这种现象为“天平原理”。

1.3.3 栅栏技术的应用

目前，栅栏技术在食品行业已得到广泛应用，并与危害分析关键控制点(HACCP)、微生物预报技术等方法相融合，在控制食品腐败变质方面起到了很好的效果。食品防腐上最常用的栅栏因子都是通过加工工艺或添加剂方式设置的，这些因子均可用来改善产品的质量。现将不同食品中主要的栅栏因子简介如下。

1.3.3.1 栅栏技术在肉制品加工中的应用

1. 热杀菌

高温热处理是最安全和最可靠的肉制品保藏方法之一，它利用高温对微生物的致死作用，使微生物被灭活或达到商业无菌，从而达到保藏肉制品的目的。热处理的过程可以分为杀菌和灭菌两种。杀菌是指将肉制品的中心温度加热到65～75℃的热处理操作。在此温度下，肉制品中的酶类几乎都被钝化或失活，大部分微生物被杀灭，但细菌的芽孢仍然存活。因此，杀菌处理应与冷藏相结合，同时要避免肉制品的二次污染。灭菌指肉制品的中心温度超过100℃的热处理方式。其目的在于杀灭几乎所有的微生物，以确保产品在流通温度下有较长的保质期。经灭菌处理的肉制品中，仍存在少量的耐高温微生物，在条件适宜的情况下，仍有微生物增殖导致肉制品腐败变质的可能。因此，应对灭菌之后的保存条件予以重视。

2. 低温保藏

低温保藏是控制肉制品腐败变质的有效措施之一。低温可以抑制微生物的生长繁殖，降低酶的活性和肉制品内化学反应的速度，延长肉制品的保藏期。但温度过低，会破坏一些肉制品的组织或引起其他损伤，而且耗能较多。因此在选择低温保藏温度时，应从肉制品的种类和经济两方面来考虑。

肉制品的低温保藏包括冷藏和冻藏。冷藏就是将新鲜肉制品保存在其冰点以上但接近冰点的温度，通常为-1～7℃。此温度可最大限度地保持肉制品的新鲜度，但由于部分微生物在此温度下仍可以生长繁殖，因此冷藏的肉制品只能短期保存。冻藏是将肉制品保藏在其冰点以下的操作，一般温度为－18℃。在此温度下，肉制品中的微生物生长繁殖被完全抑制，因此可使肉制品具有较长的保质期。冻藏过程中通常采用速冻的方法，如果缓慢冷冻，则会造成新鲜肉制品组织细胞被破坏，解冻后肉制品不仅质构差，而且因汁液流失而使营养价值受损。

3. 水分活度

当环境中的A_w值较低时，微生物需要消耗更多的能量才能从基质中吸取水分。基质中的A_w值降低至一定程度，微生物就不能生长。一般来说，除嗜盐性细菌(其生长最低A_w值为0.75)和某些球菌(如金黄色葡萄球菌，A_w值为0.86)以外，大部分细菌生长的最低A_w均大于0.94，且最适A_w均在0.995以上；酵母菌生长的最低A_w在0.88～0.94；霉菌生长的最低A_w为0.74～0.94。

当微生物处于低A_w环境时，其生长延滞期大大延长。微生物延滞期的延长对干燥和半干肉品的保存极为重要，因为微生物延滞期的长短是这类肉品保藏期限的决定因素之一。延滞期越长对肉品保存越有利。一般情况下，A_w降低不是太大就只有抑菌作用而不会将微生物杀死。微生物生长所需要的A_w越高，受A_w变化的影响越大，因此掌握了微生物对A_w的要求就可以利用它来控制肉类食品中微生物的活性。例如肉干制品的A_w值降至0.7以下时，大部分微生物受到抑制，但是，此条件下肉制品中的酶促褐变、非酶褐变以及油脂的氧化仍然很快，对肉干制品的品质非常不利，因此，应配合其他保藏技术如添加保色剂、抗氧化剂等以确保质量。

4. 盐类

在肉制品腌制过程中，多使用食盐和糖类来对原料进行处理，使其渗入食品组织内，通过提高渗透压、降低水分活度从而抑制微生物和酶的活性，达到防止食品腐败的目的。一般来说1%～3%盐溶液会使大多数微生物的生长受到暂时性的抑制，但要抑制大多数微生物的生长发育，食盐浓度至少要在8%～10%以上，而要抑制霉菌的活性需要20%～25%的食盐浓度。而肉制品中含盐量仅占6%左右，起不到完全抑制微生物繁殖的作用。这就要求作为栅栏因子的盐必须与其他栅栏因子(如亚硝酸盐)配合使用，以增强其抑菌作用。

亚硝酸盐常作为食品添加剂应用于腌腊肉制品的生产中，它不仅可以使肉制品形成稳定的色泽，提高肉制品的感官品质，而且对引起肉制品腐败的微生物如肉毒梭状芽孢杆菌、金黄色葡萄球菌、蜡状芽孢杆菌等的生长繁殖起抑制作用。但是，由于亚硝酸盐是致癌物质亚硝胺的前体物质，因此，我国对亚硝酸盐的添加量作出了明确的规定：在肉制品中，亚硝酸盐最大使用量为150 mg/kg。

5. pH

肉制品加工中常常通过降低pH来提高制品稳定性，延长货架期。几乎所有肉制品的pH都在4.5～7.0范围内，称为低酸性食品。由于酸度较低，对微生物的抑制作用较弱，因此肉制品中容易感染微生物。当控制肉制品的 pH 小于 4.6 时，肉毒梭菌不能在其中生长，但是耐酸性的微生物的生长不会受到抑制，如乳酸菌、霉菌和酵母菌等。如果仅靠降低 pH 来抑制微生物的生长，肉制品品质难以保证。因此，pH 作为栅栏因子常与真空包装、添加盐类以及冷却或热处理等其他栅栏因子共用。

1.3.3.2 栅栏技术在乳制品加工中的应用

1. 温度因子

温度因子在牛奶的生产和保存过程中起着非常重要的作用，它不仅影响牛乳中微生物的生长繁殖，而且对牛奶品质影响很大。

鲜牛乳是营养成分理想的食品，也是微生物的良好培养基。牛奶一旦被微生物污染，在适宜的条件下微生物将会迅速繁殖，分解利用牛乳中的营养成分，最终导致牛乳中的乳糖被分解成乳酸，蛋白质腐败以及脂肪发生酸败。因此原料乳在收购和生产过程中都需要低温保存。一般来说，鲜乳和乳制品的保存温度在 4℃左右，一旦保存温度升高，牛奶的腐败速度将迅速加快。鲜乳及乳制品一般不采用冰点以下温度保存，因为在冷冻条件下，牛乳中的乳糖将会结晶，牛乳中的酪蛋白胶体稳定性下降，一旦解冻后，蛋白质将会发生凝固沉淀。

虽然高温可杀灭牛乳中的微生物使乳制品延长保质期，但是在高温条件下牛乳中的热敏性物质将会被破坏，而且容易产生蒸煮味，长时间加热还会使牛奶发生褐变反应。因此在牛奶生产过程中需要选择不同的杀菌工艺来得到预期的效果。就不同杀菌条件而言，巴氏杀菌温度低(65℃，30 min)，牛奶中营养成分损失较少，但是因不能杀死所有的微生物，因此只能低温保存，而且保质期较短；超高温瞬时灭菌(130 ~ 140℃，1 ~ 5 s)可将牛乳中的微生物几乎全部杀死，能尽可能保持牛奶中的营养成分，可在常温下保存 3 ~6 个月。

2. 酸度因子

作为乳制品质量的一个重要衡量指标，酸度的控制在乳制品的加工中尤为重要。由于牛乳是一个较为复杂的包含真溶液、高分子溶液、胶体悬浮液、乳浊液及其过渡状态的分散体系，其 pH 的变化直接关系到整个体系的稳定性。

正常鲜牛乳的 pH 为 6.4 ~6.8，一般酸败乳或初乳的 pH 在 6.4 以下，乳房炎乳或低酸度乳的 pH 在 6.8 以上。通常在生产时采用滴定酸度来反映乳的新鲜程度。在乳制品加工中，针对不同的产品，对原料乳的要求也不同：发酵酸乳、UHT 乳、巴氏杀菌乳等产品的原料乳的滴定酸度要求在 16°T 以下；中性含乳饮料原料乳滴定酸度应小于 18°T；炼乳和奶粉的原料乳滴定酸度应小于 20°T。

在酸牛奶生产过程中，酸度的变化贯穿整个发酵过程。牛奶的酸凝固发生在 pH 4.6 左右，在较短时间内，牛乳中的蛋白质迅速凝固从而形成均匀光滑的凝乳。如果发酵过程中 pH 保持不变或变化很小，则有可能是牛奶中含有抗生素或者发酵用菌种质量不好，结果会导致酸奶发酵失败，造成巨大的经济损失。酸度对酸奶的品质也有影响，一般成品酸奶的酸度在70～100°T，酸度合适的酸奶才能达到酸甜适宜的口感。因此在酸奶生产及保存过程中都需要对酸度进行检测，以达到控制产品质量的目的。

3. 压力因子

牛奶在生产过程中需要通过均质处理防止脂肪分层，减少蛋白微粒沉淀，改善原料或产品的流变学特性。

均质的温度和压力直接影响均质的效果，一般生产上多采用15～20 MP、70～75℃的条件来进行均质处理。如果均质压力不够，在乳制品贮存过程中脂肪会慢慢上浮，不仅影响制品的外观，而且脂肪的氧化以及微生物的作用会导致乳制品更容易发生腐败变质。

4. 包装材料

包装材料在乳制品工业中的应用发展到现在已经上升到一个新的高度，它不仅仅是为延长产品的保质期和货架期，现在的包装材料，已经兼具更多的功能，比如具有产品的信息标识牌、企业的文化宣传牌、企业的技术指导牌和消费者消费理念引导牌等功能。

为了防止乳制品的腐败变质，各种不同的包装材料被运用到乳制品的包装中，不仅延长了乳品的货架期，而且更加环保和方便。从最初的塑料包装材料到具备多种功能的新型包装材料，如分解性包装材料、保鲜性包装材料、选择吸收性包装材料、阻隔性包装材料、耐热性包装材料、无菌和抗菌性包装材料等，包装材料的不断创新也使食品的安全卫生得到了进一步的保障。同样是超高温瞬时灭菌的牛奶，如果使用普通的塑料袋包装，产品在低温条件下只能保存几天时间，然而使用无菌包装材料，阻挡了所有影响牛奶变质的因素，产品不仅可以在常温下保存，而且能使产品的保质期延长到6个月。因此包装材料的选择对乳制品品质的影响较大。

1.3.3.3 栅栏技术在鲜切果蔬加工和贮藏中的应用

果蔬类产品通常因自身的生理衰老、微生物的污染以及一些酶促反应导致果蔬原来的性质和状态发生改变，最终导致果蔬制品不宜甚至不能食用。一般果蔬保藏过程中的不良反应表现为变质、发酵、变味、变色、分解、腐烂、浑浊、沉淀等。栅栏技术的应用有助于抑制不良反应的发生，提高制品质量，延长保质期。

随着生活水平的提高，人们对食品的方便性、新鲜度及风味要求也越来越高，按照传统方法加工和保藏的果蔬难以达到这一要求，鲜切果蔬产品应运而生。而鲜切果蔬的生产是一个综合的加工过程，栅栏技术对保证鲜切果蔬质量及货架期发挥着重要作用。从原料选择、加工、包装，到配送、销售，每一环节都应直接或间接地采取栅栏措施，以达到预期的保存目的。抑制杨桃切片贮存期发生褐变反应以及营养成分改变的工艺，就是以pH作为主要栅栏因子，采用柠檬酸和抗坏血酸的有效结合调节其切片表面的pH，并同时利用无氧包装、低温贮存等辅助性栅栏因子，达到预期效果。

1. 栅栏因子在微生物控制上的应用

鲜切果蔬腐烂与微生物的生长密切相关。目前，日本与法国等国对鲜切果蔬产品都制定了相应的微生物标准，保证产品卫生及质量。鲜切果蔬中防止微生物的生长主要是通过控制水分活度和酸度，将防腐剂及低温冷藏作为主要的栅栏因子。蔬菜上的微生物主要是细菌，霉菌和酵母菌数量较少，而水果上除有一定细菌外，霉菌、酵母菌数量相对较多，不同蔬菜、水果上的微生物群落差别很大。采用柠檬酸、苯甲酸、山梨酸、醋酸及中链脂肪酸等有机酸抗菌剂降低果蔬的 pH 可有效抑制微生物生长。对某些果蔬用低浓度盐处理可适当减低水分活度，具有一定的抑菌效果。

2. 栅栏因子在褐变控制上的应用

由于果蔬制品中含有的多酚类物质非常容易在酚酶的作用下导致酶促褐变。尤其是在鲜切果蔬制品生产过程中，因果蔬的切面与空气的接触，更容易导致褐变的发生，所以控制酶促褐变发生的三要素(氧气、酶、酶作用底物)是非常关键的。

传统工艺上，加入抗褐变的物质将有助于防止褐变反应的发生。一般采用亚硫酸盐来抑制果蔬褐变，但因其对人体具有副作用，现提倡使用亚硫酸盐替代物。随着研究的不断深入，柠檬酸与 EDTA 已作为螯合剂使用。柠檬酸与抗坏血酸或 L-半胱氨酸等物质很可能成为亚硫酸盐替代物用于抑制酶促褐变。除此之外，酶促褐变还可以通过对果蔬进行漂烫处理钝化酶的活性，降低制品 pH 使酶处于最适 pH 之外，加酚酶底物的类似物等方法来进行抑制。

3. 气调保鲜包装技术在果蔬保藏中的应用

气体保鲜法是目前被认为在生鲜食品或农产品保鲜中最安全的一种技术方法。这种方法也称气调保鲜法。气调保鲜法分为人工气调和自动气调两种。人工气调指人为调节包装内的气体成分。自动气调指不经人工调节的自然气调，也称自发气调，如塑料袋装水果和蔬菜，可实现袋内空气成分的自动调节。鲜切果蔬的迅速发展应归功于气调包装。包装本身可作为直接栅栏起阻隔作用，防止微生物侵染，同时又能调节果蔬微环境，控制湿度与气体成分。栅栏技术与食品包装的融合为鲜切果蔬的保存提供了一条新途径。

气体保鲜可以根据不同的食品或生鲜农产品的生理特性，向其贮藏或包装环境中充入不同的气体或多种混合气体，从而大幅度降低其呼吸强度和减少其自我消耗，抑制促进生鲜果蔬等产品衰老的乙烯的生成，减少病害发生。任何气体对生鲜食品或其相关产品的寿命都会有影响。气调包装或混合气体的使用应考虑如下问题。①合理选择气体及其混合比例。常用于保鲜的气体有 N_2、CO、CO_2、O_2、SO_2和臭氧等气体。对食品保鲜而言，有的只需单一的气体便可实现保鲜，而有的食品则需要两种或两种以上的气体进行合理的比例混合才能达到保鲜的目的。②不同气体的保鲜作用不同。N_2是无味、无臭、不溶于水的惰性气体，用 N_2取代包装袋中的空气，能有效防止色素、油质、脂肪在包装袋中氧化。而且 N_2具有对食品不产生异味的优点，所以在大多数气调包装中都优先选用 N_2或 N_2与其他气体的混合气。CO_2 对大多数好氧菌、霉菌的生长繁殖具有较强的抑制作用。SO_2 有良好的抑菌、杀菌、防虫、防霉效果，能减缓新鲜果蔬的呼吸、代谢速度，常用于果蔬保鲜。在气调包装中经常采用由两种或两种以上的气体混合后充入包装中以达到一种改性的气体环境。

除此之外包装要具有气体阻隔性，一是外部的氧气被阻挡，使得包装食品免于被氧化；二是包装袋内的气体可以逸出，例如在包装果蔬类食品时就要满足其呼吸的要求。包装产品需在低温下储藏，温度较高时，充入气体的抑菌效果将会大大降低，国外一般要求气体保鲜食品的贮藏温度在0～5℃范围内。

1.4 食品保存期限与食品标签

1.4.1 食品保存期限

1.4.1.1 不同食品的保存期限

食品的保存期限一般针对商品化的食品而言。由于食品的种类非常多，加工方式、包装形式、运输环境、保藏条件等的不同都会对食品的保存期限产生影响。由于食品中丰富的营养成分，以及外界条件的影响，食品在贮藏和流通过程中会发生一系列的变化，如物理变化(温度、水分变化等)、化学变化(酶促反应、氧化变色等)、生理变化(蔬菜抽薹、萝卜变糠等)等。食品的品质一般随着贮藏时间的延长呈下降趋势(除一些特殊商品，如白酒)。在白酒的贮藏过程中，由于酒中的各类化学物质之间发生相互作用，重新生成很多香味物质，从而使酒香更醇厚，而且由于酒精的杀菌作用，酒类不易遭受微生物的污染，所以酒类食品随着贮藏时间的延长反而品质更好。

1. 不同加工方式对食品保存期限的影响

新鲜的蔬菜一般在冷藏条件下保藏几天就开始变质，而经过灭菌处理的罐藏蔬菜一般保质期会达到1～3年。巴氏灭菌普通装的牛奶，一般保质期只有2～3天，经过接种乳酸菌发酵之后的酸奶保质期可达半个月，而经过超高温瞬时灭菌无菌包装的牛奶保质期可达6个月之久。因此不同的加工方式对食品的保存期限有很大影响。

2. 不同的保存条件对食品保质期的影响

一般我们在购买食品的时候，在包装袋上会看到一些根据温度所制定的不同保藏期限的叙述，这类食品通常对于温度的变化比较敏感。比如盒装牛奶，在常温密闭条件可保存6个月，一旦开启包装之后要求在2～6℃保存，且只能存放2天。再比如鲜鱼，在冷藏条件下一般保存1～2天，而在冷冻条件下可保存3～6个月。

除此外，包装条件越好，食品的保质期会越长；储运和销售过程中采用冷链系统，食品的保质期一般会比常温保存的保质期更长。

1.4.1.2 食品保质期的概念

在我国《预包装食品标签通则》(GB 7718—2011)中对食品保质期有明确定义，即指预包装食品在标签指明的贮存条件下，保持品质的期限。在此期限内，产品完全适于销售，并保持标签中不必说明或已经说明的特有品质。

1.4.1.3 食品保质期的确定

为了保证食品的质量安全和消费者的健康，必须对食品的贮藏和流通规定一个比较合理的保存期限。食品保质期应是科学制定的，不是厂家根据自己意愿任意标注的。目前，由于不同的食品加工条件和贮藏条件等的差异，很难规定统一的保质期。食品企业所确定的产品的保质期一般通过实验方法来获得。由于产品在保质期内发生质量问题，国家质检部门会对食品企业进行处罚，因此食品企业制定的保质期都短于食品的真正保质期限。

由于许多包装食品储存期可超过一年，评价对保质期产生影响的外在因素，如加工产品的原材料的改变(采用新的食品添加剂)、加工过程的改变(采用不同消毒时间或温度)，或加工环境的改变(搬迁场地或更换车间)，都会希望保质期尽可能持续到产品所要求的时间(商业储存期)。但因为会影响到企业的正常生产和经济效益，许多公司都等不了这么长的时间来知道这些新产品、新加工过程、新包装材料能否提供足够的保质期。这就需要有一些方法来加快产品保质期的测试。

目前，在食品工业方面较为常见的储存期预测方法为食品储存期加速测试法，该方法已经应用于冷冻食品、燕麦谷物等产品中。该方法利用化学动力学来量化外在因素(温度、湿度、气压和光照等)对变质反应的影响力，通过控制食品处于一个或多个外在因素高于正常水平的环境中，变质的速度将加快，从而在短于正常的时间内就可判定产品是否变质。因为影响变质的外在因素可以量化，而加速的程度也可通过计算得到，所以可以推算产品在正常储存条件下实际的储存期。

1.4.2 食品标签

1.4.2.1 食品标签概念及原则

食品标签是指预包装食品容器上的文字、图形、符号，以及一切说明物。预包装食品是指预先包装于容器中，以备交付给消费者的食品。食品标签的所有内容，不得以错误的、引起误解的或欺骗性的方式描述或介绍食品，也不得以直接或间接暗示性的语言、图形、符号导致消费者将食品或食品的某一性质与另一产品混淆。此外，食品标签的所有内容，必须通俗易懂、准确、科学。食品标签是依法保护消费者合法权益的重要途径。

1.4.2.2 国家预包装食品标签通则

2011 年，新的食品安全国家标准《预包装食品标签通则》(GB 7718—2011)正式颁布，代替了原《预包装食品标签通则》(GB 7718—2004)。修订后的标准在原来的基础上更加强调了食品标签中食品添加剂的标示方式，要求所有食品添加剂必须在食品标签上明显标注。同时，食品标签应当真实、准确、通俗易懂、有科学依据，不得标示违背营养科学常识的内容，也不应具有暗示预防、治疗疾病作用的内容；食品名称应当反映食品的真实属性，所使用的商品名称不应对消费者产生误导。新标准还进一步明确了生产日期和保质期的标示规定，规定了食品生产者、经销者的名称、地址和联系方式的标示要求，增加了推荐标示可能对人体致敏的物质的要求。

1.4.2.3 食品标签必须标注的内容

根据《预包装食品标签通则》(GB 7718—2011)的要求，必须标注的内容中应包括食品名称，配料表，净含量和规格，生产者和(或)经销者的名称、地址和联系方式，生产日期和保质期，贮存条件，食品生产许可证编号，产品标准代号及其他需要标示的内容。

1. 食品名称

应在食品标签的醒目位置，清晰地标示反映食品真实属性的专用名称。当国家标准、行业标准或地方标准中已规定了某食品的一个或几个名称时，应选用其中的一个，或等效的名称。无国家标准、行业标准或地方标准规定的名称时，应使用不使消费者误解或混淆的常用名称或通俗名称。

标示新创名称、奇特名称、音译名称、牌号名称、地区俚语名称或商标名称时，应在所示名称的同一展示版面标示。这些名称含有易使人误解食品属性的文字或术语(词语)时，应在所示名称的同一展示版面邻近部位使用同一字号标示食品真实属性的专用名称。当食品真实属性的专用名称因字号或字体颜色不同易使人误解食品属性时，也应使用同一字号及同一字体颜色标示食品真实属性的专用名称。

为不使消费者误解或混淆食品的真实属性、物理状态或制作方法，可以在食品名称前或食品名称后附加相应的词或短语。如干燥的、浓缩的、复原的、熏制的、油炸的、粉末的、粒状的等。

2. 配料表

预包装食品的标签上应标示配料表，配料表中的各种配料应按上述食品名称的要求标示具体名称。

配料表应以“配料”或“配料表”为引导词。当加工过程中所用的原料已改变为其他成分(如酒、酱油、食醋等发酵产品)时，可用“原料”或“原料与辅料”代替“配料”、“配料表”，并按本标准相应条款的要求标示各种原料、辅料和食品添加剂。加工助剂不需要标示。

各种配料应按制造或加工食品时加入量的递减顺序一一排列；加入量不超过2%的配料可以不按递减顺序排列。

如果某种配料是由两种或两种以上的其他配料构成的复合配料(不包括复合食品添加剂)，应在配料表中标示复合配料的名称，随后将复合配料的原始配料在括号内按加入量的递减顺序标示。当某种复合配料已有国家标准、行业标准或地方标准，且其加入量小于食品总量的25%时，不需要标示复合配料的原始配料。

食品添加剂应当标示其在《食品安全国家标准　食品添加剂使用标准》(GB 2760—2011)中的通用名称。食品添加剂通用名称可以标示为食品添加剂的具体名称，也可标示为食品添加剂的功能类别名称并同时标示食品添加剂的具体名称或国际编码(INS号)。当采用同时标示食品添加剂的功能类别名称和国际编码的形式时，若某种食品添加剂尚不存在相应的国际编码，或因致敏物质标示需要，可以标示其具体名称。加入量小于食品总量25%的复合配料中含有的食品添加剂，若符合《食品安全国家标准 食品添加剂使用标准》(GB 2760—2011)规定的带入原则且在最终产品中不起工艺作用的，不需要标示。

在食品制造或加工过程中，加入的水应在配料表中标示。在加工过程中已挥发的水或其他挥发性配料不需要标示。

可食用的包装物也应在配料表中标示原始配料，国家另有法律法规规定的除外。

3. 配料的定量标示

如果在食品标签或食品说明书上特别强调添加了或含有一种或多种有价值、有特性的配料或成分，应标示所强调配料或成分的添加量或在成品中的含量。如果在食品的标签上特别强调一种或多种配料或成分的含量较低或无时，应标示所强调配料或成分在成品中的含量。食品名称中提及的某种配料或成分而未在标签上特别强调，不需要标示该种配料或成分的添加量或在成品中的含量。

4. 净含量和规格

净含量的标示应由净含量、数字和法定计量单位组成。依据法定计量单位，按以下形式标示包装物(容器)中食品的净含量：

(1)液态食品，用体积升(L/l)、毫升(mL/ml)，或用质量克(g)、千克(kg)；

(2)固态食品，用质量克(g)、千克(kg)；

(3)半固态或黏性食品，用质量克(g)、千克(kg)或体积升(L/l)、毫升(mL/ml)。

净含量计量单位表示方法：如果小于1000 g，则单位用g表示，如果大于1000 g，则单位用kg表示；如果体积小于1000 mL，则单位用mL表示，如果大于1000 mL，则单位用L表示。净含量字符的最小高度应符合GB7718-2011中的规定。净含量应与食品名称在包装物或容器的同一展示版面标示。

容器中含有固、液两相物质的食品，且固相物质为主要食品配料时，除标示净含量外，还应以质量或质量分数的形式标示沥干物(固形物)的含量。

同一预包装内含有多个单件预包装食品时，大包装在标示净含量的同时还应标示规格。

规格的标示应由单件预包装食品净含量和件数组成，或只标示件数，可不标示“规格”二字。单件预包装食品的规格即指净含量。

5. 生产者或经销者的名称、地址和联系方式

标签应当标注生产者的名称、地址和联系方式。生产者名称和地址应当是依法登记注册，能够承担产品安全质量责任的生产者的名称、地址。

进口预包装食品应标示原产国国名或地区区名(如香港、澳门、台湾)，以及在中国依法登记注册的代理商，进口商或经销者的名称、地址和联系方式，可不标示生产者的名称、地址和联系方式。

6. 日期标示

应清晰标示预包装食品的生产日期和保质期。如日期标示采用“见包装物某部位”的形式，应标示所在包装物的具体部位。日期标示不得另外加贴、补印或篡改。当同一预包装内含有多个标示了生产日期及保质期的单件预包装食品时，外包装上标示的保质期应按最早到期的单件食品的保质期计算。外包装上标示的生产日期应为最早生产的单件食品的生产日期，或外包装形成销售单元的日期；也可在外包装上分别标示各单件装食品的生产日期和保质期。日期的标识应按年、月、日的顺序，如果不按此顺序标示，应注明日期标示顺序。

7. 贮存条件

预包装食品标签应标示贮存条件或贮藏方法。贮存条件可以有如下标识形式：常温(或冷冻，或冷藏，或避光，或阴凉干燥处)保存；xx ~ xx℃保存；请置于阴凉干燥处；常温保存，开封后需冷藏；温度≤xx℃，湿度≤xx%。

8. 食品生产许可证编号

预包装食品标签应标示食品生产许可证编号的，标示形式按照相关规定执行。

9. 产品标准代号

在国内生产并在国内销售的预包装食品(不包括进口预包装食品)，应标示产品所执行的标准代号和顺序号。

10. 其他标示内容

辐照食品：经电离辐射线或电离能量处理过的食品，应在食品名称附近标示“辐照食品”。经电离辐射线或电离能量处理过的任何配料，应在配料表中标明。

转基因食品：转基因食品的标示应符合相关法律、法规的规定。

营养标签：特殊膳食类食品和专供婴幼儿的主辅类食品，应当标示主要营养成分及其含量，标示方式按照《预包装特殊膳食用食品标签通则》(GB 13432—2004)执行。

其他预包装食品如需标示营养标签，标示方式参照相关法规标准执行。

质量(品质)等级：食品所执行的相应产品标准已明确规定质量(品质)等级的，应标示质量(品质)等级。

1.4.2.4 非直接提供给消费者的预包装食品标签标示内容

非直接提供给消费者的预包装食品标签应按照1.4.2.3中的相应要求标示食品名称、规格、净含量、生产日期、保质期和贮存条件，其他内容如未在标签上标注，则应在说明书或合同中注明。

1.4.2.5 标示内容的豁免

下列预包装食品可以免除标示保质期：酒精度大于等于10%的饮料酒、食醋、食用盐、固态食糖类、味精。当预包装食品包装物或包装容器的最大表面面积小于10 cm^2时，可以只标示产品名称、净含量、生产者(或经销商)的名称和地址。

1.4.2.6 推荐标示内容

批号：根据产品需要，可以标示产品的批号。

食用方法：根据产品需要，可以标示容器的开启方法、食用方法、烹调方法、复水再制方法等对消费者有帮助的说明。

致敏物质：以下食品及其制品可能导致过敏反应，如果用做配料，宜在配料表中使用易辨识的名称，或在配料表邻近位置加以提示。①含有麸质的谷物及其制品(如小麦、黑麦、大麦、燕麦、斯佩耳特小麦或它们的杂交品系)；②甲壳纲类动物及其制品(如虾、龙虾、蟹等)；③鱼类及其制品；④蛋类及其制品；⑤花生及其制品；⑥大豆及其制品；⑦乳及乳制品(包括乳糖)；⑧坚果及其果仁类制品，如加工过程中可能带入上述食品或其制品，宜在配料表临近位置加以提示。

【复习思考题】

1. 引起食品腐败变质的主要因素有哪些?
2. 不同食品保藏方法其杀菌或抑菌的原理是什么?
3. 酶在食品腐败变质过程中的作用及控制酶活性的方法?
4. 栅栏效应及在不同食品中的应用?
5. 食品标签的主要标示内容有哪些?

主要参考文献

刘冠勇，罗欣．栅栏技术在肉制品加工中的应用．肉类研究，2000，1：37－40.
刘邻渭．食品化学．北京：中国农业出版社，2000.
史贤明．食品安全与卫生学．北京：中国农业出版社，2003.
杨文俊，宗学醒，毋智深．栅栏技术在乳品工业中的应用．中国乳品工业，2007，35(2)：50－53.
曾名湧．食品保藏原理与技术．北京：化学工业出版社，2007.
张志健．食品防腐保鲜技术．北京：科学技术文献出版社，2006.
赵友兴，郁志芳，李宁．栅栏技术在鲜切果蔬质量控制中的应用．食品科技，2000，20－22.
赵志峰，雷鸣，卢晓黎，等．栅栏技术及其在食品加工中的应用．食品工业科技，2002，23(8)：93－95.
中华人民共和国卫生部．食品安全国家标准－预包装食品标签通则(GB 7718-2011).2011.
周德庆．微生物学教程．北京：高等教育出版社，2002.

第 2 章　食品的低温保藏

【内容提要】

本章主要讲述食品的低温保藏原理、食品的冷却与冷藏、食品的冻结和冻藏、食品的解冻和解冻方法及食品解冻过程中的质量变化。

【教学目标】

1. 掌握食品低温保藏原理；
2. 掌握食品的冷却与冷藏方法及冷藏过程中的品质变化；
3. 掌握食品的冻结与冻藏方法及冻藏过程中的品质变化；
4. 了解食品解冻过程、解冻方法和解冻食品的品质变化。

【重要概念及名词】

食品低温保藏原理；食品的冷却；食品的冷藏；食品的冻结；食品的冻藏；冻结速度；最大冰晶生成带；IQF 冻结；干耗；冻结烧

2.1　食品低温保藏原理

新鲜食品或者未经严格杀菌处理和防腐包装的食品在自然温度条件下存放时，由于食品自身特性以及微生物和食品内各种酶的作用，食品易腐败变质。引起食品变质的因素很多，除了微生物和酶以外，还有一些非酶化学因素也可引起食品变质。食品低温保藏就是利用低温来控制微生物的生长繁殖、酶的活动及其他非酶变质因素的一种方法。

2.1.1　低温对微生物的影响

2.1.1.1　低温与微生物活性的关系

食品冷冻中涉及的微生物主要有酵母菌、霉菌和细菌。微生物生长繁殖需要适宜的生长环境，其中动物性食品是微生物侵染的最好对象，植物性食品在受到伤害和处于衰老阶段时，也容易被微生物利用。微生物污染食品后，能够分泌各种酶，分解食品中的蛋白质、碳水化合物、脂肪等营养物质，同时还产生硫化氢、氨等有毒物质，导致食品变质，失去食用价值。

温度对微生物的生长具有重要作用，任何微生物的正常生长繁殖都有一定的温度范围。微生物生长繁殖最快的温度称为最适温度，超过或低于此温度，它们的活动就逐渐减弱直至停止或死亡。根据微生物对温度的适应范围，可将微生物分为嗜冷菌、耐冷菌、嗜温菌和嗜热菌，其各自的适应生长温度见表 2-1。

表 2-1 微生物的适应生长温度 (单位:℃)

适应温度 \ 类群	嗜冷菌	耐冷菌	嗜温菌	嗜热菌
最低温度	-10~5	0~5	10~15	30~40
最适温度	10~20	20~30	30~40	55~65
最高温度	20~30	30~35	40~50	70~80

绝大多数微生物处于最低生长温度时，新陈代谢已减弱到极低的程度，呈休眠状态，再进一步降温，就会导致微生物的死亡。食品的低温保藏就是利用低温冷冻来控制微生物的生长繁殖。但冷冻不是杀菌处理，并不能完全杀死微生物，在冷冻食品中往往会有一些微生物生存下来，在长期贮藏中危害食品，尤其在解冻过程中大量微生物会恢复活性，一些不安全的微生物会产生毒素，危及冷冻食品的安全性。因此要保证冷冻食品的安全性，必须从冷冻食品加工工艺各环节注意避免微生物的交叉污染，保持冷冻食品在合适的低温下贮藏。

2.1.1.2 低温导致微生物活性减弱和死亡的原因

1. 低温降低微生物的酶活性和代谢活性

微生物的新陈代谢速率是由细胞内一系列酶催化的各种生物化学反应所决定的，温度下降到一定程度，酶的活性将随之下降，使得代谢反应减缓，微生物呼吸活性也相应减弱。在正常情况下，微生物细胞内各种生化反应总是相互协调一致的。但各种生化反应的温度系数各不相同，因而降温时这些反应将按照各自的温度系数减慢，破坏了各种反应原来的协调一致性，影响微生物的新陈代谢。温度降得愈低，失调程度也愈大，甚至达到新陈代谢完全终止的程度。

2. 低温降低水分活度

微生物正常的代谢需要水分，对营养物质的利用也需要水分作溶剂。冷冻保存的食品，绝大部分水冻结成冰，使食品中溶质浓度极大提高，水分活度下降。这一方面导致食品中的营养物质不能被微生物利用，另一方面食品中的微生物细胞自身也处于暂时缺水状态，其代谢活性受到抑制。食品中冻结水所占的比例越高，水分活度下降就越多，对食品的保藏也越有利。

3. 冰晶体的形成促使细胞内原生质胶体脱水

温度下降至冻结点以下时，微生物细胞中水分被冻结，胶体内溶质浓度因脱水而增加，原生质黏度增大，电解质浓度增高，细胞的 pH 和胶体状态改变，使细胞变性。加之冻结过程中形成的冰晶体的机械作用使细胞膜受损伤，这些内外环境的改变是微生物代谢活动受阻或致死的直接原因。

2.1.1.3 影响微生物低温致死的因素

低温条件下，食品中的微生物是否死亡与微生物的种类、介质温度、降温速度、食品的成分、贮藏期等多种因素有关。

1. 微生物的种类

嗜温菌和嗜热菌对低温的适应性较差，在食品低温处理时首先死亡，而嗜冷菌和耐冷菌对低温的适应性较强，容易在冷藏和冷冻食品中存活。大多革兰阴性杆菌较革兰阳性菌耐低温，球菌比革兰阴性杆菌对冷冻具有更强的抗性。金黄色葡萄球菌或梭状芽孢杆菌的营养细胞比沙门菌抗冻性强，孢子和细菌毒素完全不受冷冻的影响。酵母菌和霉菌比细菌更耐低温，有些酵母菌和霉菌可以在 -12 ~ -8℃温度范围内活动。

2. 介质温度

介质温度是决定微生物存亡的关键因素。冻结点或冻结点以上的低温只能抑制部分微生物的生长速度，而一些能适应低温的微生物继续繁殖，也会导致食品的变质。冻结点或略低于冻结点的温度对微生物抑制作用较大，尤其是 -5 ~ -2℃的温度对微生物的致死效果最显著。但是当温度下降到 -25 ~ -20℃时，微生物死亡率反而很低，因为温度降至 -20℃时，微生物细胞内的生化反应几乎完全停止，胶体变性也变慢。

3. 降温速度

降温速度对抑制微生物生长活动的影响很大。食品冻结前，降温越快，微生物的死亡率也越大。开始冻结后，情况则不同，一般降温越慢，微生物的死亡率越高。这是因为在缓慢冻结时形成的大冰晶，对微生物细胞产生严重的机械破坏作用，同时促进微生物蛋白变性；而速冻形成的小冰晶对微生物造成的伤害程度则低得多，并且在速冻过程中微生物细胞内的酶反应降低，使得微生物死亡率降低。一般速冻过程中的微生物死亡率为原菌数的50%左右，而缓冻可达70% ~80%。

4. 食品的成分

食品的水分含量较高和 pH 较低，可以加速微生物的死亡速度，而食品中的蔗糖、盐、蛋白质和脂肪等物质对微生物有保护作用。如冰激凌中所含的大量脂肪形成了对微生物起保护作用的屏障，在卫生条件差的环境中生产的冰激凌通常被检测出微生物超标。

5. 贮藏期

低温对微生物的影响还与食品的贮藏期有关。理论上，冷冻食品贮藏中微生物的数量应随着贮藏期的延长而减少，但是贮藏温度越低，减少的数量越少，有时甚至保持基本稳定。贮藏初期(最初数周内)，微生物残留率下降较快，后期则下降很慢。但应注意，食品低温贮藏时，微生物的数量虽然会下降，但和高温杀菌处理本质上是不同的，因为低温不是有效的杀菌措施，只是有效的抑菌措施。

2.1.2 低温对酶活性的影响

1. 低温对酶活性的抑制作用

酶是生物体组织内的一种具有催化特性的特殊蛋白质，食品中的许多反应都是在酶的催化下进行的。酶的活性和温度有密切关系，酶促反应速度最快时的环境温度称为酶的最适温度，大多数酶的最适温度为30～50℃。当温度高于或低于酶的最适温度时，其活性均下降。酶的活性（即催化能力）因温度而发生的变化常用温度系数Q_{10}衡量：

$$Q_{10} = \frac{K_2}{K_1} \tag{2-1}$$

式中，Q_{10}——温度每增加10℃时因酶活性变化所增加的化学反应率；

K_1——温度T时酶活性所导致的化学反应速率；

K_2——温度增加到$T+10$℃时酶活性所导致的化学反应率。

大多数酶活性化学反应的Q_{10}值在2～3范围内，也就是说温度每下降10℃，酶的活性就降低到原来的1/3～1/2。

2. 低温抑制酶活性的局限

冷冻或冷藏并不能完全破坏酶的活性，只能抑制酶活性或降低酶促反应速率，在长期冷藏中，酶的作用仍可使食品变质。例如，胰蛋白酶在－30℃下仍有微弱的活性，脂肪水解酶在－20℃下仍能引起脂肪的缓慢水解。从低温抑制酶反应的角度考虑，冷冻食品的保藏温度应低于－18℃，从而减缓因酶促反应而导致的各种腐败变质，如颜色的改变、风味的降低、营养的损失。

另外，应特别注意冻结食品在解冻时许多酶的活性会恢复，甚至急剧增强，加速解冻食品的变质。如荔枝在速冻前外果皮的多酚氧化酶活性为14.30活性单位，解冻后活性急剧上升为39.99活性单位，荔枝果皮很快变褐。因此，为了使冻结、冻藏和解冻过程中由于酶活性而引起的不良变化降低到最低程度，食品在冻结前可以进行短时预煮或烫漂，以钝化酶活性，从而进一步提高冷冻食品的质量。由于过氧化物酶的耐热性较强，生产中常以其被破坏的程度作为确定烫漂工艺参数的依据。

2.1.3 低温对其他变质因素的影响

1. 低温对呼吸作用的影响

新鲜动植物食品是有生命的有机组织，自身进行着呼吸代谢。在新鲜果蔬食品的冷冻或冷藏加工中，控制其呼吸作用是保证果蔬产品质量的根本条件。呼吸作用主要消耗果蔬食品的营养物质，同时释放呼吸热和一些有害物质，如乙醇、乙醛、乙烯等，加速果蔬产品的品质下降。果蔬产品的呼吸速率随温度变化而改变，通常用温度系数（Q_{10}）来衡量呼吸速率在一定的温度范围内受温度影响的情况。Q_{10}表示温度每增加10℃时呼吸速率所增加的倍数。在不同温度范围内Q_{10}不同。表2-2是一些果蔬的Q_{10}值，从表中可见，通常情况下温度越低 Q_{10}值越大，因此果蔬的冷冻或冷藏可以很好地抑制呼吸作用。

表2-2　常见果蔬的温度系数

种类	温度变化范围		种类	温度变化范围	
	0.5～10℃	10～24℃		0.5～10℃	10～24℃
草　莓	3.5	2.1	龙须菜	3.7	2.5
桃	4.1	3	豌　豆	3.9	2
柠　檬	4	1.7	四季豆	5.1	2.5
甜　橙	2.5	1.8	菠　菜	3.2	2.6
葡萄柚	3.4	2	胡萝卜	3.3	1.9
苹　果	2.6	2	莴　苣	1.6	2
辣　椒	2.8	2.3	石刁柏	3.5	2.5
番　茄	2	2.3	马铃薯	2.1	2.2
黄　瓜	4.2	1.9	豆　角	5.1	2.5

此外，低温对新鲜动物食品的品质具有重要影响。动物屠宰后，组织中有氧呼吸迅速下降，厌氧呼吸使糖原转化为乳酸，导致肉类pH下降，并使肌肉组织变得坚硬而失去弹性。因此，动物屠宰后迅速冷却可以降低厌氧呼吸，保持肉类质地和颜色的稳定，并减少细菌污染。

2. 低温对物质氧化的影响

食品保藏过程中还有非微生物和酶的作用所造成的变质，如油脂的酸败。食品中的油脂与空气直接接触，会发生氧化，生成醛、酮、酸、内酯、醚等物质，并且油脂自身的黏度增加，相对密度也增加，出现令人不愉快的哈喇味，严重影响食品的食用品质。低温可以有效抑制这些物质氧化造成的食品变质。

3. 低温对非酶褐变的影响

非酶褐变即没有酶参与下所发生的化学反应而引起的褐变，包括美拉德反应、抗坏血酸的氧化以及叶绿素脱镁等引起的褐变。非酶褐变可以使果蔬产品在贮藏过程中色泽变暗甚至变黑，丧失一些营养物质。低温能够在一定程度上抑制非酶褐变的发生。

2.2　食品的冷却与冷藏

冷却又叫预冷，是将食品或食品原料从常温或高温状态降低到特定的低温状态的一种工艺过程，是冷藏或冻藏的必要前处理，其本质上是一种热交换过程，冷却的最终温度在食品的冻结温度以上。冷藏是将冷却后的食品温度降低到接近冰点，但不使物料冻结或产生冷害的低温保藏方法。冷藏温度一般为-1～13℃。冷藏的贮藏期一般从几天到数周，随贮藏的食品种类、状态和冷库温度而异。

冷藏是果蔬、肉类及其加工制品短期贮藏的一种重要手段。果蔬食品的冷藏可使它们的生命代谢过程尽量延缓，推迟成熟时间，保持其新鲜程度。冷却肉的生产从胴体分割、剔骨、包装、运输、贮藏到销售的全过程始终处于严格温度(0～4℃)监控之下，尽可能地防止了微生物污染的发生。冷藏不仅大大降低了初始菌数，而且肉毒梭菌、金黄色葡萄球菌等病原菌在低温条件不能分泌毒素，同时由于低温条件，冷却肉的持水性、嫩度和鲜味等都得到最大限度的提高。

冷却和冷藏虽然可以减缓食品的变质速度，但对大多数食品并不能像加热、脱水、辐射、发酵或冷冻所能做到的那样长时间地防止食品变质。如冷却肉上仍然污染有一些微生物，如单核细胞李斯特增生菌和假单胞菌属等，它们在冷藏条件下仍然会大量生长和繁殖，最终导致冷却肉的腐败变质。冷藏虽仅用于短期贮藏，但对适当延长易腐食品及其原料的供应期和缓和季节性农产品的加工高峰起着重要作用。

2.2.1 食品的冷却

2.2.1.1 冷却的目的

食品冷却的目的就是快速排出食品内部的热量，使食品温度在尽可能短的时间内(一般数小时)降低到高于食品冻结温度的预定温度，从而能及时地减缓食品中微生物的生长繁殖和生化反应速度，保持食品的良好品质及新鲜度，延长食品的贮藏期。食品的冷却一般在食品的产地进行，易腐食品在刚采收或屠宰后就开始冷却最为理想，然后在运输、堆放、保藏和销售期间始终保持在低温的环境中，这不仅可以阻止微生物造成的腐败，而且也是保持食品原有品质的需要。

2.2.1.2 冷却的方法

常见的食品冷却方法有空气冷却、冷水冷却、碎冰冷却、真空冷却等，应根据食品的种类与设备条件，选择适当的冷却方法。

1. 空气冷却法

空气冷却法是利用低温冷空气作为冷却介质，使食品温度下降的一种冷却方法。它的使用范围较广，常被用于水果、蔬菜、鲜蛋、乳品以及肉类、家禽等的冷却或冻结前的预冷处理。

空气冷却法首先要使空气降温获得冷空气，然后才能使用冷空气来冷却食品。空气降温的方法有机械制冷和冰冷，常用的是机械制冷法。待空气降温后，利用冷风机将被冷却的空气从风道中吹出，在冷却间或冷藏间中循环，吸收食品中的热量，促使其降温。空气冷却法的冷却效果主要决定于空气的温度、流速和相对湿度。其工艺条件的选择要根据食品的种类、有无包装、是否需快速冷却等来确定。

图2-1是肉类空气冷却法的装置简图。冷空气由冷却室顶上的风道口吹出，从上而下，肉类挂在吊钩上，并列放置，互有间隔，冷风从这些间隙中流过，使肉类快速冷却。在肉类的冷却工艺上，通常采用较低温度和较高风速的快速两阶段冷却法。第一阶段是在快速冷却隧道或在冷却间内进行，空气温度比较低，一般在-15～-5℃之间，空气流

速为2 m/s。经过2~4 h后，胴体表面温度降到 -2~0℃，而后腿中心温度还在16~20℃左右。然后在温度为 -1~1℃的空气自然循环冷却间内进行第二阶段的冷却，经过10~14 h后半白条肉内外湿度基本趋向一致，达到平衡温度4℃时，即可认为冷却结束。整个冷却过程约在14~18 h之内可以完成。但由于冷却肉的温度为0~4℃，在这样的温度条件下，耐冷性微生物仍然生长，肉中酶的作用也仍进行，所以贮藏时间只有1~2周。

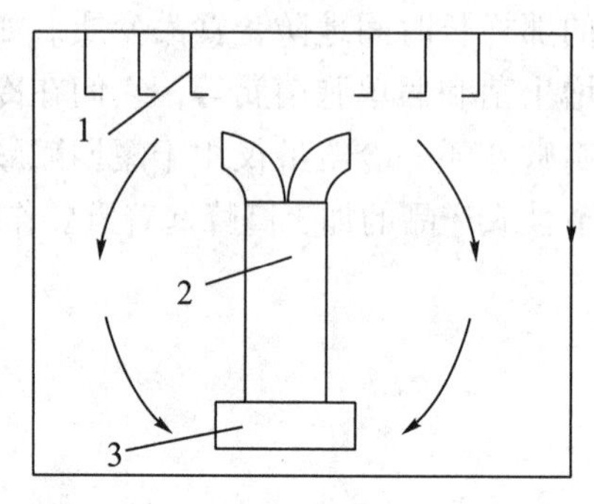

图2-1 肉类空气冷却法装置简图

1. 吊钩；2. 风道；3. 冷风机

（引自：王如福、李汴生，食品工艺学概论）

空气冷却法的优点是冷却均匀快速，适用于大批量连续化生产，可广泛地用于不能用水冷却的食品，但该法最大的缺点是当室内湿度低的时候，被冷却食品的干耗较大。

2. 冷水冷却法

冷水冷却法是通过低温水将需要冷却的食品冷却到指定温度的方法。低温水一般由机械制冷或冰块降温所得，冷水温度应控制在0~5℃。机械制冷水的温度可由设备控制，冰块降温法的水温由冰块加入量所决定。冷水冷却法多用于鱼类、家禽，有时也用于水果、蔬菜和包装食品的冷却。

冷水和冷空气相比有较高的传热系数，可以大大缩短冷却时间，而不会产生干耗。并且冷却过程对食品有一定的清洗作用。冷水冷却法最大的缺点是冷却水循环使用，容易滋长微生物，增加被冷却食品的带菌量。不同种类食品同用一批冷却水，还容易使食品受到交叉污染。为了减少食品被二次污染的程度，需不断补充清洁水。冰块冷却时水可以从冰的融化中不断得到补充并让过量水自动外溢。水中的微生物也可以用加杀菌剂如含氧化合物的方法进行控制。

鱼类或海产品可以采用冷海水冷却，不仅冷却速度快，鱼体冷却均匀，而且成本也可降低。但是海水流速不能过大，否则会起泡，影响冷却效果。此外，海水与无包装的食品直接接触时，会有盐分渗入食品内，给食品带来咸味和苦味。因此，海水只适宜在海产品冷却中使用。

3. 碎冰冷却法

冰块融化时会吸收大量的热量，其相变潜热为334.9 $kJ \cdot kg^{-1}$。当冰块与食品接触时，冰的融化可以直接从食品中吸取热量使食品迅速冷却。碎冰冷却法是一种简单、高效的冷却法，不仅冷却速度快，而且融冰使产品表面保持湿润。这种方法特别适用于冷却鱼类，也可用于某些蔬菜和水果。

碎冰冷却时用冰量和冰块的大小对食品冷却速度有影响，一般用冰量大，食品冷却速度快；冰块越小，冰与食品的接触面积越大，冷却愈迅速，冰块大小最好不超过2 cm。用碎冰机可得到细小而均匀的冰块，冷却时可以获得较好的冷却效果。另外，细小的冰块对食品的损伤也较小。

4. 真空冷却法

真空冷却又叫减压冷却，是采用特定的真空冷却设备，使食品处在负压环境中，其内部热量随着水分汽化而快速释放的冷却方式。真空冷却是近年来新发展的预冷技术，特别适用于快速排除水果、蔬菜采收后的田间热或呼吸热，以便贮运保鲜，还可以对熟肉制品、烘焙食品、水产品等进行快速预冷。

真空冷却的原理是根据水分在不同压力下有不同的沸点。在正常的101.32 kPa压力下，水在100℃沸腾；当压力为613.3 Pa时，水在0℃就沸腾了。真空冷却装置就是根据这个特性设计的，并配有真空冷却槽、压缩机、真空泵等设备，见图2-2。

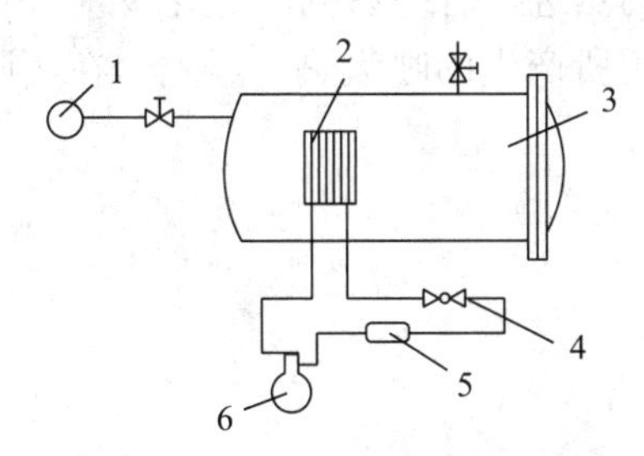

图2-2　真空冷却装置示意图

1. 真空泵；2. 冷却器；3. 真空冷却槽；4. 膨胀阀；5. 冷凝器；6. 压缩机

（引自：王如福、李汴生，食品工艺学概论）

真空冷却主要用于叶类蔬菜的快速冷却。收获后的蔬菜，经过挑选、整理，放入打孔的纸板或纤维板箱内，然后推进真空冷却槽，关闭槽门，开动真空泵和制冷机。当真空冷却槽内压力降低至613.3 Pa时，蔬菜中所含的水分在0℃的低温下迅速汽化。水变成水蒸汽时要吸收2.49 $kJ \cdot kg^{-1}$的汽化热，由于汽化热的作用，蔬菜自身的温度迅速下降至0℃，一般冷却时间只需20～30 min。每千克蔬菜为获得本身预期冷却效果需要蒸发掉的水分量很少，不会影响蔬菜新鲜饱满的外观。叶菜类具有较大的表面积，实际操作中，只要减少产品总质量的1%，就能使叶菜温度下降6℃。另外，通常的做法是先将食品原料湿润，为蒸发提供较多的水分，再进行真空冷却操作，这样既加快了降温速度又减少了植物组织内水分的损失，从而减少了原料的干耗。

真空冷却法的优点是冷却速度快，冷却均匀，特别是对菠菜、生菜等叶菜效果最好。某些水果和甜玉米也可用此方法预冷。该方法的最大问题是设备价格高，初期投资成本大，设备能耗大，除非食品预冷的处理量很大和设备使用期限长，否则此方法并不经济。

真空冷却法在国外一般都用在离冷库较远的蔬菜产地，在大量收获后的运输途中使用。

2.2.1.3 食品冷却时的冷耗量

食品在冷却过程中向低温介质散发热量，冷却至预定温度的散热量即为冷耗量。如果食品内无热源存在，周围介质的温度稳定不变，食品内各点的温度相同，冷耗量可按公式(2-2)计算：

$$Q = MC_0(T_{初} - T_{终}) \tag{2-2}$$

式中，Q——冷却过程中食品的散热量或冷耗量，kJ；

M——被冷却食品的质量，kg；

C_0——冻结点以上食品的比热容，kJ/(kg·K)；

$T_{初}$——冷却开始时食品的初温，K；

$T_{终}$——冷却完成时食品的终温，K。

一般当食品温度高于冻结温度时，食品的比热容不会因温度变化而改变。但是脂肪由于存在凝固和熔化现象，相变时存在热效应，所以温度变化对含脂肪的食品的比热容会存在影响。

在冷却过程中，除了食品自身热量需要冷耗量之外，还有一些其他的热源引起的额外冷耗量，如畜体在屠宰后仍然进行着一系列的生化反应并散发出热量，使体温逐渐升高；果蔬采收后由于呼吸作用所产生的呼吸热。因此，在实际冷却时，这些额外冷耗量也必须包括在总冷耗量之内。

2.2.2 食品的冷藏

2.2.2.1 空气冷藏法

空气冷藏法，即传统冷藏法，它用空气作为冷却介质来维持冷藏库的低温，在食品的冷藏过程中，冷空气以自然对流或强制对流的方式与食品换热，保持食品的低温水平。

1. 自然空气冷藏法

自然空气冷藏法是利用自然的低温空气来储藏食品的。要达到这个目的，必须建立通风储藏库，它借内外空气的互换使室内保持一定的低温。在天寒季节容易达到这个要求，温暖季节则难以达到。一般当每年深秋气温下降后，将储藏库的门窗打开，放入冷空气，等到室温降到所需要的温度时，又将门窗关闭，即可装入果蔬进行储藏。虽然通风库效果不如冷库，但费用较低。如我国许多地方采用地下式通风库，库身1/3露于地面上，2/3处于地面之下，用以储藏苹果等果蔬。通风储藏库的四周墙壁和库顶，具有良好的隔热效果，可削弱库外过高或过低温度的影响，有利于保持库内温度的稳定。通风库的门窗以泡沫塑料填充，隔热性能较好。排气筒设在屋顶，可防雨水，筒底可自由开关。

2. 机械空气冷藏法

目前大多数食品冷藏库采用机械空气冷藏法。制冷剂有氨、氟利昂、二氧化碳、甲烷等。在工业化的冷库中，氨是最常用的制冷剂，它具有较理想的制冷效果，适合于作为 -65℃以上温度范围内的制冷剂。现有的密封技术已能保证氨不泄露，具有较强的可靠性和安全性。另外，由于氨的气味较大，即使有少量的氨泄露，也会马上提示检修人员及时维修。

用机械空气冷藏法时需有一套制冷压缩机。以压缩式氨冷气机为例，其主要组成部分有压缩机、冷凝器和蒸发器。用氨压缩机将氨压缩为高压液态，经管道输送进入冷库，在鼓风机排管内蒸发，成为气态氨时，便会大量吸热而使库内降温。将低压氨气输送返回氨压缩机，加压使之恢复为液态氨，并采用水冷法移去氨液化过程所释放的热量，这样反复循环，便将库房内热量移至库外。

2.2.2.2 空气冷藏工艺

食品冷藏的工艺效果主要取决于贮藏温度、空气相对湿度和空气流速等因素。这些工艺条件则随食品种类、贮藏期的长短和有无包装而异。

1. 贮藏温度

贮藏温度是冷藏工艺条件中最重要的因素，对冷藏效果有重要影响。贮藏温度不仅指冷藏库内空气温度，更为重要的是指食品温度。食品的贮藏期是贮藏温度的函数。在保证食品不至于冻结的情况下，冷藏温度越接近冻结温度，贮藏期越长。因此选择各种食品的冷藏温度时，食品的冻结温度极其重要。例如葡萄过去所采用的贮藏温度为1.1℃，自从发现其冻结温度为 -2.8℃以后，就普遍采用更低一些的贮藏温度，使其贮藏期延长了两个月。但是有些食品对贮藏温度特别敏感，如果温度高于或低于某一临界温度，常会有冷藏病害出现，在贮藏时应加以注意。

在冷藏过程中，冷藏库温度的稳定也很重要，果蔬贮藏的冷库温度波动应小于±1℃。温度的波动会对食品本身以及微生物的新陈代谢起促进作用，同时也会引起空气湿度的波动。冷藏室的温度波动，会造成食品表面出现冷凝水，严重时导致霉菌滋生。因而为了尽可能控制好温度变化，冷藏库应具有良好的绝热层，配置合适的制冷设备，并要保持冷藏室和冷却排管间的最小温差。

2. 空气相对湿度

贮藏环境的空气中水蒸气压与该温度下饱和水蒸气压的百分比为该环境的空气相对湿度。冷藏室内空气的相对湿度对食品的耐藏性有直接的影响。冷藏室内空气既不宜过于潮湿也不宜过于干燥。低温的食品表面如与高湿空气相遇，就会有水分冷凝在其表面上。冷凝水分过多，食品容易发霉、腐烂。空气相对湿度过低，食品则会失水萎缩。

冷藏时大多数水果适宜的相对湿度为85%～90%；绿叶蔬菜和根菜类蔬菜适宜的相对湿度可高至90%～95%；而坚果在70%相对湿度下比较合适；干态颗粒食品如乳粉、蛋粉及吸湿性强的食品如果干等则宜在非常干燥的空气中储藏。

3. 空气流速

冷藏室内的空气流速也非常重要，空气流速越大，食品和空气间的蒸汽压差就随之增大，食品水分的蒸发率也就相应增大。在空气湿度较低的情况下，空气流速将对食品的干耗产生严重影响。只有相对湿度较高而空气流速较低时，才会使水分的损耗降到最低程度。但是过高的相对湿度对食品品质不利。所以空气流速的确定原则是及时将食品所产生的热量如生化反应热或呼吸热及从外界渗入室内的热量带走，并保证室内温度均匀分布；冷藏室内仍应保持速度最低的空气循环，使冷藏食品干耗现象降到最低程度。

对于有密封包装或者表面有保护层的食品，冷藏室的相对湿度和空气流速对贮藏效果影响甚微。如分割肉冷藏时常用塑料袋包装，或在其表面上喷涂不透蒸汽的保护层；番茄、柑橘等果蔬也可浸涂石蜡，以减少它的水分蒸发，并增添光泽。

2.2.2.3 食品在冷藏过程中质量的变化

1. 水分蒸发

在冷藏过程中，食品表面不但有热量散发出来，同时还有水分向外蒸发，促使食品失水干燥，导致其质量损失，这种现象俗称干耗。特别是用能透气的保护膜包装的食品，或表面上并无任何保护膜包装的食品，水分蒸发更加严重。水果、蔬菜中水分蒸发，会导致其失去新鲜饱满的外观，当减重达到5%时，会出现明显的凋萎现象，影响其柔嫩性和抗病性。肉类食品在冷却冷藏中发生干耗，除导致质量减轻外，肉的表面还会出现收缩、硬化，肉的颜色也有变化。鸡蛋在冷却储藏中，因水分蒸发会造成气室增大、质量减轻、蛋品品质下降。因此，食品在冷藏过程中必须尽量减少干耗的发生。

食品在冷却冷藏中所发生的干耗与食品的种类有着密切关系。水果、蔬菜类食品在冷藏时，因表皮成分、厚度及内部组织结构不同，水分蒸发存在着差异，如杨梅、龙须菜、葡萄、蘑菇、叶菜类食品原料在冷藏中，水分蒸发作用较强；桃子、李子、无花果、番茄、甜瓜、萝卜等在冷藏中水分蒸发次之；苹果、柑橘、柿子、梨、马铃薯、洋葱等冷藏过程中水分蒸发较小。末成熟的果实要比成熟果实水分蒸发量大。肉类水分蒸发量与肉的种类、表面积的大小、表面形状、脂肪含量等有关。

此外，食品的干耗还与冷却介质空气的温度、湿度及流速等因素有关。一般来说，在冷藏的初期食品水分蒸发的速度较快。

2. 果蔬冷害

在低温贮藏时，有些水果、蔬菜的贮藏温度低于某一温度临界限时，这些水果、蔬菜就会表现出一系列生理病害现象，其正常的生理机能产生障碍失去平衡。这种由于低温所造成的生理病害现象称为冷害。热带和亚热带果蔬，由于系统发育处于高温的气候环境中，对低温较敏感，在低温储藏中易遭受冷害。此外，一些种类的温带果蔬也会发生低温病害。

冷害的症状是果蔬组织内部变褐和干缩，外表出现凹陷斑纹，有一些外皮软薄或柔软的果蔬，则易出现水渍状斑块。冷害常导致果蔬不能正常成熟，并产生异味。引起冷害发生的因素很多，主要有果蔬的种类、贮藏温度和时间。另外，冷害的发生还与所采用储温低于其冷害临界温度的值和时间长短有关。采用的储温较其临界温度低得越多，冷害发生的情况就越严重。如果在冷害临界温度下经历时间较短，即使在临界温度以下，也不会出现冷害，因为冷害的出现需要一定的时间。

3. 后熟作用

许多水果和蔬菜类，其果实离开母体或植株后向成熟转化的过程称为后熟作用。为了较长时间地贮藏水果、蔬菜，应当控制其后熟能力。低温能有效地推迟水果、蔬菜后熟。水果按其成熟时是否伴随有呼吸高峰可分为两类。有呼吸高峰型的水果，比如香蕉、苹果、菠萝和梨等；无呼吸高峰型的水果，如柑橘类、葡萄等。对于呼吸高峰型的水果，如果在完全成熟后采收，将很快腐烂变质，几乎不能贮藏、加工和销售，所以这类水果一般都在成熟前适时采收。这样，水果在冷藏期间，将伴随着后熟作用的发生。在此过程中，水果通过呼吸作用可以逐渐向成熟转化，出现可溶性糖含量升高，糖酸比例趋于协调，可溶性果胶含量增加，果实香味变得浓郁，硬度下降等一系列成熟特征。后熟作用过程的快慢因果实种类、品种和储藏条件而异。

4. 移臭和串味

如果将有强烈气味的食品与其他食品放在一起冷却贮藏，这些强烈气味就有可能串给其他食品。对于那些在冷藏中容易放出或容易吸收气味的食品，即使贮藏期很短，也不宜将它们放在一个冷藏间内。例如苹果不宜和芹菜、甘蓝菜、马铃薯或洋葱贮藏在一起，因为它们会影响苹果的品质。乳制品最容易吸收其他气味，所以乳制品最好不要和苹果、柑橘及马铃薯放在一起储存。蒜和苹果、梨放在一起冷藏，蒜的气味就会串到苹果和梨上面去。这样一来食品原有的风味就会发生变化，使品质下降。因此，凡是气味相互影响的食品应分别贮藏，或包装后进行贮藏。另外，冷藏库长期使用后，会有一些特有的臭味，称为冷藏臭，也会转移给冷藏食品。

5. 肉的成熟

刚屠宰后的动物的肉是柔软的，并且具有很高的持水性，经过一段时间的放置，肉质会变得粗硬，持水性大大降低。继续延长放置时间，则粗硬的肉又变成柔软的肉，持水性也有所恢复，而且风味也有极大的改善。肉的这种变化过程称为肉的成熟。在冷却和冷藏过程中，肉类在低温下缓慢地进行着成熟作用，对肉质软化与风味增加有显著的效果。

6. 脂肪的氧化

冷藏过程中，食品中所含油脂会发生水解和氧化等复杂变化，导致食品的风味变差，味道恶化，出现变色、酸败、发黏等现象。这种变化严重时称为油烧。

7. 淀粉的老化

食品在冷藏过程中还会发生淀粉的老化。淀粉老化作用的最适温度为2～4℃。面包、馒头等在冷藏时淀粉迅速老化，味道变差。而当贮藏温度低于－20℃时，不会发生淀粉老化现象。因为温度低于－20℃时，淀粉分子间的水分急速冻结，形成了冰结晶，阻碍了淀粉分子间的相互靠近而形成氢键，所以不会发生淀粉老化现象。

2.3 食品的冻结

食品的冻结是指采用缓冻或速冻方法将食品温度降至冻结点以下时，食品中的水由液态转变为固态的过程。一般称冻结加工品为冻结食品或冷冻食品。常见的冷冻食品，不仅有需要保持新鲜状态的果蔬、果汁、浆果、肉、禽、水产品和去壳蛋等，而且还有不少加工品，如面包、点心、冰淇淋以及品种繁多的预煮和特种食品、膳食用菜肴等。合理冻结和贮藏的食品在大小、形状、质地、色泽和风味方面一般不会发生明显的变化，而且还能保持原有的新鲜状态。因此，冷冻食品已发展成为一种重要的方便食品，在国外还成为家庭、餐馆、食堂膳食菜单中常见的食品。

2.3.1 食品的冻结过程

2.3.1.1 冻结点

未经杀菌处理，且需要长期贮藏的新鲜食品或食品原料，一般都要进行冻结处理，使食品在其冻结点以下的温度贮藏，以减缓由于酶、微生物和氧化作用引起的品质下降。食品中一系列不良变化随着温度的降低而逐渐减弱，从而可以长时间(数十天或更长)保持食品的良好品质。食品的冻结点是指食品组织内部水分开始冻结形成冰晶的温度。

食品的冻结规律和纯水的冻结规律有所不同。常压下纯水在0℃时就开始冻结，在有水和冰同时存在的体系中，体系的温度保持在0℃不变，只有当体系中的水全部变成冰后，体系的温度才开始下降。而食品中的水分为结合水和自由水，食品中的结合水与蛋白质、碳水化合物等胶体物质结合在一起，在冻结过程中这部分水分不会结晶，属于不冻结水。食品中的自由水并非纯水，而是含有无机盐或有机物的稀溶液，溶液中溶质和水的相互作用使得溶液的冻结点低于纯水的冻结点。溶液的冻结点下降值与溶液中溶质的种类和数量(即溶液的浓度)有关。因各种食品的成分存在差异，其冻结点也不相同，见表2-3。

表2-3 部分食品的水分含量和冻结点

品种	水分含量/%	冻结点/℃	品种	水分含量/%	冻结点/℃
牛肉	71.6	-1.7～-0.6	杨梅	90	-1.3
猪肉	60	-2.8	菠萝	85.5	-1.2
羊肉	58～70	-2.2～-1.7	草莓	90	-1.2
家禽	74	-2.7	橘子	90	-2.2
鲜鱼	73	-2～-1	葡萄	81.5	-2.2
对虾	76	-2.0	香蕉	75.5	-3.4

续表

品种	水分含量/%	冻结点/℃	品种	水分含量/%	冻结点/℃
牛乳	87.5	-2.8	芹菜	94	-0.8
蛋清	89	-0.45	青豌豆	74	-1.1
蛋黄	49.5	-0.65	菠菜	92.7	-0.9
干酪	55	-8	甜玉米	73.9	-1.1
苹果	85	-2	青刀豆	89	-1.3
杏	85.4	-2.2	胡萝卜	88	-1.7

2.3.1.2 冻结过程和冻结曲线

1. 冻结过程

食品中水的冻结包括两个过程：降温与结冰。当温度下降至冻结点，接着排除了潜热后，游离水由液态变为固态，形成冰晶，即结冰。结合水则要脱离结合物质，经过一个脱水过程后，才冻结成冰晶。结冰包括晶核的形成和冰晶体的增长两个过程。晶核的形成是极少部分的水分子有规则地结合在一起，形成结晶的核心，这种晶核是在过冷条件达到后才出现的。冰晶体的增长是其周围的水分子有次序地不断结合到晶核上面去，形成大的冰晶体的过程。只有当温度很快下降至比冻结点低得多时，水分同时析出形成大量的结晶核，这样才会形成细小且分布均匀的冰晶体。

冻结时，食品表面的水首先结冰，然后冰层逐渐向内伸展。当内部水分因冻结而膨胀时，会受到外部冻结了的冰层的阻碍而产生内压，这就是冻结膨胀压，当外层冰体受不了过大的内压时，就会破裂。冻品厚度过大、冻结过快，往往会形成这样的破裂现象。

2. 冻结曲线

冻结过程中食品温度的变化可以用冻结曲线(温度随时间变化的曲线)描述，见图2-3。冻结曲线一般分为三段，即初阶段、中阶段和终阶段。

1)初阶段

初阶段即从初温至冻结点，这时放出的是“显热”，显热与冻结过程所排出的总热量比较，其量较少，故降温快，曲线较陡。其中还会出现过冷点(温度稍低于冻结点)。水的冰点为0℃，但实际上纯水在不到0℃时就结冻，常常首先被冷却成过冷状态，即温度虽已下降到冰点以下但尚未发生相变。降温过程中水的分子运动逐渐减缓，以至它的内部结构在定向排列的引力下逐渐趋向于形成类似结晶体的稳定性聚集体，只有温度降低到开始出现稳定性晶核时，或在振动的促进下，才会立即向冰晶体转化并放出潜热，促使温度回升到水的冰点。降温过程中开始形成稳定性晶核时的温度或开始回升的最低温度称为过冷临界温度或过冷点。过冷温度总是比冰点低，但是一旦温度回升至冰点后，只要液态水仍不断地冻结，并放出潜热，水冰混合物温度不会低于0℃，只有全部水分冻结后，其温度才会迅速下降，并逐渐接近外界温度。

2）中阶段

此时食品中水分大部分冻结成冰（－5℃，食品内已有80%以上水分冻结），由于水转变成冰时需要排除大量潜热，整个冻结过程中的总热量的大部分在此阶段放出，故降温慢，曲线平坦。

3）终阶段

终阶段是从成冰后到终温（－18～－5℃），此时放出的热量，其中一部分是冰的降温，一部分是内部余下的水继续结冰，冰的比热比水小，其曲线应更陡，但因还有残余水结冰所放出的潜热，所以曲线有时不及初阶段陡峭。

在冻结过程中，要求中阶段的时间要短，这样的冻结产品质量才理想。中阶段冻结时间的快慢，往往与冷却介质导热快慢有很大关系。如在盐水中冻结就比在空气中冻结迅速，在流动的空气中就比在静止的空气中冻结得快。因此速冻设备很重要，要创造条件使产品快速冻结，尤其是中阶段的快速冻结。

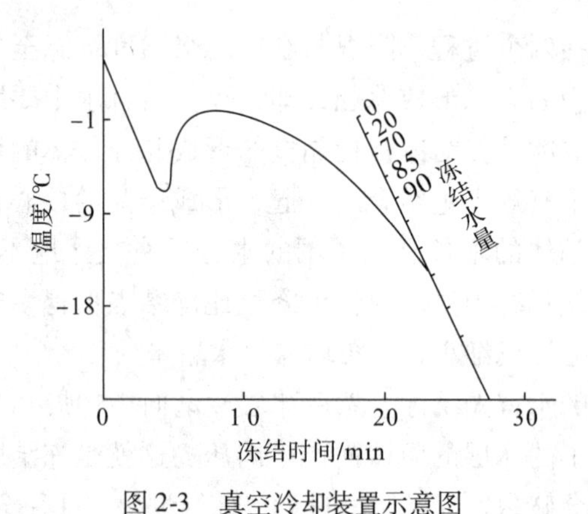

图2-3 真空冷却装置示意图

（引自：孟宪军，食品工艺学概论）

2.3.1.3 冻结率和最大冰晶生长带

大部分食品中心温度从－1℃降至－5℃时，近80%的水分可冻结成冰，此温度范围称为最大冰晶生成带，是保证冻结食品质量的最重要的温度区间。实际操作过程中，最好能快速通过此温度区域。

冻结食品要在长期贮藏中充分抑制微生物生长及降低生化反应，一般要求有90%以上的水变成冰，这是保证冻结食品质量的冻结率。食品在冻结过程中水分转化为冰晶体的量即水分冻结率。冻结率与温度的关系，可以用公式(2-3)近似表示：

$$\omega = (1 - \frac{t_p}{t}) \times 100\% \tag{2-3}$$

式中，ω——一定温度下食品中水分的冻结率，%；

t_p——食品的冻结点，℃；

t——在食品的冻结点以下，食品的某一温度，℃。

如果要将食品内的水分全部冻结，温度最后要降至－65～－55℃，此温度称为共晶点。要实现这样低的温度，在技术和经济上都有难度，一般冻藏食品的温度仅为 -30 ~ -18℃，这足以保证冷冻食品的质量。

2.3.2 冻结速度与冻结时间

2.3.2.1 冻结速度

食品冻结过程中影响品质的因素包括溶液中溶质的重新分布、冰晶体的形成和扩大、残留液的浓缩现象等。而控制这些影响的关键因素是冻结速度。冻结速度有三种表示方法。一种以时间划分，指食品的中心温度从 -1℃下降至 -5℃所需的时间(即通过最大冰晶生成带的时间)，30 min 以内称为快速冻结，超过 30 min 则属于慢速冻结。另一种以单位时间内 -5℃的冻结层从食品表面延伸向内部的距离来表示，$v = 5 \sim 20\ cm \cdot h^{-1}$时为快速冻结；$v = 1 \sim 5\ cm \cdot h^{-1}$时为中速冻结；$v = 0.1 \sim 1\ cm \cdot h^{-1}$时为慢速冻结。此外，根据国际制冷学会对冻结速度的定义，冻结速度还可用比食品冻结点低 10℃的冻结层移动速度表示，即以食品表面与中心温度点间的最短距离与食品表面达到 0℃后食品中心温度降到比食品冻结点低 10℃所需时间之比来表示冻结速度。冻结速度的大小与冷冻食品的质量关系十分密切。

2.3.2.2 冻结速度影响食品质量的原因

1. 冻结速度与冰晶分布的关系

冻结速度与冰晶分布的状况有密切的关系，一般冻结速度越快，通过 -5 ~ -1℃温度区间的时间越短，冰层向内伸展的速度比水分移动速度越快时，其冰晶的形状就越细小，呈针状结晶，这时冰晶分布越接近新鲜物料中原来水分的分布状态。

慢速冻结时，食品组织中游离水分形成冰晶的速度也慢，就易造成细胞内大量水分向细胞间隙外逸；细胞内的浓度也因此而增加，其冻结点则随之下降，于是水分继续透过细胞膜外渗，使细胞与细胞间隙内的冰晶体颗粒愈来愈多，食品组织中水分的重新分布也就愈显著。这种数量少分布不均匀的大冰晶会刺伤细胞，使果蔬细胞壁和细胞膜均严重受损，解冻后汁液将会流失，失去复原性，食品质量将明显降低。冻结过程中形成的大颗粒冰晶体和残留浓缩液对冷冻食品质量危害最大。

因此，现代冻结方法和设备的发展大都着眼于实现快速冻结。实现快速冻结所需要的费用从不断提高的食品质量上可以得到补偿。一般来说，冻结速度越快，食品质量越好。生产中，冻结速度达到每小时冻结 1.8 cm 就可以达到大多数食品的冻结要求。在此条件下，从上下两个主表面对一个厚 5 cm 的块状食品进行冻结时，从开始冷却到中心部位达到 -18℃或更低温度所需的时间大约为 2 h。采用板式冻结方式很容易达到上述冻结要求，液氮冻结方式则可将时间缩短到几分钟。

2. 冻结速度对微生物和酶的影响

冷冻不会使食品中的微生物死亡，但是冷冻时细菌总数可以降低，而大量的病原体仍可存活。在冷冻过程中，前期冻结速度越快，越有利于对微生物和酶的控制；后期冷冻的过程越快，微生物存活率将越高，酶活力越不易抑制。较快速的冷冻可以提高食品的质量，然而，采用液态氮和 CO_2 冷冻技术比慢速冷冻方法对微生物和酶的破坏作用更小，特别在解冻时，表现更为明显，注意不应使产品在解冻状态下停留时间过长。因此，如果要求冷冻食品在冷冻后是安全的，冷冻前食品的安全就显得十分重要。

2.3.2.3　影响冻结速度的因素

1. 冷却介质的温度

在相同条件下，冷却介质温度越低，冻结速度越快。国际制冷学会推荐的计算冻结时间的公式可用式(2-4)表示：

$$Z = \frac{\Delta i\rho}{\Delta t}\left(\frac{Px}{\alpha} + \frac{Rx^2}{\lambda}\right) \tag{2-4}$$

式中，Z——食品冻结时间，h；

Δi——食品初温和终温之间的焓差，kJ/kg；

ρ——食品的密度，kg/m^3；

Δt——$t_{冰} - t_{介}$；

$t_{冰}$——食品冻结点的温度，K；

$t_{介}$——冷却介质的温度，K；

x——块状或片状食品的厚度或球状食品的直径，m；

α——放热系数，$W/(m^2 \cdot K)$；

λ——冻结食品的导热系数，$W/(m \cdot K)$；

P，R——和食品形状有关的系数。

由式(2-4)可知，冷却介质的温度 t 越低，温差 Δt 值越大，Z 值越小，冻结时间越短。但是冷却介质温度越低，制冷装置的能量消耗也越大。因此，从经济方面考虑，应该选择合适的冷却介质温度。根据目前我国的具体情况，采用氨作制冷剂，蒸发温度一般在 $-45 \sim -35$℃。如果采用强制送风连续式冻结装置，冷却介质(空气)的温度还受蒸发器结霜程度的限制。当蒸发器结霜层达到一定厚度时，由于传热效率降低，冷却介质温度则升高，此时应及时除霜，以保证一定的冷却介质温度和冻结时间。实际操作中应尽量减小温度的波动从而减少蒸发器的结霜。

2. 放热系数的影响

在冻结过程中，食品内部经表面放出的热量 Q 可由式(2-5)表示：

$$Q = A\alpha(t_1 - t_2) \tag{2-5}$$

式中，A——食品的表面积，m^2；

α——食品表面的放热系数，$W/(m^2 \cdot K)$；

t_1——食品的表面温度，K；

t_2——冷却介质的温度，K。

由式(2-5)可知，在食品冻结过程中，增大食品表面的放热系数 α 值是提高冻结速度的重要手段。但是实际上由于影响放热系数的因素较多，确定放热系数 α 值比较困难。例如采用流态化冻结方法，空气流速、食品形状等是影响放热系数的主要因素，因此可适当提高空气流速来提高冻结速度。研究表明，将青豆置于 -30℃的静止空气中冻结，冻结时间大约需要 2 h，而在同一温度下，空气流速增加到 4.5 m/s，则冻结时间只需 10 min。在一般情况下，冻结速度与空气流速之间的变化并不呈线性关系。而空气流速增加，食品干耗将增大。因此，从经济上考虑，确定适宜的空气流速是必要的。通常情况下，在速冻食品加工中，5 m/s 的空气流速比较适宜。

3. 食品规格的影响

冻结过程中食品的形状、大小、厚薄等规格也是影响冻结速度的重要因素。较大、较厚的食品，其中心的热量不易传递到表面，不利于冻结速度的提高。在其他条件一定时，冻结时间与食品厚度的平方成正比，因此，减少食品厚度是提高冻结速度的重要措施。一般认为，冻结食品最佳的厚度应保持在 3 ~ 100 mm。使食品中心热量更快地传递至食品表面的常用的做法有两种，一是减小食品的厚度，二是减小食品体积。将大块食品变成小块的或薄的食品，这样不仅缩短了食品内部热量向表面传递的距离，也增加了食品的表面积，从而缩短了冻结时间，提高了冻结速度，保证了食品冻结质量。

4. 食品成分的影响

冻结速度还与食品成分有关。食品中空气和脂肪含量高时，其冻结速度就比较慢。食品中水分含量高时，有利于内部热量向外部传递，有利于冻结速度的提高。同样，连续相为水相的食品比连续相为油相的食品有较高的冻结速度。研究表明，分割肉和冷表面接触的肌肉排列的方式对冻结速度、冻结时间也有一定的影响。

冻结速度与食品质量关系密切，快速冻结是提高食品质量所必需的。但是冷冻食品由于其具有特殊性，很难从外观判断内容物质量的好坏，又因冷冻不是杀菌的手段，因此生产过程中的冷冻工艺、微生物的污染和繁殖都是关键控制点，在冷饮食品、冻肉、冷冻蔬菜的生产中采用 HACCP 体系进行质量控制，可以避免引起大规模的食物中毒事件，真正保证冷冻食品的安全性和质量。

2.3.3 食品常用的冻结方法

食品冻结的方法与介质的种类、介质和食品的接触方式以及冻结装置的类型有关，一般按冷冻所用的介质及其和食品物料的接触方式分为空气冻结法、间接接触冻结法和直接接触冻结法三类，每一种方法又包括多种冻结装置。

2.3.3.1 空气冻结法

空气冻结法是将冷空气作为冷冻介质对食品进行冻结的方法，是目前应用最为广泛的冻结方法。冻结过程中空气可以是静止的，也可以是流动的。静止空气冻结法一般在 -40 ~ -18℃的冻结室进行，除了少量的自然对流外，冻结过程中的低温空气基本上处于静止状态。冻结所需的时间大约为3 h～3 d，具体视食品物料及其包装的大小、堆放情况以及冻结的工艺条件决定。这是目前唯一的一种缓慢冻结方法。常用此法冻结的食品物料包括牛肉、猪肉(半胴体)、箱装的家禽、盘装整条鱼、5千克以上包装的蛋品等。

鼓风冻结法也属于空气冻结法，低温空气通过鼓风机强制循环，增强制冷的效果，达到快速冻结。冻结室内的空气温度一般为－46～－23℃，空气的流速为3～10 m/s。空气冻结法主要包括隧道式冻结法、流态化冻结法和螺旋带式冻结法。

1. 隧道式冻结装置

隧道式冻结法使用最为普遍，广泛用于体积较小食品的冻结，如分割肉、肉丸、鱼、调理食品、冰激凌、饺子、包子和汤圆等产品。

隧道式冻结装置如图2-4所示，蒸发器和风机组成的冷风机安装在冻结室的一侧，冻结盘放在吊笼上并装有轨道，可被送入冻结室。冻结时，风机使空气强制流动，冷空气流经过冻结盘，吸收产品冻结时放出的热量，气流吸热后由风机吸入蒸发器冷却降温，如此循环，使食品冻结。

这种冻结方法由于冷空气流与食品具有良好的热交换，冷空气的温度为－40～－35℃，可提供较高的冻结速度。并且，输送带的速度可以任意调节，自动化程度较高的设备采用自动开关隧道门，自行装卸食品，可根据产品的加工能力调节冷量供应，节省能量。但在冻结无包装的产品时，冻结过程中会因蒸汽压不同而导致产品表面的水分不断向空气中蒸发，引起冻品干耗。风速增高，干耗增大。因此，风速的选择应适当，一般控制在3～5 m/s。

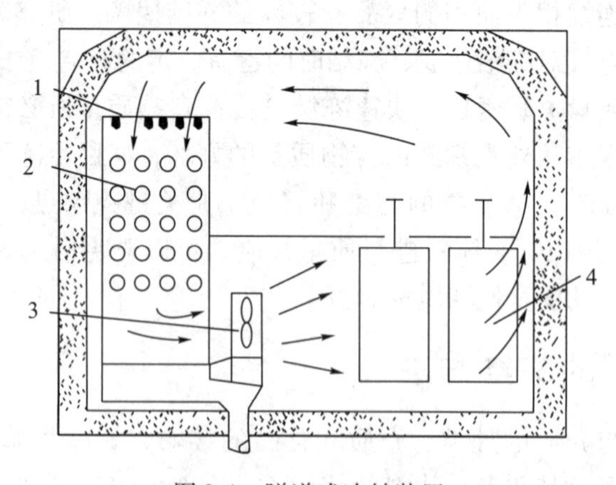

图2-4 隧道式冻结装置

1. 淋水管；2. 蒸发器；3. 风机；4. 吊笼

（引自：王如福、李汴生，食品工艺学概论）

2. 螺旋带式冻结装置

螺旋带式冻结装置是20世纪70年代初发展起来的新型冻结设备，适合冻结多种单体食品，如饺子、烧卖、肉馅饼、鱼块、对虾、鸡块、纸杯冰淇淋等。

螺旋带式冻结装置的中间是转筒，传送带的一边紧靠在转筒上，依靠摩擦力及传动机构的动力，使传送带随转筒一起运动。传送带是不锈钢的网带，产品放在上面。传送带由下部进入，上部传出，冷风自上向下吹，构成逆流式传热使产品冻结，见图2-5。

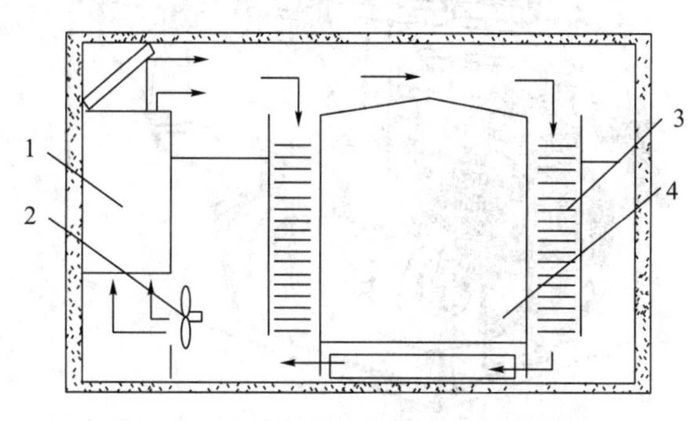

图2-5 螺旋带式冻结装置气流分布图

1. 蒸发器；2. 风机；3. 传送带；4. 转筒

（引自：孟宪军，食品工艺学概论）

螺旋带式冻结装置的特点是冷气流从螺旋带的上下方同时吹入，使最冷的气流分别在两端与最热和最冷的物料直接接触，刚进冻库的食品可尽快地达到表面冻结，减少冻结时的干耗损失，也减少了装置的结霜量。并且，由于输送带上的物料受双冲击气流冷冻，大大提高了冻结速度，比常规气流设计快15%～30%。该冻结装置的优点是可连续冻结，进料、冻结、包装在一条生产线上连续作业，自动化程度高，并且冻结速度快，冻品质量好，干耗亦小。

3. 流态化冻结装置

流态化冻结是将颗粒产品以流化作用方式被低温冷风自下往上强烈吹成在悬浮搅动中进行冻结的方法。该方法适用于直径约为40 mm或长约为125 mm的食品，如豌豆、豆角、胡萝卜丁、蘑菇，以及切成块状、片状、条状的蔬菜、草莓、紫浆果、无核小红葡萄、苹果片、菠萝片、虾仁、肉丁、米饭等。

流态化冻结装置通常由一个冻结隧道和一个多孔网带组成，见图2-6。物料从进料口到冻结器网带后，就会被自下往上的冷风吹起，悬浮在气流中而彼此分离，呈翻滚浮游状态，出现流态化现象。在冷气流的包围下，物料互不粘结地进行单体快速冻结，产品不会成堆，而是自动地向前移动，从装置另一端的出口处流出，完成连续化生产。如果在装置的进料口加装振动器，对产品的流化作用将会更为有利。

流态化冻结装置的优点是冻结速度快，冻品质量好。一般蒸发温度在－40℃以下，垂直向上风速为6～8 m/s，冻品间风速为1.5～5 m/s，在5～10 min之内被冻食品即可达到－18℃。流态化冻结装置生产的产品由于是单体快速冻结产品，其销售和食用都比较方便。

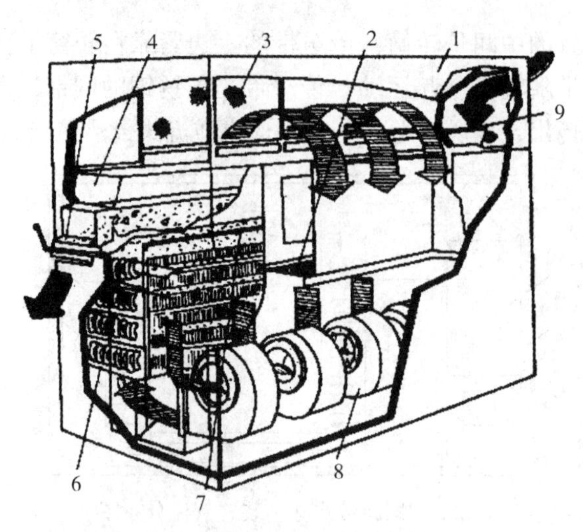

图2-6 流态化冻结装置示意图

1. 外壁；2. 通道；3. 网罩；4. 原料盘；5. 原料出口；
6. 冷却盘管；7. 融霜管；8. 风机；9. 原料入口
（引自：王如福、李汴生，食品工艺学概论）

2.3.3.2 间接接触冻结法

板式冻结法是最常见的间接接触冻结法，它首先采用制冷剂或低温介质冷却金属板，再用金属板接触食品物料来冻结食品。这是一种制冷介质和食品物料间接接触的冻结方式，其传热的方式为热传导。冻结时间取决于制冷剂的温度、包装的大小、相互密切接触的程度和食品物料的种类等。该方法可用于冻结已包装和未包装的食品物料，外形规整的食品物料冻结效果较好。板式冻结装置可以是间歇的，也可以是连续的。

1. 平板冻结装置

如图2-7所示，平板冻结装置是由钢或铝合金制成的金属板，板内配蒸发管或制成通路，制冷剂或冷媒在通路内流过，这样的板并排组装起来，各板间放入食品，以油压装置使板和食品紧贴，以提高平板与食品之间的表面传热系数。由于食品由上下两面进行冻结，故冻结速度极快。该冻结装置广泛用于分割肉、肉副产品、鱼类、虾及其他小包装食品的快速冻结，对冻品厚度有限制。

平板冻结装置使用时必须使食品与板紧贴，若有空隙则冻结速度明显下降。食品冻结所需时间随食品表面与平板间的放热系数和食品厚度不同而不同。平板冻结装置有立式和卧式两种形式。平板之间的距离由液压装置调节，下压时两板之间的距离视食品盘的高度而定。间距扩大时被冻结食品(装盘或装盒)放入，然后启动液压油缸，使被冻结食品紧密接触平板而进行冻结。为了防止食品变形和压坏，可在平板之间放入与食品厚度相同的角钢作为垫块。

平板冻结装置不需要冷风，占空间小，每吨食品冻结时平板冻结装置占6～7 m^3，送风冻结器占12 m^3，单位面积生产率高，每24 h的产量大于2～3 t/m^2，蒸发温度可比空气冻结装置高，因此能源消耗低，电耗比送风冻结器减少30%～50%。但该装置需手工装卸，劳动强度大。

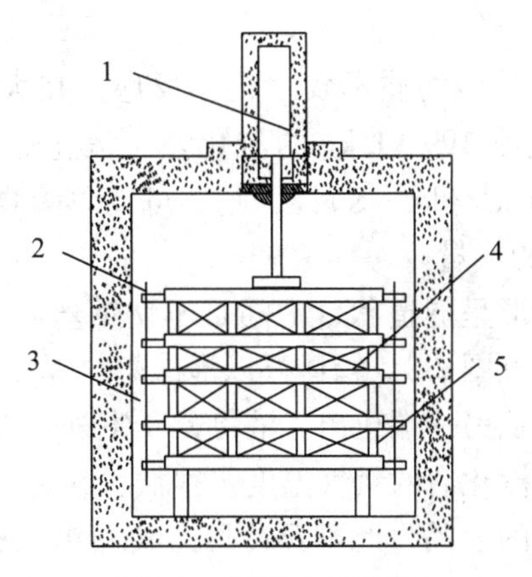

图 2-7 平板冻结装置

1. 油缸；2. 平板；3. 连接杆；4. 冻品；5. 间隔片

（引自：王如福、李汴生，食品工艺学概论）

2. 管状热交换装置

管状热交换装置适用于液态和酱类食品的冷冻。液体食品被其管内的螺旋杆推进，食品被迫通过环状空间时，形成薄层以保持和冷媒接触。同时，刮刀和螺旋杆不断地将冻结在冷冻壁上的食品刮下来。在该装置中，冻结是不充分的，否则冻结食品会在管道中凝固而堵住物料的连续流动，所以把产品冷冻成半融状态进行包装，然后在一台沉浸式冷冻机内完成冻结。雪糕和冰淇淋的凝冻就是采用这种方法。

2.3.3.3 直接接触冻结法

直接接触冻结法又称为液体冻结法，它用载冷剂或制冷剂直接喷淋或浸泡需冻结的食品物料。该方法可以用于已包装或未包装的食品物料。由于直接接触冻结法中载冷剂或制冷剂等直接与食品物料接触，这些物质应该无毒、纯净，和食品物料接触后不污染食品，也不能改变食品原有的成分和性质。常用的载冷剂有盐水、糖液及多元醇 - 水混合物等，制冷剂则有液氮、液态二氧化碳等。冻结可以在很低的温度下进行，传热效率高，冻结速度快，冻结食品物料的质量好，而且初期投资也不大，但运转费用较高。常用的冻结装置有盐水浸渍冻结装置和液氮喷淋冻结装置两种。

1. 盐水浸渍冻结装置

盐水浸渍冻结方法用盐水等作为制冷剂，将食品直接浸在制冷剂中，从而实现快速冻结。因制冷剂直接与食品接触，它们之间的传热系数非常大，故冻结所需时间短、食品干耗小、色泽好，主要用于海鱼类的冻结。盐水浸渍冻结装置的制造材料较特殊，与盐水接触的容器用玻璃钢制成，有压力的盐水管道用不锈钢，其他盐水管道用塑料，从而解决了盐水的腐蚀问题。该方法因制冷剂直接与食品接触，容易污染食品，一般不适用于未包装食品的冻结。

2. 液氮喷淋冻结装置

液氮是无色的液体，与其他物质不发生化学反应，在大气压下于－195.8℃沸腾蒸发。当它与食品接触时可吸收199 kJ/kg的汽化热，汽化后液氮温度从－195.8℃升至－20℃，按氮气比热容1.05 kJ/(kg·K)计，则还可以再吸收183.9 kJ/kg的显热。二者合计共可吸收382.9 kJ/kg的热量。

液氮喷淋冻结装置的外形呈隧道状，中间是不锈钢丝制成的网状传送带，被冻结的食品置于带上，随带移动，见图2-8。箱体外以泡沫塑料隔热，传送带在隧道内依次经过预冷区、冻结区和均温区，从另一端送出。液氮贮于室外，以0.35 kg/cm^2的压力引入到冻结区进行喷淋冻结。吸热汽化后的氮气温度仍很低，约为－10～－5℃，由搅拌风机送到进料口，冷却刚进入隧道的食品，此即预冷区。食品由预冷区进入冻结区，即与喷淋的－196℃液氮接触，食品瞬时即被冻结，因为时间短，食用表面与中心的瞬时温差很大，为使食品温度分布均匀，由冻结区进入均温区后须停留数分钟。

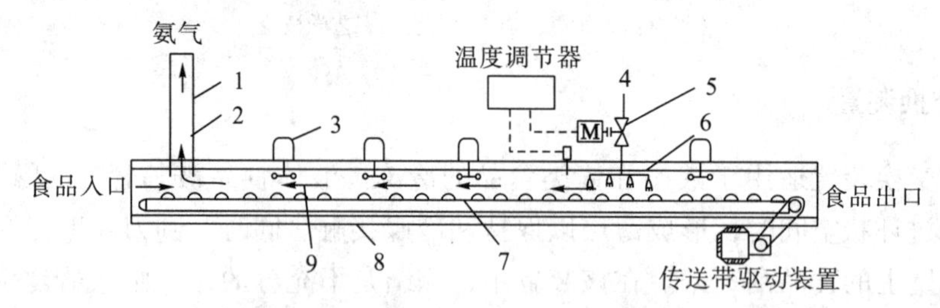

图2-8 液氮喷淋冻结装置示意图

1. 排气管；2. 气闸；3. 搅拌风机；4. 液氮；5. 控制阀；
6. 液氮喷嘴；7. 传送带；8. 隔热隧道；9. 氮气流向
（引自：王如福、李汴生，食品工艺学概论）

液氮喷淋冻结速度极快，一般10～30 mm厚的食品，在10～15 min内即可冻到－18℃以下，冻结速度比平板冻结器快5～6倍，比空气冻结装置快20～30倍。因冻结速度快，结冰速度大于水分移动速度，细胞内外同时产生冰晶，冰晶细小并分布均匀，对细胞几乎无损伤，故冻品质量好，解冻时汁液损失少，能恢复冻前新鲜状态。液氮冻结在工业发达的国家中被广泛使用。但由于这种方法冻结速度极快，水产品表面与中心产生极大的瞬时温差，因而易造成产品龟裂。所以，应控制冻品厚度，一般以60 mm为限。另外，液氮冻结成本较高。例如，冻结鲷、鲽、秋刀鱼、墨鱼等鱼片，每公斤约需液氮1.1～1.2 kg。因此，液氮喷淋冻结的应用受到一定的限制。

2.4 食品的冻藏

2.4.1 冻结食品的包装

2.4.1.1 冻结食品包装的目的

通过对冻结食品进行包装，可以有效地控制冻结食品在长期储藏过程中发生的冰晶升华，即水分由固态变成气态而导致食品变干燥；防止产品长期储藏接触空气而氧化变色；便于运输、销售和食用；还可以防止污染，保持产品卫生。冻结食品大多数采用先冻结后包装的方式，但有些产品为避免破碎可先包装后冻结。

2.4.1.2 冻结食品的包装

冻结食品的包装材料要求除了达到一般食品的包装材料的要求外，还要求其具有耐低温和耐高温的特性。常用的冻结食品包装材料有纸、玻璃纸、聚乙烯薄膜(或硬塑)及铝箔等。包装材料的选择，主要为避免产品的干耗、氧化和污染，多采用气体阻隔性能好的材料，近年来还开发出了能直接在微波炉内加热或烹调而且安全性能高的微波冷冻食品包装材料。此外，冻结食品还应有外包装，大多用纸箱作为外包装，每件重10～15 kg。

包装有大、中、小各种形式，可按消费需求而定，半成品或餐厅用料的产品，可用大包装。家庭用料及方便食品要用小包装(袋、小托盘、盒、杯等)分装，应保证在低温下进行。同时要求在最短时间内完成，并立即重新入库，工序要安排紧凑。不同种类的冻制食品，其包装方法也有一定区别。

1. 速冻果蔬的包装

速冻果蔬的包装多采用聚乙烯薄膜或其涂塑和复合材料，有的也采用聚丙烯和乙烯-醋酸乙烯薄膜。这类包装材料的成本低、透明度好、水蒸气透过率低，低温脆性也能满足要求。国外采用聚乙烯涂塑的聚酯薄膜制成的袋子包装配好佐料的混合果蔬(由蘑菇、豆类、胡萝卜、辣椒等蔬菜配制而成)并冷冻保藏，消费者购买后，可直接将塑料袋放入锅中煮熟，打开袋子即可取出菜肴食用，这种袋子是蒸煮袋的一种类型，食用非常方便。此外，冷冻果蔬的其他包装形式还有涂塑防潮玻璃纸、涂塑或涂蜡的纸盒，以及泡沫聚苯乙烯包装盒等。

2. 速冻肉类的包装

在低温条件下，肉中的脂肪随着贮存期的延长会缓慢发生酸败，产生哈喇味。此外，贮藏过程中肉的表面还会发生不可逆的脱水反应。为了避免鲜肉的脱水和氧化，一般需要把鲜肉包裹在气密的、不透水蒸气的材料里。速冻肉类的包装常采用热收缩薄膜，如聚偏二氯乙烯与其他单体的共聚物薄膜，这类包装材料兼有良好的水蒸气阻隔性和氧气阻隔性，但这类包装需要专门的设备。

3. 速冻水产品的包装

对速冻鱼类包装的要求是防止氧对鱼质量的不良影响及防止空气进入包装造成鱼肉脱水。最普遍采用的包装材料是聚乙烯薄膜、涂蜡或涂以热熔胶的纸箱。涂蜡的纸箱虽然得到了广泛的应用，但是蜡层容易脱落污染产品。聚乙烯涂塑纸板的出现，代替了涂蜡纸板，它的柔韧性和防潮性都较好，但是也存在一些缺点，如要求热封合的温度较高，印刷油墨附着力差等。近年来对速冻鱼类产品的包装进行了改进，现多采用聚偏二氯乙烯包装材料，以真空包装工艺包装整条的大马哈鱼。这种包装方法能减少水分的损失，并且能保持大马哈鱼的新鲜度。

4. 速冻调理食品的包装

速冻调理食品多采用塑料及其复合材料包装，并在冻结状态下流通和销售。这类包装材料必须具备优良的低温性能，常用的有 PA/PE、PET/PE、BOPP/PE、Al 箔/PE 等。托盘包装采用 PP、HIPS、OPS 等。

2.4.2 冻结食品的贮藏

冷冻食品贮藏的任务，就是尽一切可能阻止食品中各种变化，以达到长期贮藏的目的。贮藏过程中食品品质变化取决于食品的种类和状态、冻藏工艺过程和工艺条件的正确性以及贮藏时间等。食品贮藏的工艺条件如温度、相对湿度和空气流速是决定食品贮藏期和品质的重要因素。

2.4.2.1 冻藏温度的选择

食品的冻结温度以及在贮运中的冻藏温度应在 -18℃以下，这是对质地变化、酶性和非酶性化学反应、微生物的腐败变质以及贮运费用等所有因素进行全面考虑后所得出的结论。病原菌在3℃以下不再生长，而一般食品腐败菌在 -9.5℃以下也不再生长活动。从微生物的角度来看，选用 -18℃的低温似乎没有必要。然而，从另一方面来看，实际上运输和冻藏中不可能精确地维持所选定的温度，温度的波动实难避免，有些腐败菌在 -7℃左右就会生长，故而选用 -18℃的温度对控制这些腐败菌的生长来说有保证，对控制病原菌来说更安全。

对控制酶性反应来说，-18℃的温度并不能说已足够低了，因为在 -73℃的温度下，虽然酶的反应非常缓慢，但是有些酶仍然保持着活动能力。在温度为 -18℃下长期贮藏时，食品品质会出现严重的酶性变质，尤以氧化反应为最典型。-18℃的贮藏温度足以延缓不少食品的酶的活动，但是果蔬除外，这就需要在冻结前，采取预煮或化学处理以破坏酶活性的技术措施，并且速冻完成并包装好的冻品，要贮于 -18℃以下的冷库内。含有易氧化脂肪的食品在贮藏时，不论其量多少，为了获得最长贮藏期，贮藏温度宜在 -23℃以下，温度要稳定，减少波动，并且不应与其他有异味的食品混藏，最好采用专库储存。低温冷库的隔热效能要求较高，保温要好。一般应用双级压缩制冷系统进行降温。速冻产品的冻藏期一般可达 10~12 个月以上，条件好的可达 2 年。

2.4.2.2 空气流速的选择

冻结食品在冻藏室内的堆放情况也很重要。堆放时应允许食品周围有适量的空气流动，使贮藏食品和贮藏室墙壁间留有适当的间距，以保持食品周围有流动的空气，避免食品直接吸取来自墙壁的热量。

2.4.2.3 流通运销方式

冻结食品的流通运销，应使用有制冷及保温装置的汽车、火车、船、集装箱等专用设施，运输时间长的要控制在 -18℃以下，一般采用 -15℃，销售时也应有低温货架或货柜。整个商品供应过程应采用冷链流通系统。零售市场的货柜应保持低温，一般仍要求在 -18～-15℃。

2.4.3 食品在冻藏过程中的质量变化

食品冻结后会发生一系列的变化，包括体积膨胀、水分的重新分布、溶质组分的浓缩等。冰结晶还会给食品带来机械损伤，造成汁液流失等现象，最终导致冻结食品的品质劣变。

1. 重结晶

在冻藏过程中，未冻结的水分及微小冰晶会移动而接近大冰晶并与之结合，或者互相聚合而形成大冰晶。这个过程很缓慢，但冻藏库温度波动会促进这样的移动，使细胞间隙中大冰晶成长加快，这就是重结晶现象。这样更会造成组织的机械损伤，使产品流汁。可采用低温速冻使食品的水分来不及转移就在原来位置冻结，并保持冻藏库温度稳定，避免贮运温度波动的方式，减少冰晶的成长和重结晶对食品质量带来的不良影响。

2. 干耗

冻结食品冻藏过程中因温度的变化造成水蒸气压差，出现冰结晶的升华作用引起的食品表面干燥，质量减少的现象称为干耗。冻藏库的隔热效果不好，外界传入热量多；冻藏库空气温度变动剧烈；空气冷却器蒸发管表面温度与冻藏库内空气温度之间温差太大；冻藏库内空气流速过快等都会使冻结食品的干耗加剧。因此，保持冻藏时足够的低温，减少温差，增大相对湿度，加强冻藏食品的密封包装或采取食品表层镀冰衣等方法，均可有效减少干耗。

3. 冻结烧

冻结烧是冻结食品在冻藏期间脂肪氧化酸败和羰氨反应所引起的结果，它不仅使食品产生酸败，而且使食品变为黄褐色，使食品的感官、风味、营养价值都变差。

冻结烧一般随着冻结食品的冰晶升华而加剧。因为冰晶升华会使食品表面水分下降，长时间逐渐向里推进，达到深部冰晶升华，造成质量损失；同时，使食品形成较多的微孔，形成一层脱水的海绵状层，随着贮藏时间的延长，海绵体逐渐加厚，空气随即充满这些冰晶体升华所留下的空间，形成一层具有高度活性的表层，在该表层中将发生强烈的氧化作用从而引起食品氧化酸败。酸败产物含有羰基，羰基再与蛋白质、氨基酸等含氨基的成分发生羰氨反应，使脂肪色泽变黄，导致严重冻结烧。

冻结家畜脂肪较为稳定，不易产生冻结烧，禽类脂肪的稳定性稍次之，而鱼类脂肪最易发生冻结烧。采用较低的冻藏温度（一般不高于 -18℃）、镀冰衣或密封包装等隔氧措施，均可以有效防止冻结烧的发生。

4. 汁液流失

蛋白质等变性会使这些物质失掉对水的亲和力，致使水分不能再与之重新结合。这样，当冻品解冻时，冰晶体融化成水，如果组织同时又受到了损伤，就会产生大量汁液流失。流失液会带走各种营养成分，既影响风味又造成营养损失，使食品的质量下降。所以汁液流失的程度是评定速冻食品质量的重要指标之一。

5. 化学变化

食品在冻藏过程中还会出现变色、变味等化学变化，这与氧的存在和酶活性有关。如前所述，在一般的冷冻加工储藏条件下酶仍然保持其活性，只不过其催化的反应慢多了，但造成的冻品质量下降是很明显的，尤其在解冻后更加迅速。

有些动物性食品，如脂肪含量丰富的鱼类，在冻藏中会发生褐变成为黄褐色，这是因为不饱和脂肪酸氧化产生游离基，加快了油脂氧化酸败的速度，最终导致鱼类变色变味。有些无漂烫处理的果蔬在冻藏期间，果蔬组织中会累积羰基化合物和乙醇等，产生挥发性异味。含类脂物多的植物性食品，在冻藏过程中由于氧化作用也易产生异味。

2.4.4　冻结食品的T. T. T. 概念

2.4.4.1　T. T. T. 的概念

冻结食品的T. T. T. 概念最初是由美国Arsdel等在1948～1958年对冷冻食品进行大量实验基础上提出的“3T原则”，对食品冻藏有理论和实际指导作用。冻结食品的3T原则是指冻结产品最终质量取决于其在冷藏链中贮藏和流通的时间(time)、温度(temperature)和产品耐藏性(tolerance)。3T原则指出了冻结食品的品质保持的时间和产品温度之间的关系。

冻结食品的品质主要取决于四个方面的因素：原料固有的质量、冻结前后的处理方式及冻结方式、包装、产品在贮藏流通过程中经历的温度和时间。在冷冻食品加工过程中，保证原料质量良好，并且在冻结过程中的生产工艺及包装也较好，就可以生产出初期品质优良的冷冻食品。但是作为商品的冷冻食品，更重要的是它的食用品质，即冷冻食品经过贮藏、运输、分配及销售等流通过程，最终到达消费者手中时的品质是否良好。冷冻食品的初期质量受“P. P. P.”条件的影响，即主要受产品原料(product)、冻结加工(processing)、包装(package)等因素的影响。而冷冻食品的最终质量受T. T. T. 条件的影响。

根据3T原则，食品冻藏期可以分为高品质寿命期(high quality life，HQL)和实用冻藏期(practical storage life，PSL)。把初期品质良好的冻结食品，放在流通中常见的各种温度范围内贮藏，并与放在－40℃温度下贮藏的对照品作比较，通过感官评定，当70%的评定人员能识别出两者之间的品质差异时，冻结食品所经历的时间称为高品质寿命期。然而，实际上感官评定小组的成员在进行评定时，常把标准适当放宽，降低到冻结食品不失去商品价值为限，到此时该冻结食品所经历的时间称为实用冻藏期。冻结食品的品质变化主要取决于温度，冻结食品的温度越低，实用冻藏期和高品质寿命期越长。如果把相同的冻结食品分别放在 -10℃和 -20℃的冷库中，则放在 -10℃冷库中的冻结食品的品质下降速度要比放在 -20℃冷库中的快得多。又如销售时，相同的冻结食品分别放在 -18℃和 -15℃的冷藏陈列柜中，则放于 -18℃冷藏陈列柜中的冻结食品的品质保持时间要比放于 -15℃冷藏陈列柜中的长。

对冻结食品品质的评定可以采用理化指标，也可以采用感官指标。理化指标的检测项目包括维生素含量、叶绿素中脱镁叶绿素含量、蛋白质的变性程度、脂肪氧化酸败程度等，可根据冻结食品的种类选择合适的检测项目。在对冻结食品进行品质评定时，由于感官评定结果与理化方法测定的结果一致，而且感官评定更快，更直接，所以，在 3T 研究中，主要采用感官评定的方法。

2.4.4.2 T. T. T. 的计算

冻结食品在 -30 ~ -10℃的温度范围内，贮藏温度与实用冻藏期之间的关系曲线称为 T. T. T. 曲线，见图 2-9。

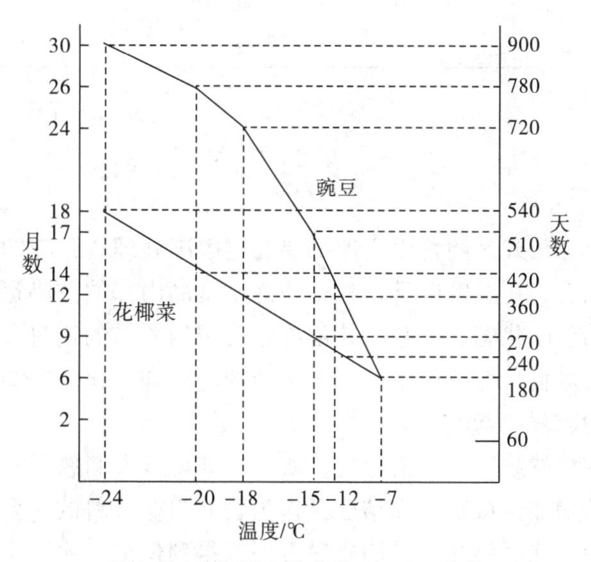

图 2-9 花椰菜和豌豆的 T. T. T. 曲线

大多数冻结食品的品质稳定性和实用冻藏期随着冻藏温度降低呈指数上升的趋势。根据 T. T. T. 曲线可以计算出不同阶段食品品质的下降值和剩余的可冻藏量(表 2-4)，从而确定冻结食品的品质。在流通过程中的不同阶段，冻结食品经历的温度和时间不同，其累计品质下降量为 0. 719，剩余冻藏量为 0. 281，当累计品质下降量大于 1 时，冻结食品就失去了商品价值和食用价值。实际生产中，由于冻结食品的腐败原因很复杂，如温度的波动、光线的照射等因素在计算中并未考虑，所以食品的冻藏期比 T. T. T. 曲线计算值要小。

虽然大多数的冷冻食品符合 T. T. T. 概念，但也有 T. T. T. 概念不适用的冷冻食品，例如腌制肉等加盐食品，它们的温度系数小于1，在-40～-5℃之间，冻藏期显著缩短。

从冻结食品的T.T.T.概念出发，我们应该根据不同的产品品种和不同的品质要求，提出相应的冻品温度和贮藏时间的技术经济指标。对于冻结食品，它的生产日期与食用价值之间的一致性依赖于该冻结食品在流通中经历的温度。就是说冻结食品包装上标明的生产日期，并不能完全代表它的消费日期，还需要大力加强对冷冻食品的各环节的低温管理，实现从生产到消费之间的冷链。

表2-4 冻结食品在流通期间的温度、时间与品质的关系

阶段	流通温度/℃	实用冻藏期/d	品质的下降率/d^{-1}	流通时间/d	品质下降量
生产	-30	435	0.0023	150	0.345
运输	-25	370	0.0027	2	0.005
批发	-24	357	0.0028	60	0.168
中转	-20	250	0.0040	1	0.004
零售	-18	208	0.0048	14	0.067
搬运	-9	53	0.0189	1/6	0.003
消费	-12	110	0.0091	14	0.127
累计				241	0.719

2.5 食品的解冻

冻结食品在工业加工或烹调食用之前都要经过解冻处理。解冻的目的是将冻结食品温度回升到冻结点以上，在温度回升过程中使冻结食品内部的冰晶逐渐融化，使食品最大限度地恢复到冻结前的状态。一般也将解冻过程视为冻结的逆过程，但实际上，由于冻结、冷藏过程中会对食品组织产生一些不可逆的危害和变化，冻结食品解冻后不可能完全恢复到冻结前的新鲜状态。

由于冻结食品在自然放置时亦会融化，所以解冻易被人们忽视。但是近年来随着冻结食品品种和数量的增加，特别是冻结已经作为食品工业原料的主要保藏手段，因此必须重视解冻工序，使解冻原料在数量和质量方面都得到保证，才能满足食品加工业生产的需要，生产出高品质的后续加工产品。也就是说要使质量好的冻结品在解冻时质量不会下降，以保证食品工业稳定地得到高质量的原料，就必须重视解冻方法及了解解冻对食品质量的影响。

2.5.1 食品的解冻过程

解冻过程并不是简单的冻结过程的逆过程。首先从时间上看，既使冻结和解冻以同样的温度差作为传热推动力，解冻过程要比冻结过程慢。这是因为一般的热传导过程是由外向内，由表及里的，冻结时食品物料的表面首先冻结，形成固化层；解冻时则是食品物料表面首先融化。由于冰的导热率和热扩散率较水的大，所以冻结时的传热较解冻时快。解冻过程中的食品物料在冻结点附近的温度停留较长的时间，这时化学反应、重结晶，甚至微生物生长繁殖都可能发生，因此解冻过程是影响冻结食品品质的重要阶段。

解冻的工艺控制应使得到的解冻食品品质高、得率高，而且方法简便、费用低。解冻食品物料出现的品质下降现象主要是汁液流失引起的。由于流出的汁液中具有一定的营养成分和呈味成分，汁液流失会降低食品物料的营养、质地和口感等，而且汁液流失使食品物料的重量相对减少，也给物料的清洁处理带来不便。汁液流失的多少不仅与解冻的控制有一定关系，而且与冻结和冻藏过程有关，此外食品物料的种类、冻结前食品物料的状态等也对汁液流失有很大的影响。减少汁液流失，应从上述各方面采取措施，如采用速冻，减小冻藏过程的温度波动，对于肉类原料，控制肉的成熟情况，使其pH偏离肉蛋白质的等电点，以及采取适当的包装等都是一些有效的措施。从解冻控制来看，缓慢的解冻速度一般有利于减少汁液流失，这是由于缓慢解冻使发生转移的水分有较长的时间恢复到原来的分布状态。但缓慢解冻往往意味着解冻的食品物料在解冻过程中长时间地处在较高的温度环境中，给微生物的繁殖、酶和非酶反应的进行创造了较好的条件，对食品物料的品质也有一定的影响。因此当食品物料在冻结和冻藏过程中没有发生很大的水分转移时，快速解冻对保证食品物料的总体质量更为有利。

2.5.2 食品常用的解冻方法

常用的解冻方法可以分为两大类：一类是采用具有较高温度的介质加热食品物料，如空气解冻法、水或盐水解冻法和板式加热解冻法等，其传热过程是从食品物料的表面开始，逐渐向食品物料的内部进行；另一类是采用介电或微波场加热食品物料，主要有微波或其他电磁波解冻法，此时食品物料的受热是内外同时进行的。

2.5.2.1 空气解冻法

空气解冻又称自然解冻，是采用空气作为加热的介质的解冻方法，多用于畜胴体的解冻。按空气的状态可以分为静止空气解冻法、流动空气解冻法和高压空气解冻法。

1. 静止空气解冻法

静止空气解冻是一种自然缓慢解冻的方法，只能在小批量原料解冻中使用，适合于解冻加工原料。解冻过程中食品温度上升缓慢且温度比较均匀，冰晶体边融化边扩散边被吸收，因此汁液流失较少，原料风味好。一般解冻空气温度不超过15℃，自然流动，冻结原料放在工作台或架子上。但是该解冻方法需要时间长，如禽类原料解冻需10 h，肉类原料解冻需要十几到几十小时，食品解冻过程中水分蒸发失重较大。因解冻时间长，需对解冻环境卫生严格控制，以减少微生物对食品的污染。

2. 流动空气解冻法

流动空气解冻是一种利用循环流动的空气使冻结食品解冻的方法，可缩短解冻时间。流动空气解冻中，冻结食品可以采用吊挂式轨道输送，也可以将冻结食品放在有多层搁架的小车上推入解冻间。空气流动一般采用微风循环，风速为1 m/s，送风方式有垂直式和水平式两种。空气温度为0～5℃、10～25℃或25～40℃，为了减少水分的蒸发，控制空气湿度在85%～95%，一般采用蒸汽喷射加湿措施。

流动空气解冻法因空气流动传热加快，解冻时间可以大大缩短，食品的干耗减少。但是解冻过程中食品表面的冰晶很快融化，而内部冰晶还未融化，融化的冰晶来不及扩散和被组织吸收，造成汁液流失较多。此外，因空气的流动导致水分蒸发，解冻后食品表面会出现干燥，故应注意空气湿度的调节。

3. 加压空气解冻法

加压空气解冻法是将冻结食品放入钢制的耐压容器内，通入压缩空气，压力为0.2～0.3 Mpa，容器内空气温度为15～20℃。由于容器内压力的升高，冻结食品的冰点将降低而容易融化。该方法解冻时间短，解冻质量好。如果使容器内的压缩空气循环流动，风速为1～1.5 m/s，传热效果将进一步改善，可使解冻时间进一步缩短，如对冻鱼糜使用该方法的解冻速度为室温自然解冻的5倍。

2.5.2.2 水解冻

由于水的比热容大，放热系数远大于空气，故把冻结食品放在水中解冻速度快，解冻时间明显缩短，为空气解冻的1/5～1/4，而且避免了质量损失。水解冻法适合于带皮或包装食品的解冻，多用于鱼、虾的解冻，有时也可用于小包装肉类食品的解冻。不带皮或未包装的食品用水解冻时，水溶性营养物质会被溶出，并容易受到水中微生物的污染，一般不用此法解冻。水解冻法主要有水浸式解冻和喷淋式解冻两种方式。

1. 水浸式解冻

水浸式解冻是将冻结食品放入解冻槽中，用水浸没的解决方法，一般水温为5～18℃。水可以是静止式的，但为了强化传热，缩短解冻时间，常用流动水来解冻。在水流动式解冻槽两端设除鳞网，槽底端有螺旋桨，可正反旋转，水流速在槽空载时为15 m/min，每5 min螺旋桨换向一次，以改变水流方向。

2. 喷淋式解冻

喷淋式解冻是将冻结食品放在解冻槽上或传送带上，水温控制在18～20℃，用蒸汽加热，水泵将水压入位于食品上方的喷淋装置，向冻结食品喷淋温水的解冻方法，水过滤后可循环使用。也可将喷淋和浸渍结合起来进行解冻，食品由进料口进入传送带上的网篮中，先经喷淋，再进行浸渍解冻，到出口处即完成解冻。

2.5.2.3 电解冻

电解冻包括高压静电解冻和不同频率的电解冻。不同频率的电解冻包括低频(50～60 Hz)解冻、高频(1～50 MHz)解冻和微波(915 MHz或2450 MHz)解冻。

1. 低频电解冻

低频电解冻是将冻结食品视为电阻，利用电流通过电阻时产生的焦耳热，使冰融化达到解冻目的。由于冻结食品是电路中的一部分，因此，要求食品表面平整，内部成分均匀，否则会出现接触不良或局部过热现象。一般情况下，首先利用空气解冻或水解冻，使冻结食品表面温度升高到 -10℃左右，然后再利用低频电解冻。这种组合解冻工艺不但可以改善电极板与食品的接触状态，同时还可以减少随后解冻中的微生物繁殖。

2. 高频电解冻

高频电解冻是在交变电场作用下，利用冻结食品中的极性基团作用，尤其是极性水分子随交变电场变化而旋转的性质，相互碰撞，产生摩擦热使食品解冻。利用这种方法解冻，食品表面与电极并不接触，而且解冻更快。缺点是成本较高，因食品成分不均匀，含水量不一致，解冻不好控制。

3. 微波解冻

微波解冻是将欲解冻的食品置于微波场中，使食品物料吸收微波能并将其转化成热能，从而达到加热食品的作用。由于高频电磁波的强穿透性，解冻时食品物料内外可以同时受热，解冻所需的时间很短。目前家庭和工业用的微波频率为 915 MHz 和 2450 MHz。微波解冻是一种新型的解冻方法，近年有了很大的发展，微波炉不仅已广泛进入家庭，工业化的应用也愈来愈普遍。

2.5.2.4　高压静电强化解冻

高压静电(电压 5000 ~ 10000 V，功率 30 ~ 40 W)强化解冻是一种有开发应用前景的解冻新技术。目前日本已将该技术用于肉类解冻上。据报道，高压静电强化解冻在解冻质量和解冻时间上远优于空气解冻和水解冻，解冻后，肉的温度较低(约 -3℃)，在解冻控制上和解冻生产量上又优于微波解冻和真空解冻。

2.5.2.5　真空水蒸气凝结解冻

真空水蒸气凝结解冻法是利用真空状态下低温水沸腾产生水蒸气，水蒸气遇到温度更低的冻结食品时，就在其表面凝结为水珠放出凝结热。冻结食品吸收这部分热量后温度逐渐升高，冰晶融化而解冻。这种方法对于各类果蔬、肉、蛋、鱼及浓缩状食品均适用。

真空水蒸气凝结解冻法的优点是食品表面不受高温介质影响，而且解冻时间短，比空气解冻法提高效率 2 ~ 3 倍；由于氧气浓度极低，解冻中减少或避免了食品的氧化变质，解冻后产品品质较高；因湿度很高，食品解冻后汁液流失少。该解冻方法的缺点是解冻食品外观不佳，且成本高。

2.5.3　食品在解冻过程中的质量变化

食品在解冻过程中常出现的主要问题是汁液流失，其次是微生物繁殖和酶促或非酶促等不良反应。

2.5.3.1 汁液流失

冻结食品解冻时，内部冰结晶融化成水，如果不能回复到原细胞中去，这些水分就变成液滴流出来。液滴产生的主要原因是食品组织在冻结过程中产生冰结晶及冻藏过程中冰结晶成长所受到的机械损伤。当损伤比较严重时，食品组织的缝隙大，内部冰晶融化的水就能通过这些缝隙自然地向外流出，这称为流出液滴。当机械损伤轻微时，内部冰晶融化的水由于毛细管作用还能保持在食品组织中，当加压的时候才往外流出。通常是把加0.1~0.2 MPa的压力而向外流出的液汁称为压出液滴。不论是流出液滴还是压出液滴，都使食品中的蛋白质、淀粉等成分的持水能力由于冻结和冻藏中的不可逆变化而丧失，当解冻时不能与冰晶融化的水重新结合，造成汁液损失，一般是不可避免的。由于液滴中含有蛋白质、盐类、维生素类等水溶性成分，汁液流出就使食品的风味、营养价值变差，并造成质量损失。因此，冻结食品解冻过程中流出液滴量的多少也是鉴定冻结食品质量的一个重要指标。

2.5.3.2 解冻时汁液流失的影响因素

冻结食品解冻时汁液流失是由于冰晶体融化后，水分未能被组织细胞充分重新吸收造成的。影响汁液流失的因素主要有冻结速度、冻藏的温度、生鲜食品的pH和解冻的速度等。

1. 冻结的速度

缓慢冻结的食品，由于冻结时造成细胞严重脱水，经长期冻藏后，细胞间隙存在的大冰晶对组织细胞造成严重的机械损伤，蛋白质变性严重，以致解冻时细胞对水分重新吸收的能力差，汁液流失较为严重。试验表明，在-8℃、-20℃和-43℃三种不同温度的空气中冻结的肉块，都在20℃的空气中解冻，肉汁损耗量分别占原质量的11%、6%和3%。

2. 冻藏的温度

在冻结温度和解冻温度相同的条件下，如果冻藏温度不同，也会导致解冻时汁液流失不一样。这是因为若在较高的温度下冻藏，细胞间隙中冰晶体生长的速度较大，形成的大冰晶对细胞的破坏作用较为严重，解冻时汁液流失较多；若在较低温度下冻藏，冰晶体生长的速度较慢，解冻时汁液流失就较少。例如，在-20℃下冻结的肉块分别在-1.5~-1℃、-9~-3℃和-19℃的不同温度下冻藏3 d，然后在空气中缓慢解冻，肉汁的损耗量分别为原质量的12%~17%、8%和3%。

3. 生鲜食品的pH

蛋白质对水的亲和力与pH有密切的关系。在等电点时，蛋白质胶体的稳定性最差，对水的亲和力最弱，如果解冻时生鲜食品的pH正处于蛋白质等电点附近，则汁液的流失就较大。因此，畜、禽、鱼、贝类等生鲜食品解冻时的汁液流失与它们的成熟度(pH 随成熟度不同而变化)有直接的关系，成熟度远离等电点时，汁液的流失较少，否则增大。

4. 解冻的速度

解冻有缓慢解冻和快速解冻之分，前者解冻时冻品温度上升缓慢，后者冻品温度上升迅速。一般认为缓慢解冻可减少汁液的流失，因为细胞间隙的水分向细胞内转移和蛋白质胶体对水分的吸附是一个缓慢的过程，需要在一定的时间内才能完成。缓慢解冻可使冰晶体融化速度与水分移转及被吸附的速度相协调，从而减少汁液的损失。而快速解冻时，大量冰晶体同时融化，来不及转移和被吸收，必然造成大量汁液外流。

缓慢解冻虽然具有汁液流失较少的优点，但是由于解冻速度缓慢，通过最大解冻温度区的时间长，容易引起蛋白质变性和淀粉老化，不利于组织细胞对水分的重新吸收。并且长时间的缓慢升温还将带来一系列问题，如延长氧化作用、酶促反应和微生物活动的时间，这些对保持食品原来的品质十分不利。而快速解冻对保持食品的质量也有有利的一面，因为食品可迅速通过蛋白质变性和淀粉老化的温度带，从而减少蛋白质变性和淀粉老化。另外，快速解冻所需解冻时间短，微生物的增量也显著减少，解冻后食品的营养价值、色泽、风味等品质较佳。

在实际生产中，解冻速度的快慢应视解冻的食品类型而定。一般情况下，小包装食品(速冻水饺、烧卖、汤圆等)、冻结前经过漂烫的蔬菜或经过热加工处理的虾仁、蟹肉、含淀粉多的甜玉米、豆类、薯类等，多用高温快速解冻法，而较厚的畜胴体、大中型鱼类则常用低温慢速解冻法。

【复习思考题】

1. 低温对微生物生长繁殖、酶活性及各种生物化学反应有何影响?
2. 食品冷却通常采用的方法有哪些? 各有何优缺点?
3. 食品冷藏的工艺条件如何选择?
4. 冻结速度与冷冻食品质量之间的内在联系是什么?
5. 冻结食品的 T. T. T. 概念是什么?
6. 食品冻结的常用方法有哪些? 各有何优缺点?
7. 影响食品冻结速度的因素有哪些?
8. 冻结食品在包装和储藏方面应注意哪些问题?
9. 食品在冻藏过程中容易发生哪些变化? 如何对其进行控制?
10. 冻结食品的解冻方法有哪些? 如何控制解冻过程中食品质量的变化?

主要参考文献

冯志哲，张伟民，沈月新. 食品冷冻工艺学. 上海：上海科学技术出版社，1984.
华泽钊，李云飞，刘宝林. 食品冷冻冷藏原理与设备. 北京：机械工业出版社，1999.
李勇. 食品冷冻加工技术. 北京：化学工业出版社，2004.
林志明. 冷冻食品加工技术与工艺配方. 北京：科学技术文献出版社，2002.
刘恩岐，曾凡坤. 食品工艺学. 郑州：郑州大学出版社，2010.

孟宪军．食品工艺学概论．北京：中国农业出版社，2006.
隋继学．食品冷藏与速冻技术．北京：中国轻工业出版社，2007.
王如福，李汴生．食品工艺学概论．北京：中国轻工业出版社，2006.
夏文水．食品工艺学．北京：中国轻工业出版社，2007.

第3章 食品罐藏

【内容提要】

本章主要讲述食品的罐藏原理、食品罐藏的基本工艺过程及其特性、罐藏食品的变质原因及防止罐藏食品变质的方法、罐藏新技术。

【教学目标】

1. 掌握食品罐藏的原理；
2. 掌握罐头食品生产的基本工艺过程，理解各工艺过程与罐头食品质量与安全的关系；
3. 熟悉罐头食品生产过程中杀菌方程式确定的方法及影响罐头食品杀菌的主要因素；
4. 熟悉罐藏食品的变质原因及防止方法；
5. 了解罐藏新技术。

【重要概念及名词】

食品罐藏；热力致死速率曲线；热力致死时间曲线；指数递减时间；热力致死时间；F_0值；胀罐；平酸败坏

3.1 食品罐藏的原理

食品罐藏是指将食品原料经预处理后装入能够密封的包装容器中，经过排气、密封与杀菌等工序，使罐内食品与外界环境隔绝而不被微生物再污染，同时，使罐内绝大部分微生物杀死并使酶失活，从而使食品在室温下得以长期保藏的工艺过程。用罐藏方法加工的食品称为罐藏食品或罐头食品。

作为一种常用的食品保藏方法，罐藏具有许多优点：①罐藏食品可以在常温下保藏1～2年；②食用方便，无须另外加工处理；③已经过杀菌处理，无致病菌和腐败菌存在，安全卫生；④对于新鲜易腐产品，罐藏可以起到调节市场和保证制品周年供应的作用。罐头食品更是航海、勘探、军需、登山、井下作业及长途旅行者必备的方便食品。在各种食品保藏技术中，虽然其他保藏技术也在蓬勃发展，但还没有一种先进的保藏方法能全面代替罐藏技术。随着经济的发展和人民生活质量的提高，罐头食品在我国极具发展潜力。

食品的腐败主要是微生物的生长繁殖和食品内所含酶的活动导致的，而微生物的生长繁殖及酶的活动要求一定的环境条件。食品罐藏的原理就是杀灭食品中的有害微生物和钝化食品内酶的活性，同时创造一个不适合微生物侵入和生长繁殖的环境条件，从而使食品达到能在室温下长期保藏的目的。

3.1.1 高温对微生物的影响

温度对微生物的生长具有重要作用，当微生物所处的环境温度超过其所适应的最高生长温度时，对热敏感的微生物就会立即死亡。如多数细菌、酵母菌和霉菌的营养细胞及病毒在50～65℃下100 min内可致死。但部分微生物在较高的温度下尚能生存一段时间。如腐生嗜热脂肪芽孢杆菌的最高生长温度为70～77℃，在80℃下120 min才死亡，霉菌的孢子比营养细胞抗热性强，在76～80℃下10 min才死亡，细菌的芽孢抗热性更强，噬菌体较寄主抗热。凡是能在45℃的温度环境中进行代谢活动的微生物称为嗜热微生物，与食品有关的嗜热微生物主要是芽孢杆菌和梭状芽孢杆菌属，其次是链球菌属和乳杆菌属。还有一些微生物既能在一般温度下生长又能在高温中生长，称为兼性嗜热微生物。

3.1.1.1 微生物的耐热性

不同的微生物具有不同的生长温度范围。超过其生长温度范围的高温，将对微生物产生抑制或杀灭作用，但是不同的微生物对热的抵抗力是有差异的。嗜冷微生物和耐冷微生物对热最敏感，其次是嗜温微生物，而嗜热微生物的耐热性最强。然而，同属嗜热微生物，其耐热性因种类不同而有明显差异。通常产芽孢细菌比非芽孢细菌更为耐热，而芽孢也比其营养细胞更耐热。如细菌的营养细胞大多在70℃下加热30 min死亡，而其芽孢在100℃下加热数分钟甚至更长时间才会死亡。关于细菌的营养细胞和芽孢之间的耐热性差异有两种解释，一是因为蛋白质的差异，不同种类的蛋白质具有不同的热凝固温度；二是由于水分含量及水分状态的不同，芽孢中的含水量要明显少于营养细胞，且芽孢中含的水大部分为结合水，而营养细胞中则含较多的游离水，游离水越多则蛋白质的耐热性就越低。

高温引起微生物致死的主要原因是高温对菌体蛋白质、核酸、酶系统产生直接破坏作用，如蛋白质中较弱的氢键受热容易被破坏，使蛋白质变性凝固。不同微生物因细胞结构特点和细胞性质不同，所以它们的耐热性也不同。

3.1.1.2 影响微生物耐热性的因素

1. 初始活菌数

微生物的耐热性与初始活菌数之间有很大关系。初始活菌数越多，则微生物的耐热性越强，因此，要杀死全部微生物所需的时间也越长。如对甜玉米罐头的杀菌试验中，加入辅料(糖)的初始活菌数越多，玉米罐头的杀菌效果越差，发生平酸腐败的可能性也越大。正因为如此，食品工厂的卫生状况直接影响到产品的质量，所以工厂的卫生状况也是评判产品质量是否合格的指标之一。

2. 微生物的生理状态

微生物营养细胞的耐热性随其生理状态变化。一般处于稳定生长期的微生物营养细胞比处于对数期者耐热性更强，刚进入缓慢生长期的细胞也具有较高的耐热性，而进入对数期后，其耐热性将逐渐下降至最小。另外，细菌芽孢的耐热性与其成熟度有关，成熟后的芽孢比未成熟者更为耐热。

3. 热处理温度和时间

热处理温度越高则杀菌效果越好。如炭疽杆菌芽孢在90℃加热时的死亡率远远高于在80℃加热时的死亡率。对于规定种类、规定数量的微生物，选择了某一个温度后，微生物的死亡就取决于在这个温度下维持的时间。但是加热时间的延长，有时并不能使杀菌效果提高。因此在杀菌时，保证足够高的温度比延长杀菌时间更为重要。

4. 水分活度

水分活度对微生物的耐热性有显著的影响。一般情况下，水分活度越低，微生物细胞的耐热性越强。其原因是蛋白质在潮湿状态下加热比在干燥状态下加热变性速度更快，从而使微生物更易于死亡。

5. 罐内食品的成分

1) pH

微生物受热时环境的pH是影响其耐热性的重要因素。许多高耐热性的微生物，在中性或接近中性的环境中耐热性最强，随着pH偏离中性的程度越大，耐热性越低，也就意味着死亡率越大。其中尤以酸性条件的影响更为强烈。例如，有一种芽孢在pH 4.6的培养基中，120℃经2 min杀灭，而在pH 6.1的培养基中，120℃需要9 min才能杀灭。又如肉毒杆菌的芽孢，在中性磷酸盐缓冲液中的耐热性是在牛乳和蔬菜汁中的2~4倍。可见pH越低的食品，所需的杀菌温度越低或杀菌时间越短。因此，在加工蔬菜及汤类食品时，常添加柠檬酸、醋酸及乳酸等酸类，提高食品的酸度以降低杀菌温度和减少杀菌时间，从而保持食品原有的品质和风味。

2) 糖类

糖类的存在有增强微生物耐热性的作用。糖的浓度越高，杀灭微生物芽孢所需的时间越长。糖对微生物芽孢的这一保护作用一般认为是由于糖吸收了微生物细胞中的水分，导致了细胞内原生质脱水，影响了蛋白质的凝固速度，从而增强了细胞的耐热性。如大肠杆菌在70℃加热时，在10%的糖液中致死时间比无糖溶液增加5 min，而浓度提高到30%时致死时间要增加30 min。但当糖的浓度增加到一定程度时，由于造成了高渗透压的环境而又具有抑制微生物生长的作用。

糖类对微生物耐热性的影响与糖的种类有关。不同糖类即使在相同浓度下对微生物耐热性的影响也是不同的，这是因为它们所造成的微生物的水分活度不同。不同糖类对细菌的保护作用由强到弱的顺序如下：蔗糖 > 葡萄糖 > 山梨糖醇 > 果糖 > 甘油。

3) 盐类

食品中天然含有的无机盐种类很多，生产上为了工艺目的常会加入食盐。一般认为低浓度的食盐对微生物的耐热性有保护作用，而高浓度的食盐对微生物的耐热性有削弱作用。这是因为低浓度食盐的渗透作用吸收了微生物细胞中的部分水分，使蛋白质凝固困难从而增强了微生物的耐热性；高浓度食盐的高渗透压造成微生物细胞大量脱水，蛋白质变性，使微生物死亡。并且，高浓度食盐还能降低食品中的水分活度，使微生物可利用的水分减少，新陈代谢减弱。通常认为食盐浓度在4%以下时能增强微生物的耐热性，浓度为4%时对微生物耐热性的影响甚微，当浓度高于10%时，微生物的耐热性则随着盐浓度的增加而明显降低。

4）脂肪

脂肪能增强微生物的耐热性。这是因为食品中的脂肪和蛋白质的接触会在微生物表面形成凝结层。凝结层既妨碍水分的渗透，又是热的不良导体，所以增加了微生物的耐热性。如大肠杆菌和沙门氏菌在水中加热到60～65℃时即可死亡，而在油中加热100℃下经30 min才能杀灭，即使在109℃下也需10 min才能致死。所以对于脂肪含量高的罐头，其杀菌强度要加大。如油浸青鱼罐头杀菌条件为118℃下60 min，而红烧青鱼罐头则为115℃下60 min。

5）蛋白质

食品中蛋白质含量在5%左右时，对微生物有保护作用。如有的细菌芽孢在2%的明胶介质中加热，其耐热性比不加明胶时增强2倍。当蛋白质含量达15%以上时，则对耐热性的影响甚微。

6）植物杀菌素

某些植物的汁液及它们分泌的挥发性物质对微生物具有抑制或杀灭作用，这类物质称为植物杀菌素。罐头食品中用到的含有植物杀菌素的蔬菜和调味料很多，如洋葱、萝卜、番茄、葱、姜、蒜、辣椒、芥末、丁香、胡椒、茴香和花椒等。如果食品中含有这些原料，就可以降低杀菌前罐头中微生物的数量，也就意味着减弱了微生物的耐热性。不过，植物杀菌素的抑菌和杀菌作用因植物的种类、生长期及器官部位等的不同而效率变化很大。例如红辣洋葱的成熟鳞茎汁比甜辣洋葱鳞茎汁有更高的活性，经红辣洋葱鳞茎汁作用后的芽孢残存率为4%，而经甜辣洋葱鳞茎汁作用后的芽孢残存率为17%。

3.1.1.3　微生物的耐热性参数

在杀菌时，需要准确地掌握微生物的耐热性。常用一些数学曲线与数值来表示微生物与热杀菌有关的耐热特性。

1. 热力致死速率曲线

热杀菌一般遵循一级反应动力学，即在某一热杀菌温度下，单位时间内被杀灭微生物的比例是恒定的。微生物活菌数和时间的关系可用热力致死速率曲线表示，见图3-1。其反应动力学可用式(3-1)表示：

$$\lg\frac{N}{N_1} = -\frac{t}{D} \tag{3-1}$$

式中，N——时间为t时的微生物活菌数；

N_1——杀菌开始时的微生物活菌数；

t——加热时间，min；

D——指数递减时间，min。

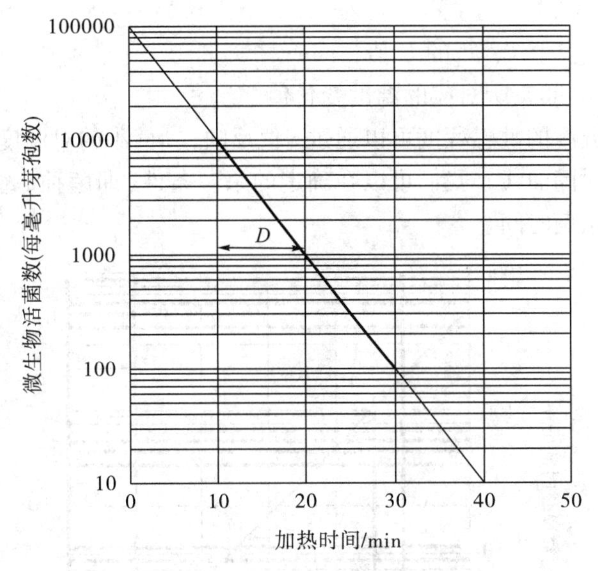

图 3-1　微生物热力致死速率曲线

从图 3-1 中可以看出，微生物热力致死速率曲线呈直线形式，表明热杀菌过程中微生物的数量每减少同样比例所需要的时间是相同的。D 被定义为微生物活菌数每减少 90% 所需的时间，也就是 N 的对数值每变化 1 时所对应的时间。D 被称为指数递减时间。D 值的大小可以反映微生物的耐热性。在同一温度下比较不同微生物的 D 值时，D 值愈大，表示在该温度下杀死 90% 微生物所需的时间愈长，即该微生物愈耐热。

由于上述致死速率曲线是在一定的热杀菌温度下得出的，为了区分不同温度下微生物的 D，一般将热杀菌的温度 T 作为下标标注在 D 上，即为 D_T。

2. 热力致死时间曲线

从热力致死速率曲线中可看出，在恒定的温度下经过一定时间的热处理后，食品中残存微生物的活菌数与食品中初始的微生物活菌数有关。为此，人们提出热力致死时间(thermal death time，TDT)的概念。热力致死时间是指在特定热力致死温度下，将食品中的某种微生物恰好全部杀死所需要的时间。试验时以热杀菌后接种培养时无微生物生长作为全部活菌已被杀死的标准。

热力致死速率曲线是在某一特定的热杀菌温度下取得的，食品在实际热杀菌过程中温度往往是变化的。因此，要了解在一变化温度的热杀菌过程中食品成分的破坏情况，必须了解不同热力致死温度下食品的热破坏规律，同时也便于人们比较不同温度下的热杀菌效果。食品热杀菌中主要采用热力致死时间曲线反映热破坏反应速率和温度的关系。

热力致死时间曲线是采用类似热力致死速率曲线的方法而制得的，它将 D 值与对应的温度 T 在半对数坐标中作图，则可以得到类似于致死速率曲线的热力致死时间曲线，见图 3-2。采用类似于对致死速率曲线的处理方法，可得到式(3-2)：

$$\lg \frac{D}{D_1} = -\frac{T - T_1}{z} \tag{3-2}$$

式中，T、T_1——温度,℃；

D、D_1——对应于 T、T_1 的 D 值，min；

z——D 值变化 90% 所对应的温度变化值,℃。

不同微生物对温度的敏感程度可以通过 z 值反映，z 值小的对温度的敏感程度高。

利用热力致死时间曲线，我们可以在确定的杀菌条件(即菌种、菌量和环境确定)下求得不同温度下的杀菌时间。

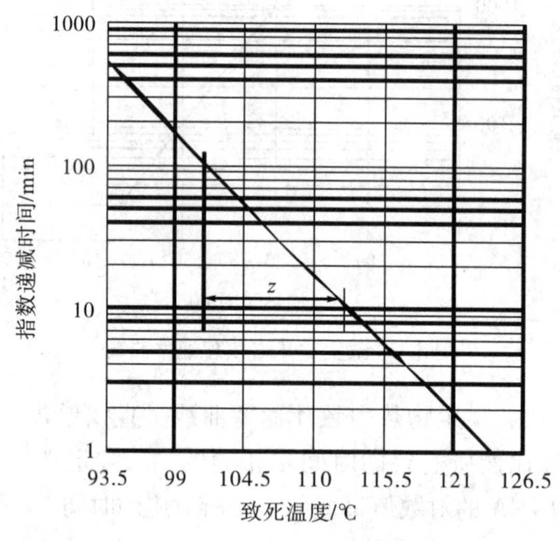

图 3-2 热力致死时间曲线

3. F_0 值

F_0 值是指采用 121.1℃杀菌温度时的热力致死时间，即 $TDT_{121.1}$。为了方便对不同的杀菌温度-时间组合进行比较，公认 121.1℃(250°F)为标准杀菌温度，将在这个温度下需要的杀菌时间记为 F。因为这里仅仅考虑了细菌的耐热性，为与实际的杀菌强度相区别，特别记为 F_0。对于其他的杀菌温度，常用 F_T 表示。F_0 值与菌种、菌量及环境条件有关。显然，F_0 值越大，菌的耐热性越强。利用热力致死时间曲线，可将各种杀菌温度-时间组合换算成 121.1℃时的杀菌时间。反之，只要知道某种菌的 F_0 值，也就可以算出在任意温度时的杀菌时间，即 TDT_T 值或 F_T 值。

3.1.2 高温对酶活性的影响

新鲜食品原料中含有各种酶，它们能加速物料中有机物质的分解变化，若不对酶的活性加以控制，原料或制品就会因酶的作用而发生变质。因此，在食品加工中必须加强对酶活性的控制。

3.1.2.1 高温对酶活性的钝化作用

酶的活性与温度之间有密切的关系。在较低的温度范围内，随着温度的升高，酶活性也增加。通常，大多数酶在 30 ~ 40℃的范围内显示最大的活性，而高于此范围的温度将使酶失活。酶活性和酶失活速度与温度之间的关系均可用温度系数 Q_{10} 来表示。酶活性的 Q_{10} 一般为 2 ~ 3，而酶失活速度的 Q_{10} 在临界温度范围内可达 100。因此，随着温度的升高，酶催化反应速度和失活速度同时增大，但是由于它们在临界温度范围内的 Q_{10} 不同，后者较大，因此，在某一温度下，失活的速度将超过催化的速度，此时的温度即酶活性的最适温度。图 3-3 和图 3-4 分别表示了温度对酶的稳定性和对酶催化反应速度的影响，从图中可以清楚地看出，当温度超过 40℃后，酶将迅速失活。另外，温度超过最适温度后，酶催化反应速度将急剧降低。

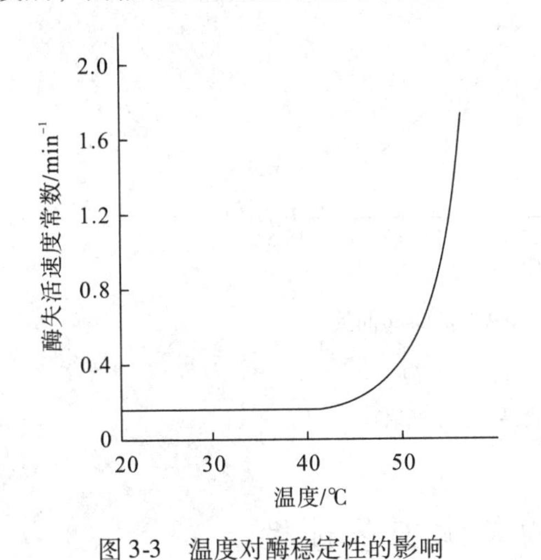

图 3-3 温度对酶稳定性的影响

（引自：孟宪军，食品工艺学概论）

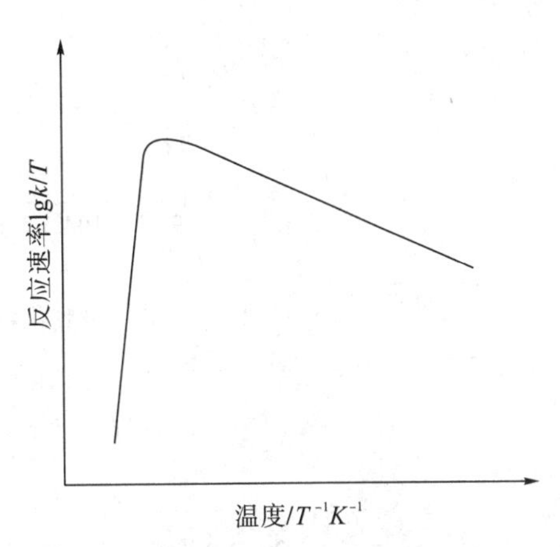

图 3-4 温度对酶催化反应速度的影响

（引自：孟宪军，食品工艺学概论）

3.1.2.2 酶的热变性

与细菌的热力致死时间曲线相似，我们也可以作出酶的热失活时间曲线，用 D 值、F 值及 Z 值来表示酶的耐热性。其中 D 值表示在某一恒定的温度下酶失去其原有活性的 90% 时所需要的时间，Z 值表示使酶的热失活时间曲线越过一个对数循环所需改变的温度；F 值是指在某个特定温度和不变环境条件下使某种酶的活性完全丧失所需要的时间。

图 3-5 是过氧化物酶的热失活时间曲线。从图中可以看出，过氧化物酶的 Z 值大于细菌芽孢的 Z 值，这表明升高温度对酶活性的损害比对细菌芽孢的损害要小。经过加热处理后，微生物虽被杀死，但某些酶的活力却依然存在。因此，罐头的加工处理中，要完全破坏酶的活性，防止或减少由酶引起的败坏，还应综合考虑采用其他不同的措施。如酸渍食品中过氧化酶能忍受 85℃以下的热处理，加醋可以加强热对酶的破坏力，但热力钝化时高浓度糖液对桃、梨中的酶有保护作用；又如，酶在干热条件下难于钝化，在湿热条件下易于钝化等等。所以，不论是烫漂处理，还是高温杀菌工序，都必须使组织内部的酶活性达到完全破坏。只有这样，才能确保罐头产品有一个安全稳定的保质期。

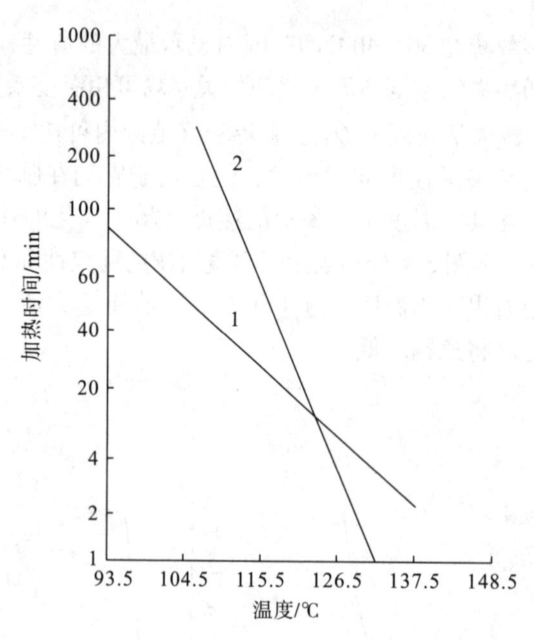

图 3-5 过氧化物酶的热失活时间曲线

1. 过氧化物酶；2. 细菌芽孢

（引自：孟宪军，食品工艺学概论）

3.2 食品罐藏的基本工艺过程

罐藏食品加工的主要工艺流程为：原料选择→预处理→装罐→排气、密封→杀菌、冷却→保温检验→包装。

要保证罐藏食品的安全生产，并有效地控制罐藏食品的质量，就必须了解各工艺过程的基本知识，掌握各工艺操作与产品质量和安全的关系。

3.2.1 罐藏原料的预处理

在原料的预处理时，要针对不同原料采用不同的方法。此外，预处理要及时、迅速，以防止原料积压而导致腐败变质。

3.2.1.1 果蔬原料预处理

果蔬原料装罐前的预处理工艺主要包括原料的分选、洗涤、去皮、修整、热烫与漂洗等。

1. 原料的挑选和分级

原料在进入生产之前，必须严格挑选和分级，剔除不合格的原料，同时根据质量、新鲜度、色泽、大小等分为若干等级，以利于加工工艺条件的确定。分级可采用分级机，也可用人工方法分级。

2. 原料洗涤

果蔬原料加工前必须经过洗涤，以除去表面附着的尘土、泥沙、部分微生物及可能残留的农药。一般在水池中用流动水漂洗或喷洗，也可用清洗机进行清洗，操作时要根据原料的特性加以选择。如杨梅、草莓等浆果类物料应小批量淘洗，防止机械伤害或在水中浸泡过久而影响色泽和风味。对于采收前使用过农药的果蔬原料，应先用洗涤剂清洗，然后再用流动水漂洗干净。

3. 原料去皮

果蔬原料种类繁多，表皮状况各不相同，要求去净表皮而不伤其果肉。去皮的方法主要有机械法、化学法、热力法、手工法和酶法。机械去皮机一般有旋皮机和擦皮机两种，分别适用于不同种类的原料。化学去皮时，通常使用 NaOH 溶液，该溶液作用于原料的表皮与果肉间的果胶物质，使之溶解而去掉表皮。此法要求达到表皮去净，但肉质不腐蚀的程度。热力去皮一般是用高压蒸汽或沸水，将原料作短时间的热处理后迅速冷却，表皮因突然受热软化膨胀而与果肉组织分离，该法适用于成熟度较高的桃、杏、番茄等。手工去皮适用于大小、形状等差异较大的果蔬原料的去皮。

4. 原料热烫

热烫也叫预煮，是将原料作短时间加热处理，以钝化果蔬组织中酶的活性，改善风味，稳定色泽，较好地保存营养成分。热烫可以采取热水处理或蒸汽处理两种方法。热烫的温度和时间视果蔬的种类、形状、大小及工艺要求而定。热烫的终点通常以物料中的过氧化物酶完全失活，组织烫透心为准。

5. 抽空

果蔬组织内部含有一定量的空气，会影响制品的质量，导致产品变色，组织松软，装罐困难，开罐时固形物含量不足，加速容器内壁的腐蚀，降低罐头的真空度等现象的发生。因此，在加工时必须进行抽空处理。抽空处理就是利用真空泵向外抽气，使容器中呈真空状态，使物料中的空气释放出来，代之以抽空液的过程。抽空液可以是糖水、盐水或护色液。可以根据物料的种类来确定抽空液的种类及其浓度。抽空后的物料肉质紧密，可以减少热膨胀，使制品的感官品质明显提高。

3.2.1.2　畜禽原料预处理

1. 解冻

用于罐头食品加工的畜禽原料多采用冻结冷藏或低温保藏，因此，在投放到车间后必须先经过解冻处理。解冻的方法、条件、操作是否得当，将直接影响到产品的品质。从理论上讲，解冻速度越慢肉的品质越好，但解冻速度慢又会因微生物的作用而影响原料品质。所以，生产中一般不采用缓慢解冻的方法。解冻条件视原料而定，解冻后要求肉色鲜红，富有弹性，无肉汁析出，无冰结晶，气味正常。

2. 肉的分割、剔骨与整理

在肉类罐头生产中，为了合理利用肉胴体，通常对其进行分割处理。一般先将猪半胴体分为前、后、中三段，然后再根据具体要求加以分割。牛肉按部位分割后分为一、二、三等搭配使用。羊肉一般分为一、二等搭配使用。除特殊带骨罐头外，都要求剔除全部硬骨和软骨，剔骨时必须保证肋条肉、后腿肉的完整性，避免产生碎骨和碎肉。剔骨后的畜禽原料需要进行整理，包括去皮、瘀血、伤肉、黑色素肉、粗血管、全部淋巴结等，清除残留碎骨及表皮污物。

3. 预煮

大多数畜禽原料在装罐前需要进行预煮处理。预煮后的原料蛋白质凝固，肌肉组织紧密，具有一定的硬度，便于切块，有效地保证成品罐头的固形物含量，同时也有利于调味汁液的渗透。并且，预煮处理还有杀灭微生物的作用。预煮时要掌握好肉水比，水以淹没肉块为宜。预煮时间视原料大小而定，一般为30~60 min，以肉块中心无血水为宜。

4. 油炸

油炸的目的在于脱除肌肉中的部分水分，赋予肉块特有的色泽和风味。油炸时要控制好每次的投料量、油炸温度、时间和油炸的终点。油炸温度一般为160~180℃，时间为1 min左右。一般情况下，要求油炸前在肉块表面涂上焦糖色，以使油炸后的肉块表面呈现酱黄色或酱红色。肉类在油炸中一般会损失28%~38%的水分、2.11%的含氮物质、3.1%的无机盐，同时会吸收3%~5%的油，重量会有所损失，但营养价值会有所提高。

3.2.1.3 水产原料的预处理

1. 解冻

水产原料的解冻通常采用水解冻法。水解冻法分为流水解冻和淋水解冻两种。解冻的水温一般控制在18℃以下。解冻程度视原料的种类、加工工艺、气温的高低等因素而定。有些鱼如果完全解冻则会造成骨肉分离、肉质碎散。所以，一般达到半解冻状态即可。

2. 清洗

原料的清洗主要是要洗净附着在原料外表面的泥沙、黏液、杂质等污物。清洗时宜先用小刷刷洗，再用水冲去粘液。盐渍后的原料一般要用清水清洗一次，以除去原料表面盐分。但水洗的时间不可过长，以免降低含盐量。

3. 原料的处理

鱼类原料的处理主要包括去鳞、鳍、头、尾、内脏等，而虾、贝类原料则要进行去壳、取肉等处理。

4. 原料的盐渍

盐渍的目的在于脱除原料中部分血水和可溶性蛋白质，改变成品的色泽，防止罐内血蛋白凝结，还可使鱼肉组织收缩变硬，防止鱼皮脱落，并使鱼肉吸收适量的盐分。使用的盐水浓度及盐渍时间需要根据原料的种类、肥瘦、大小及加工产品的要求而定。盐渍过程中要经常翻动物料，使之均匀吸收盐分。还要尽量降低温度，并按要求及时调整盐水浓度，更换新盐水，防止浓度过高而使咸味过重。

5. 脱水

脱水的目的在于使原料中的蛋白质凝固，肉质变得紧密，便于装罐，并且有利于调味液的渗透，保证固形物的含量。脱水的方法有预煮和油炸两种。一般油浸类、清蒸类、茄汁类鱼罐头多采用蒸煮法，即在蒸煮设备中用蒸汽直接加热蒸煮，但要控制好蒸煮的时间及温度。油炸也是一种常用方法，可以使肉质酥硬稳定，改善色泽和风味，增加营养和干物质的量。油炸时要注意控制好温度和时间，每次投料量不可过多。油炸过程中还要及时去除碎屑，不断补充新油，严格掌握油炸终点。

3.2.2 装罐和预封

3.2.2.1 罐藏容器的准备

常见的罐藏容器有三类，即金属罐、玻璃罐及软罐容器。食品在装罐前，首先要根据食品原料的种类、物性、加工方法、产品要求等选择合适的罐藏容器。在装罐前必须对灌装容器进行洗涤和消毒。

1. 马口铁罐的洗涤和消毒

金属罐是常用的罐藏容器。它的主要优点是保护罐内食品免遭微生物、昆虫侵染以及其他能导致产品变质的外来物的污染。此外，它还能防止罐内食品吸收或失去水分，防止内容物吸收氧气及其他气味，避免因光照而引起食品中色素的光化学反应等。最常用的金属罐是镀锡铁罐，即马口铁罐。在装罐之前，空罐必须进行洗涤和消毒处理。

在小型企业中，马口铁罐的洗涤和消毒多采用人工操作，即将空罐放在沸水中浸泡 30 ~ 60 s，取出后倒置沥水备用，罐盖也进行同样处理。在大中型企业中，一般采用洗罐机进行清洗和消毒。洗罐机有链带式、滑动式、旋转式等种类，基本方式都是先用热水冲洗空罐，然后用蒸汽进行消毒。

2. 玻璃罐的洗涤和消毒

玻璃罐因无色透明、价格低廉，并且具有较好的化学稳定性和热稳定性，也是普遍采用的罐藏容器之一。玻璃罐的清洗一般采用热水浸泡或冲洗。对于回收的旧玻璃罐，罐壁上常附着有油脂、食品碎屑等污物，则需用2% ~8% 的氢氧化钠溶液洗涤，水温为

40～50℃，然后再用漂白粉或高锰酸钾溶液消毒。消毒后，应将空罐沥干并立即装罐，防止再次污染。

3. 蒸煮袋的准备

软罐容器是一种耐高温蒸煮的复合薄膜袋，又叫蒸煮袋。蒸煮袋具有许多优点，如密封性好，可以电热封口，杀菌时传热速度快，耐高温杀菌，重量轻，易开启，携带方便，能较好地保持内容物的色、香、味等特点，是一种很有应用前景的罐藏容器。在生产前必须对每批蒸煮袋的质量进行检验。

3.2.2.2 食品的装罐

1. 装罐的工艺要求

原料经预处理后，应迅速装罐。为保证成品罐头的品质质量，装罐时必须满足以下几点基本要求。

1）净重和固形物含量

净重是指罐头食品的总重量减去容器重量后所得的重量，包括液体和固体食品的重量。固形物含量是指罐内固态食品占净重的百分比。每一种产品都有其规定的净重和固形物含量。装罐时必须保证称量准确，误差控制在质量标准所允许的范围之内。每只罐头允许净重误差为±3%，但每批罐头净重的平均值不应低于标准所规定的净重。罐头的固形物含量一般为45%～65%，因食品种类、加工工艺等不同而异。

2）质量

装罐时应力求质量一致，即同一罐内的内容物的大小、色泽、成熟度基本保持一致。因为食品原料具有比较大的差异，如果蔬原料在形态、色泽、成熟度等方面的差异，肉类原料在不同部位上肉质的差异，所以，要求在装罐时必须进行合理的搭配，同时注意大小、色泽、成熟度等各方面的基本一致，这样既可保证产品质量，同时又提高了原料的利用率。

3）顶隙

装罐时还必须留有适当的顶隙。所谓顶隙，是指罐内食品表面或液面与罐盖内壁间所留空隙的距离。装罐时食品表面与容器翻边一般相距4～8 mm，封罐后顶隙高度为3～5 mm。顶隙大小将直接影响到食品的装量、产品的真空度、罐盖卷边的密封性、铁皮的腐蚀、食品的变色、罐头的变形及腐蚀等方面。顶隙过小，杀菌时食品膨胀，引起罐内压力增加，将影响卷边的密封性，同时还可能造成铁皮罐永久变形或凸盖，影响销售。顶隙过大，罐头净重不足，且顶隙内残留空气较多会促进铁皮罐腐蚀或形成氧化圈，并引起表层食品变色、变质。

4）卫生要求

装罐时要特别注意车间、设备的清洁卫生，操作人员应严格遵守规章制度，注意个人卫生，工作服、帽应穿戴整齐，禁止戴各种首饰进行装罐操作，严防夹杂物混入罐内，确保产品质量与安全。

2. 装罐方法

根据产品的性质、形状和要求，装罐的方法可分为人工装罐和机械装罐两种。

1)人工装罐

人工装罐方式多用于肉类、禽类、水产、水果、蔬菜等块状或固体产品的装罐。因原料的形状不一，大小不等，色泽和成熟度也不相同，装罐时需进行挑选，合理搭配，并按要求进行排列装罐。机械装罐难以达到要求，只能采用人工装罐。

2)机械装罐

机械装罐方式一般用于颗粒状、粉末状、流体及半流体产品的装罐，如青豌豆、果酱、果汁、调味汁和午餐肉等食品。该法具有装罐速度快、分量均匀、卫生等特点，因此除必须采用人工装罐的部分产品外，应尽可能采用机械装罐。目前使用的机械装罐机可分为半自动和全自动两大类。国内使用较普遍的有午餐肉自动充填机、蚕豆自动装罐机、果汁自动灌装机等。流体和半流体状食品大多采用流体定量装罐机。

3. 加注液汁

装罐之后，除了流体食品、糊状胶状食品、干装类食品外，一般都要向罐内加注液汁，称为注液。注液不仅能增进食品风味，提高食品初温，促进对流传热，改善加热杀菌效果，而且可以排除罐内部分空气，降低加热杀菌时罐内压力，减轻罐内壁腐蚀，减少内容物的氧化和变色，对于保证产品质量与安全具有很重要的意义。果品罐头一般加入糖液，蔬菜罐头多加入盐水。

1)糖液的配制

糖液的浓度依水果种类、品种、成熟度、果肉装量及产品质量标准而定。我国目前生产的糖水果品罐头，一般要求开罐糖度为14%~18%。糖液浓度计算方法如下：

$$Y = \frac{(W_3 Z - W_1 X)}{W_2} \times 100\% \tag{3-3}$$

式中，Y——需配制的糖液浓度,%；

W_1——每罐装入果肉重，g；

W_2——每罐注入糖液重，g；

W_2——每罐净重，g；

X——装罐时果肉可溶性固形物含量,%；

Z——要求开罐时的糖液浓度,%。

糖液浓度常用糖度计测定。由于液体密度受温度的影响，其标准温度多采用20℃，若所测糖液温度高于或低于20℃，则所测得的糖液浓度还需加以校正。

2)盐水的配制

配制时，将食盐加水煮沸，除去上层泡沫，过滤后取澄清液按比例配制成所需要的浓度。一般蔬菜罐头所用盐水浓度为1%~4%。测定盐液的浓度，一般采用波美比重计，它在17.5℃的盐水中所指的刻度，即是盐液的百分比浓度。

对配制好的糖液或盐水，可根据产品要求，在糖液或盐水中加入少量的酸或其他配料，以改进产品的风味和提高杀菌效果。

3.2.2.3 预封

预封是指在食品装罐后进入加热排气之前，用封罐机初步将盖钩卷入到罐身翻边下，进行相互勾连的操作。勾连的松紧程度以能允许罐盖沿罐身自由旋转而不脱开为准，以便在排气时，罐内空气、水蒸气及其他气体能自由地从罐内逸出。

预封的目的是预防因固体食品膨胀而出现汁液外溢；避免排气箱冷凝水滴入罐内而污染食品；防止罐头从排气到封罐的过程中顶隙温度降低和外界冷空气侵入，以保持罐头在较高温度下进行封罐，从而提高罐头的真空度。预封可采用手扳式或自动式预封机。

3.2.3 罐头的排气

3.2.3.1 排气的目的

排气是在装罐或预封后，将罐内顶隙间和原料组织中残留的空气排出罐外的技术措施。排气的目的主要有以下几方面：

(1)防止或减轻因高温杀菌时内容物的膨胀而使容器变形或破损，影响金属罐卷边和缝线的密封性，防止玻璃罐跳盖；

(2)防止罐内好氧性细菌和霉菌的生长繁殖；

(3)防止或减轻罐头在贮藏过程中出现的马口铁罐的内壁腐蚀现象；

(4)有利于罐内食品色、香、味及营养成分的保存；

(5)排气良好的罐头有助于通过打检识别其质量的好坏。

3.2.3.2 排气的方法

排气方法主要有加热排气法、真空封罐排气法和蒸汽喷射排气法三种。

1. 加热排气法

加热排气法是利用食品和气体受热膨胀的原理，将罐内和食品组织中的部分气体排除掉的方法。目前常用的加热排气方法有热装罐排气法，即先将食品加热到一定温度，然后立即趁热装罐并密封。加热排气法主要适用于流体或半流体食品，如番茄汁、番茄酱、草莓酱等。该法的关键是保证装罐时食品的温度不得降低，否则封罐后罐内真空度就会降低。采用此法时，要及时杀菌，因为食品装罐时的温度(一般为70～75℃)非常适合嗜热性细菌的生长繁殖，如不及时杀菌，食品可能在杀菌前就已开始腐败变质。

加热排气法还有排气箱加热排气法，即将装罐后的食品送入具有一定温度的排气箱内，经过一定时间的加热，使罐头中心达到70～90℃，使罐内空气充分外逸，然后立即趁热密封。

加热排气法能较好地排除食品组织内部的空气，获得较好的真空度，还能起某种程度的脱臭和杀菌作用。但是加热排气法的速度慢，热量利用率低，并且对食品的色、香、味有不良影响，对于某些水果罐头有不利的软化作用。

2. 真空封罐排气法

真空封罐排气法是借助于真空封罐机将罐头置于真空封罐机的真空密封室内，在抽气的同时进行密封的排气方法。该法已广泛应用于肉类、鱼类和部分果蔬类罐头的生产。

真空封罐排气法能在短时间内使罐头获得较高的真空度，生产效率很高，有时每分钟可达到500罐以上。该法适合于各种罐头食品的排气，尤其适用于不宜加热的食品，能够较好地保存食品中的维生素和其他营养素。真空封罐机体积小，占地少，但要注意严格控制封罐机真空密封室的真空度及密封时食品的温度，防止出现汁液外溢现象。

3. 蒸汽喷射排气法

蒸汽喷射排气法是向罐头顶隙喷射具有一定压力的高压蒸汽，用蒸汽去置换顶隙内的空气，然后迅速密封，依靠顶隙内蒸汽的冷凝来获得罐头的真空度的排气方法。这种排气法由蒸汽喷射装置来喷射蒸汽，要求喷射的蒸汽有一定的温度和压力，以防止外界空气侵入罐内。喷蒸汽应一直持续到卷封完毕。该法适用于大多数加糖水或盐水的罐头食品和大多数固态食品，但不适用于干装食品。

喷蒸汽排气时，罐内顶隙的大小将直接影响罐头的真空度。没有顶隙将不会形成真空度；顶隙过小，罐头的真空度也会很低；顶隙较大时，就可以获得较高的真空度。试验结果表明，获得合理真空度的最小顶隙为8 mm左右。为了保证获得适当的罐内顶隙，可在封罐前增加一道顶隙调整工序，即用机械带动的柱塞，将罐头内容物压实到预定的高度，并让多余的汤汁从柱塞四周溢出罐外，从而得到预定的顶隙度。

由于蒸汽喷射时间较短，除表层食品外，罐内食品并未受到加热。即使是表层食品，受到的加热程度也极轻微。所以，这种方法难以将食品内部的空气及罐内食品间隙中的空气排除完全，空气含量较多的食品不宜采用蒸汽喷射排气法。此外，表面不允许湿润的食品，也不适合用此法排气。

3.2.3.3 影响罐头排气效果的因素

罐头排气后，罐外大气压与罐内残留气压之差即为罐内真空度。罐内真空度主要取决于罐内残留气压。罐内残留气体越多，其压力越大，则真空度就越低。因此，常以罐内真空度表示罐头的排气效果。罐内真空度受食品原料种类、加热排气温度和时间、密封温度、罐内顶隙大小及外界温度和压力等因素的影响。

1. 原料种类的影响

原料种类不同，组织内的空气含量不同，气体排除的程度也不同。原料的含气量越高，真空度降低越严重。原料的新鲜程度也影响罐头的真空度，不新鲜的原料杀菌时某些成分会分解而产生一定量的气体，使得罐头的真空度降低。此外，食品含酸量的高低也影响罐头的真空度，酸度较高的内容物易与金属罐内壁作用而产生氢气，使罐内压力增加，真空度降低。

2. 加热排气温度和时间的影响

加热排气时，温度高，罐头内容物升温快，可以使罐内气体和食品充分受热膨胀，使罐内空气易于排除。排气时间长，可以使食品组织内部的气体充分排除，使罐头食品获得高的真空度。

3. 密封温度的影响

封口时罐头食品的温度称为密封温度。罐头的真空度随密封温度的升高而增大，密封温度越高，罐头的真空度越高。

4. 罐内顶隙大小的影响

顶隙是影响罐头真空度的一个重要因素。顶隙越大，罐头的真空度越高。

5. 外界温度和压力变化的影响

罐头的真空度是外界大气压力与罐内实际压力之差。当外界温度升高时，罐内残存气体受热膨胀压力提高，真空度降低，因而外界气温越高，罐头真空度越低；罐头的真空度还受大气压力的影响，大气压降低，真空度也降低。

3.2.4 罐头的密封

罐头食品之所以能够长期保藏有两个主要因素：一是充分杀灭罐内的致病菌和腐败菌；二是使罐内食品与外界完全隔绝，不再受到外界空气和微生物的污染而腐败变质。为了保持这种高度密封状态，必须采用封罐机将罐身和罐盖的边缘紧密卷合，这就是罐头的密封，称为封罐。封罐是罐头生产工艺中非常重要的工序。不同的罐藏容器，采用不同的方法进行封罐。

1. 金属罐的密封

金属罐的密封是指罐身的翻边和罐盖的圆边在封口机中进行卷封，使罐身和罐盖相互卷合形成紧密重叠的二重卷边的过程。常用的金属封罐机有手扳封罐机、半自动封罐机、自动封罐机、真空封罐机及蒸汽喷射封罐机等。

金属封罐机的主要工作部件包括压头(用来固定和稳定罐头，不让其发生滑动)、托底板(升起罐头使压头嵌入罐盖内部)、头道滚轮(将罐盖的圆边卷入罐身的翻边下面，形成不紧密的钩合状态)和二道滚轮(将初步卷合好的卷边压紧平和，形成二重卷边)四部分。四大部件的协同作用共同完成金属罐的封口。

封口时，各种容器除规格尺寸要符合要求外，还要求卷边的三率符合标准。卷边的三率是指叠接率(指卷边内部罐身的身钩和罐盖的盖钩相互重叠的程度)、紧密度(指卷边内部罐盖的盖钩和罐身身钩的紧密程度，即盖钩上的平服部分占整个盖钩宽度的百分比)和接缝盖钩完整率(卷边接缝处有效盖钩宽度占整个盖钩宽度的百分比)。卷边的三率均要求≥50%。

2. 玻璃瓶的密封

玻璃罐与金属罐不同，其密封方法也不同。并且，玻璃罐本身因罐口边缘造型不同，罐盖的形式也不同，其封口方法也各异。目前常用的封口方法有卷边式密封法、旋转式密封法和套压式密封法等。

卷边式密封法是依靠玻璃罐封口机辊轮的按压作用，将马口铁盖的边缘卷压在玻璃罐的罐颈凸缘下，以达到密封的目的。该法多用于500 ml胜利罐的密封。其特点是密封性能好，但开启困难，现已很少使用。

旋转式密封法有三旋、四旋、六旋式密封法等。该法要求玻璃瓶上有三条、四条或六条螺纹线，瓶盖上有相应数量的盖爪，密封时将盖爪和螺纹线始端对准、拧紧即可。密封操作可以手工完成也可以由机械完成。旋转式密封法的特点是开启容易，且可重复使用，广泛用于果酱、糖浆、果冻、番茄酱、酸黄瓜等罐头的密封。

套压式密封法依靠预先嵌在罐盖边缘内壁上的密封胶圈，密封时由自动封口机将盖子套压在罐凸缘线的下缘而得到密封。其特点是开启方便，已用于小瓶装蘑菇罐头等的密封。

3. 蒸煮袋的密封

蒸煮袋即软罐头，一般用真空包装机进行热熔密封，依靠蒸煮袋内层的聚丙烯材料在加热时熔合成一体而达到密封的目的。其封口效果取决于蒸煮袋的材料性能，以及热熔合时的温度、时间和压力等因素。

3.2.5 罐头的杀菌和冷却

3.2.5.1 罐头的杀菌

罐头食品的杀菌通常采用热处理或其他物理措施，如利用辐照、加压、微波、阻抗等方法杀死食品中所污染的致病菌、产毒菌及腐败菌，并破坏食品中的酶，使罐藏食品能够保藏两年以上，而不腐败变质。目前应用最多的仍然是加热杀菌法。加热的方法很多，要根据原料品种和包装容器等的不同而选用。

1. 罐头食品的传热

罐头食品的杀菌过程实际上是罐头食品不断从外界吸收热量的过程，因此杀菌的效果与罐头食品的热传导过程有很大的关系。罐头食品在杀菌过程中的热传导方式主要有导热、对流及导热与对流混合传热三种方式。

1) 导热

由于物体各部分受热温度不同，分子所产生的振动能量也不同，依靠分子间的相互碰撞，使热量从高能量分子向邻近的低能量分子依次传递的热传导方式称为导热。导热可分为稳定导热和不稳定导热。稳定导热是指物体内温度的分布和热传导速度不随时间而变化，而不稳定导热则是指温度的分布和热传导速度随时间而变化且为时间的函数。

在加热和冷却过程中，罐内壁和罐头几何中心之间将出现温度梯度。加热杀菌时，在温度梯度作用下，热量将由加热介质向罐内几何中心顺序传递；而冷却时，热量由罐头几何中心向罐壁传递。这就导致罐内各点的受热程度不一样。导热最慢的一点通常在罐头的几何中心处，此点称为冷点。在加热时，它为罐内温度最低点，在冷却时则为温度最高点。

由于食品的导热性较差，以导热方式传热的罐头食品加热杀菌时，冷点温度的变化比较缓慢，所以热力杀菌需时较长。属于导热方式传热的罐头食品主要是固态及黏稠度高的食品。

2) 对流换热

对流换热是指借助于液体和气体的流动传递热量的方式。罐内液态食品在加热介质与食品间温差的影响下，部分食品受热迅速膨胀，密度下降，比未受热的或温度较低的食品轻，重者下降而轻者上升，形成了液体循环流动，并不断进行热交换。该方式传热速度较快，所需加热时间较短。属于对流换热方式的罐头食品有果汁、汤类等低黏度液态罐头食品。

3) 对流导热结合式传热

许多情形下，罐头食品的热传导往往是对流和导热同时存在的，或先后相继出现的。通常，糖水水果、清水或盐水蔬菜等果蔬罐头食品属于导热和对流同时存在型。在两者相继出现的传热型罐头食品中，最常见的是先对流后导热，如糊状玉米等含淀粉较多的罐头食品，先对流传热，淀粉受热糊化后，即由对流转变为导热。属于这类情况的还有盐水玉米、稍浓稠的汤和番茄汁等。而苹果沙司等有较多沉淀固体的罐头食品，则属于先导热后对流型。总之，混合型传热情况是相当复杂的。

如果将上述热传导过程表示在以加热时间为横坐标，加热温度为纵坐标的半对数坐标图中，则可得到一条曲线，即加热曲线。单纯的导热和单纯的对流加热的加热曲线为一条直线，称为简单加热曲线。从该曲线的斜率就可判断加热速度的快慢。如果食品的热传导是混合型的，则加热曲线就由两条斜率不同的直线组成，中间有一个转折点。

2. 影响罐头食品传热的因素

罐头食品的传热状况对罐头的加热杀菌效果有明显影响。罐头在杀菌锅内加热杀菌时，通过热水或蒸汽供应热量，从罐头外侧表面向罐内传递热量是遵循导热和对流规律的。一般来说，罐头中心附近传热最慢，因此，罐头中心温度是有关杀菌的重要因素。罐头传热受下列因素的影响。

1) 罐内食品的物理特性

与传热有关的食品物理特性包括形状、大小、浓度、密度及黏度等，且这几项物理性质之间往往相关。一般来说，浓度、密度及黏度越小的食品，如液态食品，其流动性好，加热时主要以对流传热方式进行，加热速度快，可以在较短的时间内达到杀菌操作温度，且罐内各点处的温度变化基本保持同步。而随着浓度、密度及黏度的增大，其流动性变差，因此传热方式也逐渐由对流为主变成以导热为主。如果是固体食品，则基本上是导热，传热速度很慢，且罐内各点处的温度分布极不均衡。另外，小的颗粒状、条状或块状食品，在加热杀菌时，罐内的液体容易流动，以对流传热为主，传热速度较快；反之则较慢。

2）罐头食品的初温

罐头食品的初温是指杀菌操作开始时，罐内食品最冷点的平均温度。一般来说，初温越高，杀菌操作温度与食品物料温度间的差值越小，罐头中心加热到杀菌温度所需要的时间越短，但对流传热型食品的初温对加热时间影响较小。与之相反，食品初温对导热型食品的加热时间影响很大。因此，对于导热型食品，热装罐比冷装罐更有利于缩短加热时间。

3）罐藏容器材料的物理性质、厚度和几何尺寸

罐头加热杀菌时，热量由罐外向罐内传递，首先要克服罐壁的热阻。而热阻与壁厚成正比，与材料的导热系数成反比。不同的容器材料导热系数不同，热阻也就不相同。如玻璃罐壁的热阻比马口铁罐壁的热阻大数百倍甚至上千倍，铝罐的热阻则比铁罐的还要小。因此，传热最快的是铝罐，马口铁罐次之，玻璃罐最慢。当容器材料相同时，热阻取决于罐壁厚度。

此外，罐头容器的几何尺寸和容积也影响传热。当其他条件相同时，加热杀菌时间与罐头容器的高度和直径成正比，也即与罐头容积成正比。

4）杀菌锅的形式和罐头在杀菌锅中的位置

罐头工业中常用的杀菌锅有静置式、回转式和旋转式等类型。一般回转式杀菌锅的传热效果要好于静置式的杀菌锅。而回转式杀菌锅回转方式不同，罐头在杀菌锅中的运动方式不同，罐内食品搅动状态也不同，因此，传热效果就会产生差异。回转式杀菌对于加快导热与对流结合型传热的食品及流动性差的食品的传热尤其有效。

此外，在静置式杀菌锅中，罐头所处位置对于食品的传热效果也有影响。一般来说，罐头离蒸汽喷嘴越远，传热就越慢。如果杀菌锅内的空气未排除干净，残存空气会在锅内的某些气流不顺畅的位置滞留，形成所谓的空气袋，则处于空气袋处的罐头受热效果极差。

3. 罐头食品热杀菌时间及 *F* 值的计算

罐头食品杀菌时间及 *F* 值计算的方法很多。1920 年，比奇洛（Bigelow）首先提出罐藏食品杀菌时间的计算方法。随后，鲍尔（Ball）、奥尔森（Olsen）和舒尔茨（Schulta）等对比奇洛的方法进行了改进，推出了鲍尔改良法。鲍尔还推出了公式计算法。史蒂文斯（Stevens）在鲍尔公式法的基础上又提出了方便实际应用的列图线法。所有这些方法的基本理论依据还是比奇洛创立的方法，所以比奇洛的方法又被称为基本法。现在普遍使用的自动 *F* 值测定仪的计算原理是鲍尔改良法。通过理论计算，可以寻求较合理的杀菌时间和 *F* 值，在保证食品安全性的前提下，尽可能更好地保持食品原有的色、香、味，同时节约能源。

1）比奇洛基本法

基本法推算实际杀菌时间的基础，是罐头冷点的温度曲线和对象菌的热力致死时间曲线（TDT 曲线）。比奇洛将杀菌时罐头冷点的传热曲线分割成若干小段，每小段的时间

为 t_i。假定每小段内温度不变，利用 TDT 曲线，可以获得在某段温度(θ_i)下所需的热力致死时间(τ_i)。热力致死时间 τ_i 的倒数 $1/\tau_i$ 为在温度 θ_i 杀菌 1 min 所取得的效果占全部杀菌效果的比值，称为致死率；而 t_i/τ_i 即为该小段取得的杀菌效果占全部杀菌效果的比值 A_i，称为部分杀菌值。如肉毒杆菌在 100℃ 下的致死时间为 300 min，则致死率为 1/300；若在 100℃ 下维持了 6 min，则这 6 min 的部分杀菌值为 $A_i = 1/300 \times 6 = 0.02$。将各段的部分杀菌值相加，就得到总杀菌值 A，见式(3-4)：

$$A = \sum A_i \tag{3-4}$$

当 $A = 1$ 时，说明杀菌时间正好合适；$A < 1$ 时，说明杀菌不充分；$A > 1$ 时，说明杀菌时间过长。

比奇洛法的优点是：方法直观易懂，当杀菌温度间隔取得很小时，计算结果与实际效果很接近；不管传热情况是否符合一定模型，用此法可以求得任何情况下的正确杀菌时间。但该法计算量和实验量较大，需要分别经实验确定杀菌过程各温度下的 TDT 值，再计算出致死率。

2)鲍尔改良法

由于比奇洛基本法需要逐一计算热致死时间、致死率和部分杀菌值，计算过程繁琐，鲍尔等作了一些改进，主要有两点：一是建立了致死率值的概念；二是时间间隔取相等值。改进后的方法称为鲍尔改良法。

根据 TDT 曲线方程：

$$\lg(t/F_0) = (121 - \theta)/Z$$

令 $F_0 = 1$ min，

$$t = \lg^{-1}[(121 - \theta)/Z]$$

令 $L = 1/t$，

$$L = \lg^{-1}[(\theta - 121)/Z] \tag{3-5}$$

式中，θ——杀菌过程中的某一温度,℃；

t——在温度为 θ 时，达到与 121℃，1 min 相同的杀菌效果所需要的时间，min；

L——致死率值。

因此，致死率值 L 是指经温度 θ，1 min 的杀菌处理，相当于温度为 121℃ 时的杀菌时间。实际杀菌过程中，冷点温度随时间不断变化，于是致死率值为

$$L_i = \lg^{-1}[(\theta_i - 121)/Z]$$

微生物的 Z 值确定后，即可预先计算各温度下的致死率值。大多数专业书上都有这类表格，称做 $F_{121}^{Z} = 1$ 时，各致死温度下的致死率表。

比奇洛法中时间间隔的取值依据传热曲线的形状变化，传热曲线平缓的地方时间间隔取值大，传热曲线斜率大的地方，时间间隔取值小，否则计算误差会增大。鲍尔改良法的时间间隔等值化，简化了计算过程。显然，若间隔取得太大，也同样会影响到计算结果的准确性。所以，整个杀菌过程的杀菌强度，即总致死值可用式(3-6)表示：

$$F_P = \sum (L_i \Delta t) = \Delta t \sum L_i \tag{3-6}$$

需要注意 F_P 值与 F_0 值的关系。F_0 值指在标准温度(121℃)下杀灭对象菌所需要的理

论时间；F_P值指将实际杀菌过程的杀菌强度换算成标准温度下的时间。判断一个实际杀菌过程的杀菌强度是否达到要求，需要比较F_P值与F_0值的大小，一般取F_P值略大于F_0值。

3）公式法和列图线法

公式法首先由鲍尔提出，经过美国制罐公司热学研究组简化后，用来计算简单型和转折型传热曲线上的杀菌时间和F值。公式法根据罐头在杀菌过程中冷点温度的变化在半对数坐标纸上所绘出的传热曲线进行推算，以求得整个杀菌过程的杀菌值F_P，通过与对象菌的F_0值对比，确定实际需要的杀菌时间。

公式法的优点是可以在杀菌温度变更时算出杀菌时间，但其计算繁琐、费时，并且只有当传热曲线呈有规律的简单型曲线或转折型曲线时才能使用。

为了方便公式法的使用，奥尔森和史蒂文斯根据各参数间的数学关系，制作出如计算尺般的一系列计算图线。使用者从杀菌操作温度、升温时间、罐头冷点初温等基础参数出发，在计算图线上查阅和作连线，最终可推算出实际杀菌操作所需的恒温时间。但列图线法仅适用于简单型传热曲线。

4. 罐头食品热杀菌工艺条件的确定

各种罐头食品，由于原料的种类、来源、加工方法和加工卫生条件等的不同，在杀菌前存在的微生物的种类和数量也就不同。生产上总是在不同食品中选择最常见的耐热性最强，并具有代表性的腐败菌或产毒菌作为主要的杀菌对象菌。

罐头食品的 pH 是选定杀菌对象菌时要考虑的重要因素。不同 pH 的罐头食品中，腐败菌的耐热性不同。一般来说，在 pH 4.6 以下的酸性或高酸性食品中，霉菌和酵母菌可作为主要杀菌对象，它们比较容易控制和杀灭。而 pH 4.6 以上的低酸性罐头食品，杀菌的主要对象是那些在无氧或微氧条件下，仍然活动而且产生芽孢的厌氧性细菌，这类细菌的芽孢抗热力很强。在罐头食品工业中，一般认可的试验菌种是采用产生毒素的肉毒梭状芽孢杆菌的芽孢为杀菌对象菌。后来又发现一种同类无毒却能产生孢子的细菌（PA3679），其抗热力更强，以这种菌的孢子作为杀菌对象更为可靠。在杀菌过程中，只要将杀菌对象菌杀死，也就基本上消灭了其他的有害菌。

确定了杀菌的对象菌以后，就要确定针对该对象菌的杀菌条件。合理的杀菌条件，是确保罐头食品质量的关键。杀菌条件主要是杀菌温度和时间。杀菌条件制定的原则是在保证罐藏食品安全性的基础上，尽可能地缩短杀菌时间，以减少热力对食品品质的不良影响。

杀菌温度的确定是以杀死对象菌为依据的。一般以对象菌的热力致死温度作为杀菌温度。杀菌时间的确定则受多种因素的影响，在综合考虑的基础上，通过计算和试验来确定。

杀菌条件可以用杀菌式来表示，即把杀菌温度、杀菌时间排列成公式的形式。一般杀菌式的表达形式为

$$\frac{t_1 - t_2 - t_3}{T}P$$

其中，t_1为升温时间，即杀菌锅内介质由初温升高到规定的杀菌温度时所需要的时间，单位为min；t_2为恒温时间，即杀菌锅内介质达到规定的杀菌温度，在该温度下所维持的时间，单位为min；t_3为冷却时间，即杀菌锅内介质由杀菌温度降低到出罐时温度所需要的时间，单位为min；T为杀菌温度，单位为℃；P为杀菌或冷却时杀菌锅所用压力，单位为kPa。

确定合理的杀菌条件，是杀菌操作的前提。合理的杀菌条件，首先必须保证食品的安全性，其次要考虑到食品的营养价值和商品价值。

杀菌温度与杀菌时间之间存在互相依赖的关系。杀菌温度低时，杀菌时间应适当延长，而杀菌温度高时，杀菌时间可相应缩短。因此，低温长时间和高温短时间两种杀菌工艺可以达到同样的杀菌效果，但两种杀菌工艺对食品中的酶和食品成分的破坏效果可能不同。杀菌温度的升高虽然会增大微生物、酶和食品成分的破坏速率，但它们增大的程度并不一样，其中微生物的破坏速率在高温下较大。因此采用温度高时间短的杀菌工艺对食品成分的保存较为有利。

5. 罐头食品常用的杀菌方法

罐头食品的热杀菌方法通常有两大类，即常压杀菌和高压杀菌，前者杀菌温度低于100℃，而后者杀菌温度高于100℃。高压杀菌根据所用介质不同又可分为高压水杀菌和高压蒸汽杀菌。此外，超高温瞬时杀菌、超高压杀菌、微波杀菌等新技术也不断出现。

1）常压沸水杀菌

此法适合于大多数水果和部分蔬菜罐头，杀菌设备为立式开口杀菌锅。先在杀菌锅内注入适量的水，然后通入蒸汽加热。待锅内水沸腾时，将装满罐头的杀菌篮放入锅内。最好先将玻璃罐头预热到60℃左右再放入杀菌锅内，以免杀菌锅内水温急剧下降导致玻璃罐破裂。待锅内水温再次升至沸腾时，开始计算杀菌时间，并保持水的沸腾直到杀菌结束。

常压沸水杀菌也有采用连续式杀菌设备的。罐头由输送带送入杀菌锅内，杀菌时间可通过调节输送带的速度来控制。

2）高压水杀菌

此法适用于肉类、鱼贝类的大直径扁罐及玻璃罐。将装好罐头的杀菌篮放入杀菌锅内，关闭锅门或盖，关掉排水阀，打开进水阀，向杀菌锅内进水，并使水位高出最上层罐头15 cm左右，然后关闭所有排气阀和溢水阀，放入压缩空气，使锅内压力升至比杀菌温度对应的饱和水蒸气压高出54.6～81.9 kPa为止，然后放入蒸汽，将水温快速升至杀菌温度，并开始计算杀菌时间。待杀菌结束后，关掉进气阀，打开压缩空气阀和进水阀。但此时冷水不能直接与玻璃罐接触，以防爆裂。可先将冷却水预热到40～50℃后再放入杀菌锅内。当冷却水放满后，开启排水阀，保持进水量和出水量的平衡，使锅内水温逐渐下降。当水温降至38℃左右时，关掉进水阀、压缩空气阀，打开锅门取出罐头。

3）高压蒸汽杀菌

低酸性食品，如大多数蔬菜、肉类及水产类罐头食品必须采用100℃以上的高温杀菌。为此，加热介质通常采用高压蒸汽。将装有罐头的杀菌篮放入杀菌锅内，关闭杀菌锅的门或盖，关闭进水阀和排水阀。打开排气阀和泄气阀，然后打开进气阀使高压蒸汽迅速进入锅内，快速彻底地排除锅内的全部空气，并使锅内温度上升。在充分排气后，须将排水阀打开，以排除锅内的冷凝水。排除冷凝水后，关闭排水阀和排气阀。待锅内压力达到规定值时，检查温度计读数是否与压力读数相对应。如果温度偏低，则表示锅内还有空气存在。可打开排气阀继续排除锅内空气，然后关闭排气阀。待锅内蒸汽压力与温度相对应，并达到规定的杀菌温度时，开始计算杀菌时间。杀菌过程中可通过调节进气阀和泄气阀来保持锅内恒定的温度。达到预定杀菌时间后，关掉进气阀，并缓慢打开排气阀，排尽锅内蒸汽，使锅内压力回复到大气压。然后打开进水阀放进冷却水进行冷却，或者取出罐头浸入水池中冷却。

4)超高温瞬时杀菌

通常把加热温度为135~150℃，加热时间为2~8 s，加热后产品达到商业无菌的过程称为超高温(UHT)瞬时杀菌。流质食品的杀菌多采用高温短时(HTST)或超高温瞬时杀菌工艺。流质食品超高温瞬时连续杀菌技术要求热处理设备具有高的传热效率，在热处理过程中热介质的热能迅速传递到物料内，在瞬时达到规定的高温。同样，在杀菌后，热能从物料迅速传递到冷却介质，然后无菌充填包装。目前的超高温瞬时连续热处理方式和设备有两种类型：第一种类型采用蒸汽间接传热的快速热交换器，主要有板式、套管式和刮板式三种；第二种类型采用蒸汽直接加热、欧姆直接加热、电阻加热和微波直接加热四种。不同黏度和含有不同直径的颗粒的各种流质食品，对传热效率有不同的影响，尤其是固体颗粒比液体传热更慢。因此，需根据物料的黏度和流体中含颗粒大小来选择适合的热处理方式或设备，以提高物料热处理过程中的热效率，满足超高温瞬时杀菌的技术要求。

3.2.5.2 罐头的冷却

罐头食品杀菌完毕后，应迅速冷却。冷却也是罐头生产工艺中不可缺少的工艺环节。冷却可以缩短物料的受热时间，减少物料中热敏物质的损失，抑制嗜热微生物在高温下的大量繁殖。因此，罐头食品杀菌后冷却越快越好，但对玻璃罐的冷却速度不宜太快，常采用分段冷却的方法，即80℃、60℃、40℃三段，以免玻璃罐爆裂。

冷却方式按冷却的位置的不同，可分为锅外冷却和锅内冷却，常压杀菌常采用锅外冷却，卧式杀菌锅加压杀菌常采用锅内冷却。按冷却介质的不同可分为空气冷却和水冷却，以水冷却效果为好。水冷却时为加快冷却速度，一般采用流水浸冷法。由于在冷却时可能会有极少量的冷却水被罐头吸入，因此冷却用水必须清洁，符合饮用水标准。

此外，对于高压杀菌还有一种反压冷却法。它的操作过程如下：杀菌结束后，关闭所有的进气阀和泄气阀，然后一边迅速打开压缩空气阀，使杀菌锅内保持规定的反压，一边打开冷却水阀进冷却水。由于锅内压力将随罐头的冷却而下降，因此应不断补充压缩空气以维持锅内反压。在冷却结束后，打开排气阀放掉压缩空气使锅内压力降低至大气压，罐头继续冷却至终点。

罐头冷却的最终温度一般控制在38~40℃，温度过高会影响罐内食品质量，过低则不能利用罐头余热将罐外水分蒸发，造成罐外生锈。冷却后的罐头应放在冷凉通风处，未经冷凉不宜入库装箱。

3.2.6 罐头的检验、包装和贮藏

3.2.6.1 罐头的检验

罐头食品的检验是罐头质量保证的最后一个工序，主要包括内容物的检查和容器外观检查。

1. 罐头食品检验指标及标准

罐头杀菌冷却后，须经保温、外观检查、敲音检查、真空度检查、开罐检查、化学检验、微生物学检验等，评判其各项指标是否符合标准。罐头食品的指标有感官指标、理化指标和微生物指标。感官指标主要有组织与形态、色泽、滋味和香气、异味、杂质等。糖水水果类、蔬菜类罐头滤去汤汁，然后倒入白瓷盘中；糖浆类罐头平倾于金属丝筛上，静置3 min后进行检查。微生物指标中要求无致病菌，无微生物引起的腐败变质，不允许有肉毒梭状芽孢杆菌、沙门氏杆菌、志贺氏杆菌、致病性葡萄球菌、溶血性链球菌等5种致病菌。

一般检测方法可按有关国家标准 ZBX70004-89《罐头食品感官检验》、QB1006-90《罐头食品检验规则》、SN0400-1995《出口罐头检验规程》、GBl1671-89《果蔬类罐头食品卫生标准》等进行。具体可参见每一类产品的标准。

2. 罐头食品的保温与商业无菌检验

罐头入库后出厂前要进行保温处理，它是检验罐头杀菌是否完全的一种方法。将罐头放在保温库内维持一定的温度(37±2)℃和时间(5~7 d)，给微生物创造适宜生长的条件，若杀菌不完全，残存的微生物遇到适宜的温度就会生长繁殖，产气会使罐头膨胀，从而把不合格的罐头剔出。糖(盐)水水果蔬菜类要求在不低于20℃的温度下处理7 d，若温度高于25℃可缩短为5 d。含糖量高于50%的浓缩果汁、果酱、糖浆水果、干制水果不需保温。

保温检验会造成罐头色泽和风味的损失。因此，目前许多工厂已不采用，代之以商业无菌检验法。此法首先要基于全面质量管理，主要包括以下几个步聚。①审查生产操作记录。如空罐记录、杀菌记录等。②抽样。每杀菌锅抽2罐或0.1%。③称重。④保温。低酸性食品在(36±2)℃下保温10 d，酸性食品在(30±1)℃下保温10 d，预定销往40℃以上热带地区的低酸性食品在(55±1)℃下保温5~7d。⑤开罐检查。开罐后留样，测pH、感官检查、涂片。如果pH、感官质量有问题即进行革兰氏染色和镜检，确定是否有微生物明显增殖现象。⑥接种培养。⑦结果判定。如该批罐头经审查生产操作记录，属于正常；抽样经保温试验未胖听或泄漏；保温后开罐，经感官检查、pH测定或涂片镜检，或接种培养，确证无微生物增殖现象，则为商业无菌。如该批罐头经审查生产操作记录，末发现问题；抽样经保温试验有1罐或1罐以上发现胖听或微生物增殖现象，则为非商业无菌。具体方法可参阅GB4789.26-2003《食品卫生微生物学检验 罐头食品商业无菌的检验》。

3.2.6.2 罐头食品的包装和贮藏

1. 罐头食品的包装

罐头食品的包装主要是贴商标、装箱、涂防锈油等。涂防锈油的目的是隔离水与氧气，防止铁皮生锈。防锈油主要的种类有羊毛脂钫锈油、磺酸钙防锈油、硝基防锈油。防止罐头生锈除了涂防锈油外，还应注意控制仓库温度与湿度的变化，避免罐头“出汗”。装罐的纸箱要干燥，瓦楞纸的适宜 pH 为 8.0 ~ 9.5。商标纸黏合剂要无吸湿性和腐蚀性。

2. 罐头食品的贮藏

罐头食品的贮藏一般有两种形式，即散装堆放和有包装堆放。无论采用何种贮藏形式都必须防晒、防潮、防冻，要求库房环境整洁，通风良好，要求贮藏温度为 0 ~ 20℃，温度过高微生物易繁殖，色香味被破坏，罐壁腐蚀加速；温度过低，则组织易冻伤。相对湿度控制在 75% 以下。具体要求见 ZBX70005-89《罐头食品包装、标志、运输和储存》。

3.3 罐藏食品的变质

3.3.1 罐内食品的变质

罐头食品在贮藏和运输过程中经常会出现各种腐败变质现象，主要有胀罐、平酸败坏、黑变和发霉等。

3.3.1.1 胀罐

正常情况下罐头底盖平坦或呈内凹状，由于物理、化学和微生物等因素致使罐头出现外凸状，这种现象称为胀罐或胖听。根据底盖外凸的程度又可分为隐胀、轻胀和硬胀三种情况。隐胀罐头外观正常，但是用硬棒叩击底盖的一端或将罐头的底或盖向桌面猛击一下，则它的另一端底盖就会外凸，如用力将凸端慢慢地向罐内揿压，罐头则又重新恢复原状。轻胀罐头的底或盖常呈外凸状，若用力将凸端揿回原状，则另一端随之而外凸，即它的胀罐程度稍严重一些。如果罐头的底和盖同时坚实地或永久性地外凸，胀罐就达到硬胀的程度。如再进一步发展，它的焊锡接缝就会爆裂。至于玻璃罐的跳盖是由于玻璃罐内的气体压力骤然升高，以致罐盖与罐身相互脱离所造成的。

造成罐头食品胀罐的主要原因有三种。

1. 物理性胀罐

物理性胀罐又称假胀。罐内食品装量过多，没有顶隙或顶隙很小，杀菌后罐头收缩不好等会出现假胀现象。如午餐肉罐头就极易出现假胀罐的现象。另外，罐头排气不良，罐内真空度过低，或环境条件如气温、气压改变(如低海拔地区生产的罐头运到高海拔地区)，以及采用高压杀菌，冷却时没有反压或卸压太快，造成罐内外压力突然改变，内压远远超过外压，都会出现罐身不能复原而形成假胀现象。

2. 化学性胀罐

化学性胀罐又称氢胀。因罐内食品酸度太高，罐内壁迅速腐蚀，锡、铁溶解并产生氢气，直至大量氢气聚积于顶隙时才会出现，故它常需要经过一段贮藏时间才会出现。酸性或高酸性水果罐头最易出现氢胀现象，开罐后罐内壁有严重酸腐蚀斑，若内容物中锡、铁含量过高，还会出现严重的金属味。这种情况下虽然内部的食品没有失去食用价值，但是与细菌性胀罐很难区别，因此也被列为败坏的产品。

3. 细菌性胀罐

由于微生物生长繁殖而出现食品腐败变质所引起的胀罐称为细菌性胀罐，是最常见的一种胀罐现象，其主要是杀菌不充分，残存下来的微生物或罐头裂漏从外界侵染的微生物生长繁殖的结果。

高酸性罐头食品(pH <4.0)胀罐时常见的腐败菌有小球菌以及乳杆菌、明串珠菌等非芽孢杆菌。杀菌不足是其存在的主要原因。常见菌中酵母类型很多，其中膜酵母为需氧菌，它只有在真空度低的罐内利用有机酸在液面上生长繁殖。罐头食品内除曾出现过白丝衣霉菌和黄丝衣霉菌外，其他霉菌很少见到。

酸性罐头食品(pH 4.0 ~4.6)胀罐时常见的腐败菌有专性厌氧嗜温芽孢杆菌，如巴氏固氮梭状芽孢杆菌、酪酸梭状芽孢杆菌等解糖菌，经常出现于梨、菠萝、番茄罐头中。它们的耐热性虽然不高，但在酸性罐头食品中常会因杀菌不足而残留下来，导致食品腐败。需氧菌或兼性厌氧嗜温菌在这类胀罐中出现的可能性很小，即使存在，在酸性食品和罐内缺氧环境中不一定能生长。

低酸性罐头食品(pH >4.6)胀罐时常见的腐败菌大多数属于专性厌氧嗜热芽孢杆菌和厌氧嗜温芽孢杆菌，在前一类中常见的是嗜热解糖梭状芽孢杆菌，它最适宜的生长温度为55℃，温度低于32℃时生长很缓慢。罐内若残留有该菌的芽孢时，只要气温不高，就不会迅速繁殖，但一旦处于高温储运环境中，就开始生长繁殖并导致食品腐败变质。在后一类中常出现的腐败菌有肉毒杆菌、生芽孢梭状芽孢杆菌，以及其他如腐化梭状芽孢杆菌、双酶梭状芽孢杆菌等。所以，应采用新鲜的原料，保证加工卫生条件，加速工艺过程，严格密封杀菌，并注意成品的贮藏条件。

3.3.1.2 平酸败坏

平酸败坏的罐头外观一般正常，但是由于细菌活动，其内容物酸度已经改变，呈轻微或严重酸味，其 pH 可下降至2.0 以下。导致平酸败坏的微生物称为平酸菌，它们大多数为兼性厌氧菌，在自然界中分布极广，糖、面粉及香辛料等辅助材料是常见的平酸菌污染源。罐头的平酸败坏需开罐或经细菌分离培养后才能确定，但是食品变酸过程中平酸菌常因受到酸的抑制而自然消失，不一定能分离出来。特别在那些储存期长，pH 低的罐头中平酸菌最易消失，这就需要仔细做涂片观察，以便获得确证。

酸性罐头食品中常见的平酸菌为嗜热酸芽孢杆菌，过去也称为凝结芽孢杆菌。它能在pH为4.0或略低的介质中生长，其适宜生长温度为45℃左右，最高生长温度可达55～60℃，温度低于25℃时仍能缓慢生长。它为番茄制品中常见的重要腐败变质菌。

低酸性罐头食品中常见的平酸菌为嗜热脂肪芽孢菌和它的近似菌，它们的耐热性很强，能在49～55℃温度中生长，最高生长温度为65℃。嗜温性平酸菌如环状芽孢杆菌的耐热性不强，故它在低酸性食品中很少会出现平酸败坏问题。易发生平酸败坏的低酸性罐头食品有青豆、青刀豆、芦笋、蘑菇以及猪肝酱、卤猪舌、红烧肉等。防止平酸败坏应注意采用新鲜良好的原料；原料应充分清洗；加速工艺处理，严防半成品的积压；严格密封杀菌操作等。

3.3.1.3 黑变

含硫蛋白质含量较高的罐头食品在高温杀菌过程中产生挥发性硫或者由于微生物的生长繁殖使食品中的含硫蛋白质分解并产生H_2S气体，与罐内壁铁质反应生成黑色硫化物，沉积于罐内壁或食品上，使食品发黑并呈臭味，这种现象称为黑变、硫臭腐败或硫化物污染，易发生于海产品罐头、肉类罐头、蔬菜罐头等中。这类腐败变质罐头外观正常，有时也会出现隐胀或轻胀，敲检时有浊音。导致这类腐败变质的细菌为致黑梭状芽孢杆菌。它的适宜生长温度为55℃，在35～70℃温度范围内都能生长。这类腐败变质现象在正常杀菌条件下并不常见，只有杀菌严重不足时才会出现。

3.3.1.4 发霉

罐头内食品表面出现霉菌生长的现象称为发霉。这种现象一般并不常见，只有容器裂漏或罐内真空度过低时，才有可能在低水分及高浓度糖分的食品中出现。果酱及糖浆水果中曾出现过的霉菌有青霉菌、曲霉菌和柠檬菌等，它们能在糖浓度为67.5%以下的食品中生长。霉菌中除了个别青霉菌株稍耐热外，大多数为不耐热菌，极易被杀死。生产中应注意严格选择原料；剔除霉烂的物料；进行彻底的清洗；生产场所、设备器具、原料库房应进行消毒处理；热装罐排气后应保证密封温度不低于80℃；选用合理杀菌工艺条件。

3.3.1.5 内容物变色

罐头内容物变色主要发生在水果和蔬菜类罐头中，引起变色的原因是物料自身化学成分引起变色，如果品中单宁物质引起的变色、果品中色素物质引起的变色、果品中含氮物质与糖类发生美拉德反应引起的变色；外加抗坏血酸由于使用不当发生氧化反应引起罐头食品的非酶褐变；加工操作不当如碱液停留时间过长、果肉过度受热等也会引起变色；成品贮藏温度过高、受热时间过长引起变色。

因此，在原料选择上应注意控制原料的品种和成熟度，选用花色素及单宁等变色成分含量少的原料。可通过在整个加工及成品贮藏过程中严格遵守工艺操作规程，尽量缩短加工流程，并尽量控制罐头的仓库贮藏温度，合理地使用食品添加剂或酶类来防止或减轻变色现象。

3.3.2 罐头容器的损坏和腐蚀

3.3.2.1 罐头容器内壁的腐蚀

1. 均匀腐蚀

罐头内壁锡面在酸性食品的腐蚀下常会全面而均匀地出现溶锡现象，致使罐头内壁锡层晶粒外露，在热浸镀锡薄板内壁上会出现羽毛状斑纹，在电镀锡薄板内壁会出现鱼鳞斑状腐蚀纹。这种斑纹用高倍金相显微镜观察时，呈现为小型羽毛状锡晶粒体，这种现象即是均匀腐蚀。出现均匀腐蚀时，罐头食品中溶锡量会高一些，如果它的含量不超过相关标准，或食品中不出现金属味，对食品质量并无妨害。但是贮藏时间过长，腐蚀继续发展，则会造成罐壁锡层大片剥落，钢基外露。此外，食品中不但溶锡量急剧增加，致使食品出现金属味，而且铁皮表面腐蚀时会形成大量氢气造成氢气胀罐，严重时会造成胀裂。

2. 局部腐蚀

罐头食品在开罐后，常会在顶隙和液面交界处发现有暗褐色腐蚀圈产生，这种现象称为局部腐蚀。

3. 集中腐蚀

在罐头内壁上出现有限面积的溶铁现象，即为集中腐蚀，如蚀孔、蚀斑、麻点、黑点，严重时还会在罐壁上出现穿孔现象。一般情况下，罐内壁出现空隙点、麻点、露铁点，并不会造成食品的污染问题。如果与高硫食品接触就会产生硫化铁，致使食品污染，从而影响食品的品质。低酸性食品中或含空气多的水果罐头中常会产生集中腐蚀的现象。集中腐蚀引起罐头食品的损失常比均匀腐蚀引起的多得多，因为集中腐蚀所需时间短，而均匀腐蚀导致罐头变质所需时间要长很多。

4. 异常脱锡腐蚀

一些食品原料中含有特种腐蚀因子，在罐头容器中与内壁接触时就直接发生化学反应，导致短时间内出现面积较大的脱锡现象，影响产品质量，这种现象往往在 2 ~3 个月内就会发生。脱锡过程的初期罐内真空度下降很慢，从外形观察、棒击检查或真空测定均属正常，但当脱锡完成后就会迅速造成氢胀，这种食品称为脱锡型罐头食品。易发生该类腐蚀的食品有橙汁、番茄制品、刀豆等罐头。

5. 硫化腐蚀

打开贮藏时间较长的罐头，可以看见空罐内壁或底盖上，会出现青紫色、灰黑色，甚至黑色的现象，严重时内壁上黑色物质还会析离出来，污染食品，引起食品变色，造成产品不合格，这种现象称为硫化腐蚀。这种硫化物一般对人体无害，当不污染内容物时是允许存在的。肉禽类罐头易出现硫化腐蚀的问题，水果罐头中的糖液如用二氧化硫漂白的砂糖配制时也会出现硫化腐蚀的现象。硫化腐蚀主要是由于这些食品中含有大量蛋白质，在杀菌和贮藏过程中放出硫化氢或含有硫基的其他有机硫化物，这些物质与铁、锡作用就会产生黑色的化合物。所以为防止硫化腐蚀，容器应采用抗硫涂料罐，装罐时应尽量使肥膘部分接触罐壁，防止禽骨损伤容器内壁。

6. 其他腐蚀

罐头食品的腐蚀变质是很复杂的，除以上常见的几种现象外，罐头内部腐蚀变质还受到很多因素的影响。如装入的食品，品种繁多，所含成分也各异，有的腐蚀性强，有的腐蚀性弱。如樱桃、酸黄瓜、葡萄柚、菠萝汁等具有较强的腐蚀性，而桃、梨、笋、肉类等腐蚀性就较弱。

通常情况下，食品酸度越高，腐蚀性就越强，罐头寿命也就短一些。食品中酸的组成是不同的，如柑橘所含的酸主要是柠檬酸，苹果中所含的酸主要是苹果酸，菠萝中则含有草酸，葡萄中则以酒石酸为主。试验证明，草酸具有明显强烈的腐蚀性。

食品装罐时还经常添加各种调味料，如糖水、盐液，有的加番茄酱、酱油、醋和各种辛香料。这些调味料的添加促使罐内壁腐蚀进一步复杂化。如糖液中的硫就是促进腐蚀的因素，而食盐中氯离子对钢基面上的钝化膜有破坏作用，或有防止钝化膜形成的作用。

此外，近年来由于硝酸盐的存在引起罐内壁急剧溶锡腐蚀的现象时有所闻，目前已引起重视。当罐头内容物的硝酸根离子或亚硝酸根离子含量高于正常情况时，只要几个星期至几个月的时间，就可以使罐头内壁严重腐蚀到食品中的锡含量达到几百毫克每千克的水平，食品中锡含量高达 $300 \sim 500\ mg \cdot kg^{-1}$时就会出现锡中毒。

鱼肉中含有氧化三甲基铵，它能还原成三甲基铵，这是鱼形成腥臭味的原因，它能强烈地侵袭锡层，使镀锡薄板腐蚀。还有一些物质，如低甲氧基果胶、半乳糖醛酸，这类物质都有加速溶锡的作用，而使番茄罐头的保存期大大缩短。

抗坏血酸在加工过程中很容易转化成为脱氢抗坏血酸，这就可能成为一个腐蚀性很强的因子。在生产浓缩番茄酱时，若加工时间过长，就会增加脱氢抗坏血酸的形成，从而促进番茄酱罐内壁锡层的腐蚀。所以番茄制品一般都采用内壁涂料罐来包装，并尽量缩短加工过程，快速装罐、杀菌、冷却，以减少脱氢抗坏血酸的形成。

总之，引起罐头内壁腐蚀的因素很多，导致出现的腐蚀现象也不尽相同，在罐头生产时应该给予充分的重视。否则就会给生产带来很大的损失。

3.3.2.2 罐头容器外壁的腐蚀

罐头外壁的锡面和空气中的氧接触就会形成黄锈斑，这种腐蚀现象称为罐壁锈蚀或生锈。它不但会影响外观，降低商品价值，严重时还会促使罐壁穿孔导致食品腐败变质。

1. 罐头外壁的“出汗”引起的锈蚀

低温罐头遇到高温空气或储存于温度较高的仓库时，罐外壁表面上就会有冷凝水形成，这种现象称为“出汗”。因为空气中含有CO_2、SO_2等氧化物，冷凝水分就成为罐外壁表面上的良好电介质，为罐外壁表面上锡、铁耦合建立了场所，因面出现锈蚀现象，这就是罐头在储藏过程中常会生锈的原因。

为了避免罐头“出汗”，罐头在进仓库时温度不能太低，一般罐头和仓库温差5～9℃为宜，温差超过11℃，就很容易“出汗”。另外，库内温度应保持基本稳定，不能忽高忽低；仓库通风应良好，必要时可将湿空气排出去，库内空气相对湿度70%～75%为最好。

2. 杀菌锅内存在空气而引起的锈蚀

杀菌时由于锅内空气未排除干净，空气和水蒸气就成为罐外壁锈蚀的良好条件。因此在升温阶段要求尽量把锅内空气排除出去，在杀菌过程中应开启锅上各部位的泄气阀，以保证将锅内空气完全排出锅外。

3. 杀菌、冷却用水引起的锈蚀

杀菌和冷却用水的化学成分对锈蚀有很大的影响，如水中氯化钙、氯化镁、硫酸钠和氯化钠等含量过高时，由于这些盐类的吸湿性，可以从空气中吸收水分导致罐外壁锈蚀。另外，冷却用水如呈碱性或微酸性，也容易发生锈蚀，而且水温和冷却时间也会迅速对锈蚀产生影响，温度越高，水的腐蚀作用越强。因此应该避免使用温水长时间冷却罐头食品。

4. 其他原因引起的锈蚀

罐头冷却过度，表面的水不能蒸发掉，包装材料如纸箱、纸板等没有充分干燥，商标纸用胶黏剂的酸碱性不适宜等，都可能成为锈蚀产生的原因。

3.4 罐藏新技术

罐藏技术的进展主要体现在食品杀菌技术的提高上。热杀菌技术虽然历史悠久，使用简便，但是，它存在加热时间长，能量利用率较低，对食品色、香、味及营养价值的损坏作用大等缺陷。为此，研究人员一直在探索新的杀菌技术，先后推出了新含气调理加工、欧姆加热、超高压杀菌、脉冲电场等技术。这些新杀菌技术各具特点，有些已经在罐藏食品加工中获得应用，有些正在推广使用。

3.4.1 新含气调理加工

1993年，日本小野食品兴业株式会社开发出新含气调理食品加工技术。该技术是针对目前普遍使用的真空包装、高温高压灭菌等常规加工方法存在的不足所开发的一种加工新技术，适合于加工各种方便菜肴、休闲食品或半成品。食品原料预处理后，装在高阻氧的透明软包装袋中，抽出空气后注入惰性气体(通常使用氮气)并密封，然后在多阶段升温、两阶段冷却的调理杀菌锅中进行温和杀菌，用最少的热量达到杀菌目的，能够较好地保持食品原有的色、香、味和营养成分，并可在常温下保藏和流通长达 6 ~ 12 个月。此项技术可广泛应用于传统食品的工业化加工，应用前景十分广阔。

与传统的高温高压杀菌相比，新含气调理杀菌技术的主要特点如下。

1. 波浪状热水喷射方式

从设置于杀菌锅两侧的众多喷嘴向被杀菌物直接喷射扇状、带状、波浪状的热水，热扩散快，热传递均匀，见图 3-6。

2. 多阶段升温、两阶段冷却方式

该技术采用多阶段升温的方式，以缩短食品表面与食品中心之间的温差。第一阶段为预热期，第二阶段为调理入味期，第三阶段为灭菌期。每一阶段温度的高低和时间长短，均取决于食品种类和调理的要求。新含气调理灭菌与高温高压灭菌相比，高温域相当窄，从而改善了高温高压灭菌锅因一次性升温及高温高压时间过长而对食品造成的热损伤及出现蒸煮异味的弊端。一旦杀菌结束，冷却系统迅速启动，经 5 ~ 10 min 的两阶段冷却，被杀菌物的温度急速下降到 40℃以下，从而使被杀菌物尽快脱离高温状态。

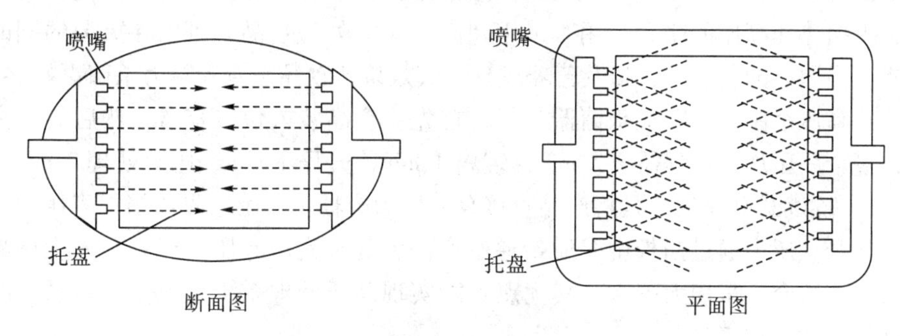

图 3-6 杀菌锅的断面图和平面图

（引自：孟宪军，食品工艺学概论）

3. 模拟温度压力调节系统

整个杀菌过程的温度、压力、时间全由电脑控制。模拟温度控制系统控温准确，升降温迅速。根据不同食品对灭菌条件的要求，随时设定升温和冷却程序，使每一种食品均可在最佳的状态下进行调理灭菌。压力调理装置自动调整压力，并对易变形的成型包装容器通过反压校正，防止容器的变形和破裂。

4. 配置 *F* 值软件和数据处理系统

F 值软件每隔 3 s 进行一次 *F* 值计算。所有的杀菌数据，包括杀菌条件、*F* 值、时间、温度曲线、时间、压力曲线等均可通过数据处理软件处理后进行保存，以便于生产管理。

3.4.2 欧姆杀菌

欧姆杀菌是一种新型热杀菌的加热方法，将低频电流（50 ~ 60 Hz）直接通入食品中，利用食品本身的介电性质产生热量，达到杀菌的目的。该杀菌技术特别适合于带颗粒的流体食品。对于带颗粒的流体食品，如使用常规的杀菌方法，要使颗粒内部达到杀菌温度，其周围液体必须过热，从而会影响产品的品质。但采用欧姆杀菌，由于流体食品中的颗粒加热速度几乎与流体的加热速度相近，因此可以避免过热对食品品质的破坏。该技术首先由英国 APV Baker 公司开发成功，目前一些国家已将该技术应用到食品的加工中。

3.4.3 超高压杀菌

超高压杀菌指将食品密封在容器内，放入液体介质中或直接将液体食品泵入处理槽中，然后进行 200 ~ 1000 MPa 的加压处理，并保持一定的时间，从而达到杀灭微生物的目的。自 1986 年日本京都大学教授林力丸提出高压在食品中的应用研究报告后，食品界掀起了高压处理食品研究的热潮。高压杀菌机理通常认为是在高压下蛋白质的立体结构崩溃而发生变性使微生物致死。杀死一般微生物的营养细胞只需在室温下加 450 MPa 的压力，而杀死耐压性的芽孢则需要更高的压力或结合其他处理形式。每增加 100 MPa 压力，料温会升高 2 ~ 4℃，温度升高与压力增加成比例，故也有人认为对微生物的致死效果是由于压缩热和高压的联合作用。采用超高压技术处理食品，可以在灭菌的同时，较好地保持食品原有的色、香、味及营养成分，其效果比食品烹煮和热力杀菌更好。

间歇式高压杀菌与间歇式杀菌器类似，首先将食品装入包装容器，然后放入高压处理室中，整个高压加工过程需要 5 min，装料 1 min，升压 1 min，压力处理 2 min，卸压卸料 1 min。连续式高压加工是将产品直接泵入压力容器中，由一隔离挡板将压力介质和流体食品分开，压力通过挡板由介质传递给产品，处理完后卸压，产品泵入无菌罐。为防止污染，压力介质采用无菌水。其优点是能实现高压处理系统与无菌包装系统的一体化，可进行连续化加工。

3.4.4 脉冲电场技术

脉冲电场技术是一种新出现的非加热处理技术，也是一种可能取代或部分取代热处理工艺的潜在技术。将食品置于一个带有两个电极的处理室中，然后给予高压电脉冲，形成脉冲电场，作用于处理室中的食品，从而将微生物杀灭，使食品得以长期保存。电场强度一般为 15 ~ 80 $kV \cdot cm^{-1}$，杀菌时间不到 1 s，通常只需几十微秒便可以完成。由于处理温度低，时间短，所以所处理的食品质量接近新鲜食品。

关于脉冲电场杀菌技术机理的解释有电穿孔和电崩解两种。电穿孔认为在外加电场的作用下微生物的细胞膜压缩并形成小孔，通透性增加，小分子(如水)透过细胞膜进入细胞内，致使细胞的体积膨胀，最后导致细胞膜的破裂，细胞的内容物外漏而引起微生物死亡。电崩解认为微生物的细胞膜可以看做是一个注满电解质的电容器，在正常情况下膜电位差很小，由于在外加电场的作用下细胞膜上的电荷分离形成跨膜电位差，这个电位差与外加电场强度和细胞直径成比例。由于外加电场强度的进一步增加，膜电位差的增大，导致细胞膜的厚度减少。当细胞膜上的电位差达到临界崩解电位差时，细胞膜就开始崩解，导致细胞膜上孔的形成，进而在膜上产生瞬间放电，使膜分解。当细胞膜上孔的面积占细胞膜的总面积很少时，细胞膜的崩解是可逆的。如果细胞膜长时间地处于高于临界电场强度的作用下，细胞膜会大面积地崩解，且该崩解由可逆变成不可逆，最后导致微生物死亡。

除以上介绍的几种杀菌新技术外，还有辐照技术、微波处理技术、震荡脉冲磁场技术、脉冲强光技术和无菌装罐技术等。随着罐藏食品的发展，这些新技术将会得到广泛应用。

【复习思考题】

1. 影响微生物耐热性的因素有哪些？
2. 高温如何影响食品中酶的活性？
3. 排气对罐头食品的质量与安全会产生哪些影响？常见的排气方法有哪些？
4. 密封对罐头食品的质量和安全有何作用？
5. 罐头常见的传热方式有哪几类。哪些因素影响传热效果？
6. 影响罐头食品热杀菌的因素有哪些？
7. 罐头食品的杀菌式如何表示？
8. 罐头食品常用的杀菌方法有哪些？
9. 原料预处理的各个步骤与产品的质量与安全有什么关系？
10. 简述罐头食品胀罐的类型及原因。
11. 分析罐头容器腐蚀的类型及原因。如何采取防止措施？
12. 新含气调理食品的生产原理是什么？

主要参考文献

陈学平．果蔬产品加工工艺学．北京：中国农业出版社，1999.
陈仪男．果蔬罐藏加工技术．北京：中国轻工业出版社，2010.
华中农业大学．蔬菜贮藏加工学．北京：中国农业出版社，1995.
刘恩岐，曾凡坤．食品工艺学．郑州：郑州大学出版社，2011.
罗云波，蔡同一．园艺产品贮藏加工学 加工篇．北京：中国农业大学出版社，2001.
孟宪军．食品工艺学概论．北京：中国农业出版社，2006.
王如福，李汴生．食品工艺学概论．北京：中国轻工业出版社，2006.
夏文水．食品工艺学．北京：中国轻工业出版社，2007.
曾名涌．食品保藏原理与技术．北京：化学工业出版社，2007.
赵丽芹．园艺产品贮藏加工学．北京：中国轻工业出版社，2009.
赵丽芹，谭兴和，苏平．果蔬加工工艺学．北京：中国轻工业出版社，2002.

第 4 章　食品的干制保藏

【内容提要】

本章主要讲述食品干制保藏的原理，干制机理，食品常见的干燥方法以及不同的干燥方法所引起食品的物理、化学以及组织学的变化。

【教学目标】

1. 掌握食品干藏的原理；
2. 掌握食品干燥过程特性及干燥速率的影响因素；
3. 掌握干制过程中食品品质发生的变化；
4. 在实践中领会各种干燥方法的优缺点；
5. 认识干制品包装技术和贮运条件的重要性，了解中间水分食品的概念及其特征。

【重要概念及名词】

湿热传递；恒速干燥阶段；降速干燥阶段；干缩；表面硬化；干燥比；复水比；中间水分食品

4.1　食品干藏的原理

4.1.1　水分活度与微生物的关系

1. A_w 与微生物生长发育的关系

各种微生物生长繁殖所需的最低 A_w 值是各不相同的，从表 4-1 可知，大多数细菌在 $A_w<0.91$ 时基本不能生长；多数霉菌和酵母菌的耐干性强于细菌，在 $A_w<0.8$ 时才停止生长；嗜盐菌在 $A_w<0.75$ 时生长受到抑制；而一些耐旱霉菌和耐渗酵母在 A_w 分别为 0.65 和 0.60 时还会生长。一般认为在 $A_w<0.60$ 时几乎所有微生物的生长都被抑制。

表 4-1　微生物生长与食品水分活度的关系

A_w 范围	低于此 A_w 范围所能抑制的微生物	对应的食品
1.00 ~ 0.95	变形杆菌、克氏杆菌、芽孢杆菌、大肠杆菌、假单胞菌、部分酵母、志贺氏菌、产气荚膜梭菌	鲜豆腐、果蔬、鱼、肉、奶、罐头、熟香肠、面包、含糖 40% 或含盐量为 8% 以下的液态食品
0.95 ~ 0.91	沙门氏菌、副溶血弧菌、肉毒梭状芽孢杆菌、乳杆菌、杀毒氏菌、足球菌、部分毒菌、酵母	干酪、熏肉、火腿、一些浓缩果汁、含糖量为 44% ~59% 或含盐量为 8% ~14% 的液态食品

续表

A_w 范围	低于此 A_w 范围所能抑制的微生物	对应的食品
0.91～0.87	多数酵母(假丝酵母、圆酵母、汉逊氏酵母)、小球菌属	发酵香肠、松软糕点、腊肠、人造奶油、鱼粉、较干干酪、含糖 59% 或含盐 15% 以上的液态食品
0.87～0.80	多数毒菌(如产毒素青霉菌)、金黄色葡萄球菌、多数酵母菌、德巴利氏酵母	多数浓缩果汁、甜炼乳、面粉、大米、果糖浆、水果蛋糕、含水 15%～17% 的食品
0.80～0.75	多数嗜盐菌、产毒素曲霉	果酱、橘子果汁、杏仁软糖、糖渍凉果
0.75～0.65	嗜旱霉菌、二孢酵母	含水燕麦片、糖蜜、甘蔗糖、干坚果类、蜂蜜太妃糖、卡拉米尔糖
0.65～0.60	耐渗酵母	含水量 12% 的面条、10% 的香料、5% 的全蛋粉
<0.60	没有微生物生长繁殖	曲奇饼、脆点心、干面包片、包装饼干、含水为 2%～3% 的奶粉、5% 的脱水蔬菜、5% 的爆玉米花

资料来源:孟宪军，食品工艺学概述。

2. A_w 与致病微生物生长和产生毒素的关系

食品中存在着腐败菌和产毒素的致病性微生物等，其生长最低 A_w 与产毒素 A_w 不一定相同，通常产生毒素的 A_w 高于生长的 A_w。如金黄色葡萄球菌当 A_w 为 0.86 时能生长，但其产生毒素时需要 A_w 在 0.87 以上；黄曲霉菌生长所需最低 A_w 为 0.78～0.80，而产生黄曲霉毒素时最低的 A_w 为 0.83～0.87。芽孢菌形成芽孢时的 A_w 一般比营养细胞发育的 A_w 高。

中毒菌的产毒量一般随 A_w 的降低而减少。当低于某个值时，尽管它们的生长并没有受到很大影响，但产毒量却急剧下降，甚至不产毒。因此，如果食品及其原料所污染的中毒菌在干制前没有产生毒素，那么干制后也不会产生毒素。但是，如果在干制前毒素已经产生，那么干制将难以破坏这些毒素，食用这种脱水食品后很可能会食物中毒。

3. A_w 与微生物敏感性环境因素的关系

A_w 值的高低可以改变微生物对环境因素如热、光和化学物的敏感性。一般来说，当 A_w 值较高时微生物对上述因素最敏感，而当 A_w 值中等时(0.4 左右)最不敏感。如将嗜热脂肪芽孢梭菌的冷冻干燥芽孢放在不同的相对湿度下的空气中加热，发现芽孢的耐热性在 A_w 为 0.2～0.4 时为最高；在 A_w 为 0.4～0.8 时随 A_w 值降低逐渐增强；在 A_w 为 0.8～1.0 时随 A_w 值降低逐渐减弱。这一事实也说明食品干制虽然是加热过程，但它并不能代替杀菌，或者说脱水食品并非无菌。

4. 食品干燥与微生物的活动

食品干藏过程中微生物的活动取决于干藏条件(如食品的温度、湿度和包装)、水分活度和微生物的品种等。

食品干燥过程中，食品原料带来的以及干燥过程污染的微生物也同时脱水。干燥后，微生物处于休眠状态，环境条件一旦适宜，又会重新吸湿恢复活力。干制并不能将微生物全部杀死，只能抑制它们的活动。因此，干制品并非无菌，遇温暖潮湿气候，就会腐败变质。

虽然微生物能忍受干制品的不良环境，但是在干制品干藏过程中微生物总数仍然会稳步地缓慢下降。干制品复水后，残留微生物仍能复苏并再次生长。

微生物的耐旱力常随菌种及其不同生长期而异。例如葡萄球菌、肠道杆菌、结核杆菌在干燥状态下能保存活力几周到几个月；乳酸菌能保存活力几个月或1年以上；干酵母可保存活力达2年之久；黑曲霉孢子可保存活力达6～10年以上。因此，脱水干燥(尤其是冷冻干燥)是较长时间保持微生物活性的有效办法，常用于菌种保藏。

4.1.2 水分活度与酶的关系

1. A_w 与酶活性的关系

酶是食品中酶促反应的催化剂，是引起食品变质的主要因素之一。酶活性的高低与很多条件有关，如温度、水分活度、pH、底物浓度等，其中水分活度对酶活性的影响非常显著。从图4-1可见，在30℃，且 A_w 值在0.35～0.70时，随 A_w 值升高，卵磷脂酶解速率也升高。

当 A_w 降低到单分子吸附水所对应的 A_w 值以下时，酶因没有可利用的水而受到完全的抑制，此时干制品的水分含量降至1%以下。当 A_w 高于该值之后，酶活性则随 A_w 的增加而缓慢增大。但当 A_w 超过多层水所对应的值后，此时食品中含有较多的体相水，酶可借助溶剂水与底物充分接触，活性显著增大。对于干制品来说，1%以下的水分含量很难实现，因此靠降低 A_w 值来抑制干制品劣变并不十分有效。

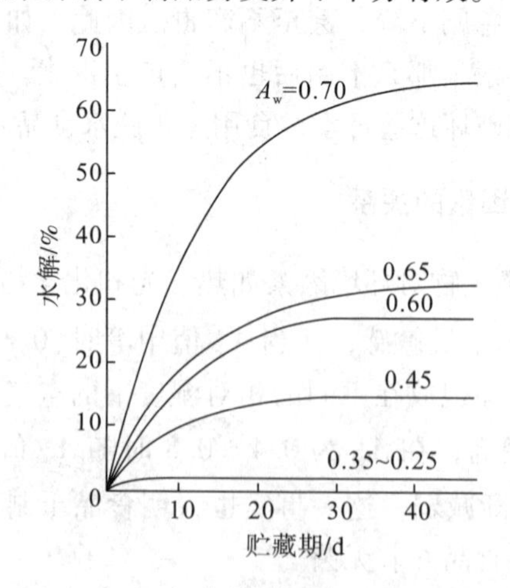

图4-1 A_w 对卵磷脂酶解速率的影响
（引自：曾庆孝，食品加工与保藏原理）

2. A_w 与酶热稳定性的关系

A_w 与酶热稳定性之间存在一定的关系，水分含量越高，酶的失活温度越低。也就是说，在较高的 A_w 环境中酶更容易发生热失活。湿热处理(如100℃)瞬间处理可使酶快速失活，而干热高温热处理，即使用较高温度(如204℃)仍难以将酶完全钝化。因此，控制干制品中酶的活性，有效的办法是干燥前对物料进行湿热或化学钝化处理，使物料中的酶失去活性。这一事实说明干燥食品中酶并未完全失活，这也是造成脱水食品在储藏过程中质量变化的重要原因之一。

4.1.3 水分活度与其他变质因素的关系

1. A_w 与非酶褐变的关系

褐变是食品干制过程中经常遇到的现象。褐变有酶褐变与非酶褐变之分，美拉德反应是典型的非酶褐变。从图4-2中可以看出，美拉德褐变有一适宜的 A_w 范围(0.6～0.9)，该范围与干制品的种类、温度、pH及 Cu^{2+}、Fe^{2+} 等因素有关；褐变的最大速度出现在 A_w 为0.65～0.7时；在 $A_w<0.6$ 或 $A_w>0.9$ 时非酶褐变速度将减小，当 A_w 为0或1时，非酶褐变即停止。

产生这种结果的原因，可以认为是 A_w 的增大使参与褐变反应的有关成分在水溶液中的浓度增加，流动性逐渐增大，从而使它们相互之间的反应几率增大，褐变速度因而逐渐加快。但是，当 A_w 超过0.9后，由于与褐变有关的物质被稀释，且水分为褐变产物之一，水分增加将使褐变反应受到抑制。

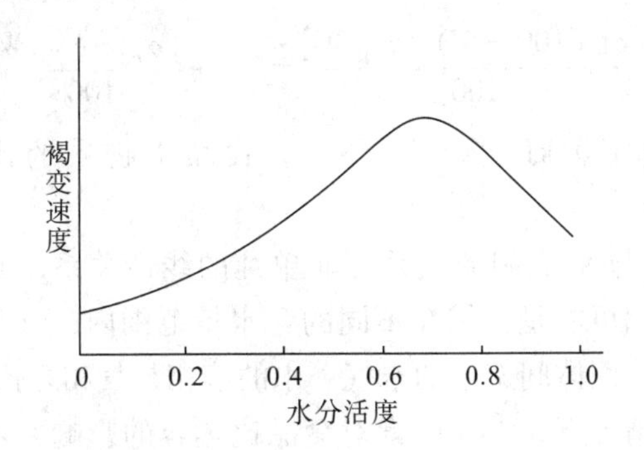

图4-2 非酶褐变速度与水分活度的关系(54℃)

(引自：马长伟，食品工艺学导论)

2. A_w 与脂肪氧化作用的关系

水分对食品氧化酸败的影响与其他微生物活动、非酶褐变和酶反应等有着明显的不同。A_w 很低时，含有不饱和脂肪酸的食品在空气中极易发生氧化酸败，即使 A_w 低于单分子层水分也很容易氧化酸败。但当 A_w 增加到0.30～0.50，脂肪自动氧化酸败的速率却减慢了，此后，随着 A_w 增加，氧化速率也增加，直到达到中间水分食品的水分状态，脂肪氧化反应才进入稳定状态(此时 A_w 值超过0.75)。出现这种现象的原因主要是当食品所含水分低于单分子吸附水时，由于失去了水的保护作用，部分极性基团与氧直接接触，所以极易发生脂肪的自动氧化酸败。

4.2 食品的干制过程

4.2.1 干制过程中的湿热传递

食品的干制过程实际上是食品物料从干燥介质中吸收足够的热量使其所含水分向表面转移并排放到环境中，从而使其含水量不断降低的过程。该过程包括了热量传递(传热过程)和质量交换(传质过程，水分及其他挥发性物质的逃逸)两个方面，因此也称做湿热传递过程。湿热传递过程的特性和规律就是食品干制的机理。

4.2.1.1 食品的热物理特性

食品种类不同，其热物理学性质也不同，因而对食品干燥快慢的影响也不同。食品的热物理性质主要指其比热容、导热系数和导温系数，三者均与食品湿物料的含水量和温度有关。

1. 食品的比热容

食品的比热容与其含水量之间一般呈线性关系，即食品的含水量越高，其比热容越大。假设食品的含水量为 $W(\%)$，水的比热容为 $c_{水}$，食品干物质的比热容为 $c_{干}$，则食品的比热容可用下式表示：

$$c_{食}=\frac{[c_{干}(100-W)+c_{水}W]}{100}=c_{干}+\frac{(c_{水}-c_{干})W}{100} \tag{4-1}$$

通常，水的比热容为 4.190 $kJ\cdot kg^{-1}\cdot K^{-1}$，食品干物质的比热容为1.257～1.676 $kJ\cdot kg^{-1}\cdot K^{-1}$。

不过，应该指出 $c_{食}$与 W 之间的关系并非单纯的线性关系，而是带有转折的线性关系。出现此种现象的原因可能是：①在不同的含水量范围内，食品干物质的物理变化有差异；②食品的孔隙度、固体间架中的空气、水的液相与气相之比等因素的影响。

尽管如此，在很多情形下，上述因素对食品比热容的影响并不十分严重，因此在近似计算时仍可按式(4-1)来计算食品的比热容。

2. 食品的导热系数

食品是一种多相态的混合体系，与单一相态物体的传热有较大的区别。

热量在食品中传递既可通过内含空气和液体孔隙以对流方式进行，也可通过食品固体间架以导热方式进行，还可通过孔隙壁与壁之间的辐射等方式来进行。这样就产生了真正导热系数 λ 与当量导热系数 $\lambda_{当}$两个不同的概念。λ 即傅里叶方程中的比例系数，而 $\lambda_{当}$则表示食品以上述各种方式传递热量的能力，即

$$\lambda_{当}=\lambda_{固}+\lambda_{混}+\lambda_{对}+\lambda_{水}+\lambda_{辐} \tag{4-2}$$

式中，$\lambda_{固}$为食品固形物的导热系数($kJ\cdot m^{-1}\cdot h^{-1}\cdot ℃^{-1}$)；$\lambda_{混}$为食品孔隙中以稳定状态存在的液体和蒸汽混合物的传热系数；$\lambda_{对}$为食品内部空气的对流传热系数；$\lambda_{水}$为食

品内部水分质量迁移时的传热系数；$\lambda_{辐}$为辐射传热系数。

食品的导热系数主要取决于含水量和温度。随着水分含量的降低，导热系数不断地减小。这是因为在水分蒸发后，空气代替水分进入食品，使其导热性变差。导热系数与温度之间大体上呈线性关系，即随着温度升高，导热系数增大。

3. 食品的导温系数

导温系数是表示食品加热或冷却快慢的物理量，用 a 表示，可用下式计算：

$$a = \lambda / c\rho \tag{4-3}$$

其中，ρ 为食品的密度，在很大程度上取决于含水量。因此，温度和含水量仍是影响导温系数的主要因素。从图 4-3 可以看出，导温系数与含水量之间呈曲线关系，当含水量在某一范围内(20%左右)，小麦的导温系数会出现极大值。导温系数与温度之间的关系通常是温度升高，导温系数增大。

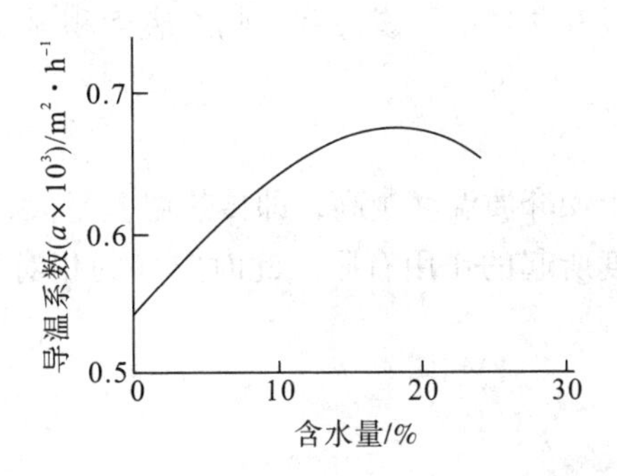

图 4-3 小麦导温系数与含水量的关系

（引自：马长伟，食品工艺学导论）

4.2.1.2 影响湿热传递的因素

食品在干燥过程中湿热传递的速度除了受其比热容、导热系数及导温系数等内在因素的影响以外，还受食品物料本身、干燥工艺参数等外部条件的影响。

1. 食品物料的组成与结构

1)食品成分在物料中的位置

从分子组成角度来说，真正具有均一组成结构的食品物料并不多。正在干燥的一片肉，肥瘦组成不同的部位将有不同的干燥速率，尤其当水分的迁移需要通过脂肪层时对干燥速率影响更大。因此，肉类干燥时将肉层与热源相对平行，避免水分透过脂肪层，可获得较快的干燥速率。同样原理也可用到肌肉纤维层。食品成分在物料中的位置对干燥速率的影响也发生于乳状食品中，油包水型乳浊液的脱水速率要比水包油型乳浊液慢。

2)溶质浓度

溶质的存在，尤其是高糖分物料或低分子量溶质的存在，会提高溶液的沸点，影响水分汽化。因此，溶质浓度愈高，保持水分的能力愈大，相应的干燥速率愈低。

3)结合水的状态

与食品物料结合力较低的游离水最易去除；靠物理化学结合力吸附在食品固形物中的水分相对较难去除，如进入胶质(淀粉胶、果胶和其他胶体)内部的水分去除更缓慢；由化学键形成水化物形式的水分最难去除，如葡萄糖水化物或无机盐水合物。

4)细胞结构

天然动、植物组织都是具有细胞结构的活组织，其细胞内及细胞间维持着一定的水分，具有一定的膨胀压，可保持其组织的饱满与新鲜状态。当动、植物死亡，其细胞膜对水的渗透性加强。尤其在受热(如漂烫或烹调)时，细胞蛋白质发生变性，失去了对水分的保护作用。因此，经热处理的果蔬与肉、鱼类的干燥速率要比其新鲜状态快得多。

2. 物料的表面积

为了加速湿热交换，干燥湿物料常被分割成薄片或小条(粒状)再进行干燥。这样增加了物料与加热介质相互接触的表面积，缩短了热量向物料中心传递和水分从物料中心外移的距离，加速水分蒸发和物料的干燥过程。物料表面积愈大干燥效率愈高。

3. 干燥介质的温度

食品的初温一定时，干燥介质温度越高，即传热温差越大，则传热速度越快。然而，当干燥介质为空气时，温度所起的作用有限。此时空气的相对湿度和空气流动速度的影响更为显著。

4. 空气相对湿度

空气的相对湿度越低，则食品表面与干燥空气之间的水蒸气压差越大，传热速度也就随之加快。此外，空气的相对湿度还能决定食品的干燥程度，因为食品干燥后的最低含水量与干燥空气的相对湿度相对应。在选择干燥工艺条件时必须注意这个问题。

5. 空气流速

以空气作为传热介质时，空气流速的加快，不仅能使对流换热系数增大，还能增加干燥空气与食品接触的频率，迅速带走水分，防止在食品表面形成饱和空气层。

6. 真空度

食品处于真空条件下干燥时，水分就会在较低的温度下蒸发。如果在保持恒温的同时提高真空度，就可加快水分蒸发的速度。

4.2.1.3 干燥过程中食品的湿热传递

1. 食品干燥过程的特性

食品干燥过程的特性可用干燥曲线、干燥速率曲线和食品温度曲线的变化来反映。从图4-4可清楚地分析食品干燥过程各阶段(*AB*、*BC*、*CD*、*DE*)的特点。干燥开始，物料湿度稍有下降(*AB*)，此时是物料加热阶段，物料表面温度提高并达到湿球温度

($A'B'$)，干燥速率由零增到最高值($A''B''$)。这段曲线的持续时间和速率取决于物料厚度与受热状态。

第一干燥阶段，也称恒速干燥阶段，物料湿度呈直线下降(BC)，干燥速率稳定不变($B''C''$)。物料从干燥介质中吸收的热量全消耗在水分蒸发上，物料表面温度基本保持不变($B'C'$)。若为薄层材料，其水分以液体状态转移，物料温度和液体蒸发温度(即湿球温度)相等；若为厚层材料，部分水分也会在物料内部蒸发，此时物料表面温度等于湿球温度，而它的中心温度会低于湿球温度，故在此阶段，物料内部也会存在温度梯度。

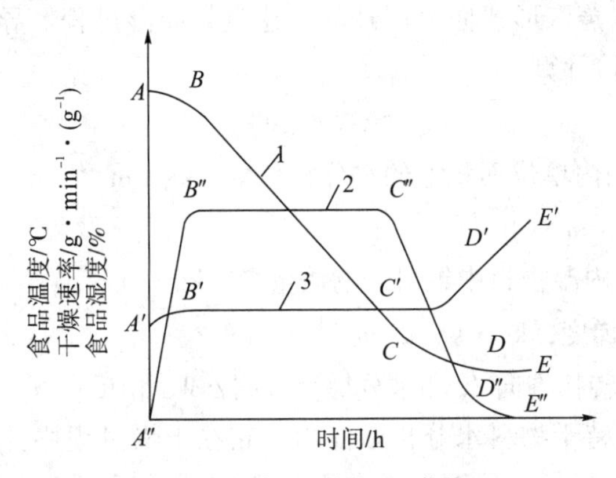

图4-4 食品干燥过程曲线

1. 干燥曲线；2. 干燥速率曲线；3. 食品温度曲线

(引自：曾庆孝，食品加工与保藏原理)

食品干燥到某一湿度，物料湿度下降(CD)逐渐趋向平衡湿度，叫降速干燥阶段，也称第二干燥阶段，干燥速率下降($C''D''$)，物料温度有所提高($C'D'$)。

当物料湿度达到平衡湿度值(DE 段)，物料干燥速率为零($D''E''$)，物料温度上升至空气干球温度($D'E'$)。

食品干燥过程中，物料内部水分向表面扩散速率大于物料表面水分蒸发，则干燥过程需经历恒速阶段与降速阶段，如苹果(湿度75% ~90%)。若物料内部水分扩散速率低于物料表面水分扩散，则干燥过程就不存在恒速干燥阶段，仅经历降速干燥阶段，如花生米(湿度9%)。

2. 干燥过程中湿物料的湿热传递

待干食品物料从干燥介质中吸收热量使其温度升高到蒸发温度后，物料表层水分就由液态变为气态向外界转移，结果在物料表面与中心各圆弧区间就出现了水分梯度。在水分梯度的作用下，物料内部的水分不断向表面扩散和向外界转移，从而使物料的含水量逐渐降低。因此，食品物料湿热传递过程实际上包括了水分从食品表面向外界蒸发转移和物料中心水分向表面扩散转移两个过程，前者称为给湿过程，后者称为导湿过程。

1)给湿过程

食品物料给湿过程实质上是恒速干燥过程。物料表面的水分受热蒸发，向周围空气介质扩散，同时，物料中心各区间水分又向物料表面扩散转移，于是就形成了内部水分高而外部水分低的水分梯度。水分的这种给湿过程类似于水杯中自由水的蒸发。如果物料表面粗糙，加上物料内部毛细管多孔性结构，物料蒸发水分的表面积就会大于几何面积，物料表面水分的蒸发强度就会大于水杯中自由水的蒸发强度。

在恒速干燥阶段，影响物料表面水分蒸发强度的因素有空气温度、相对湿度、空气介质流速、物料蒸发面积和形状等。

2) 导湿过程

给湿过程在待干物料内部与表层之间形成了水分梯度，在水分梯度的作用下，物料内部水分或以液体或以蒸汽形式向表层迁移，这就是导湿过程。导湿过程中所引起的水分转移量可按公式(4-4)计算：

$$I_{水} = -Kr_0 \triangle W_{绝} \tag{4-4}$$

式中，$I_{水}$——单位时间内单位面积上的水分转移量，$kg \cdot m^{-2} \cdot h^{-1}$；

K——导湿系数，$m^2 \cdot h^{-1}$；

r_0——单位体积内湿物料中绝对干物质重量，$kg \cdot m^{-3}$；

$\triangle W_{绝}$——水分梯度，$kg \cdot kg^{-1} \cdot m^{-1}$；

“-”——水分转移方向$I_{水}$和水分梯度方向$\triangle W_{绝}$相反；

导湿系数K，表示待干物料水分扩散能力，它在干燥过程中并非稳定不变，随物料温度和物料水分的状态而异。导湿系数与温度之间的关系可用米纽维奇等推导的公式表示：

$$K = K^0\left(\frac{T}{273 + t^0}\right) \tag{4-5}$$

将上述两个公式综合起来看，若温度高，导湿系数大，水分转移量多，物料干燥得快。大多数食品物料的导湿系数都比较小，所以干燥速度较慢，如果在干燥之前将物料在饱和湿空气中加以预热，那么物料的干燥速度就会加快。

水分与物料的结合状态对导湿系数的影响极为复杂，物料水分与导湿系数之间的关系如图4-5所示。当物料处于恒速干燥阶段时，排除的水分基本上为渗透吸收水分，以液体状态转移，导湿系数因而始终稳定不变(ED)。待进一步排除毛细管水分时，水分以蒸汽状态或以液体状态扩散转移，导湿系数就下降(DC)。再进一步排除的水分为吸附水分，基本上以蒸汽状态扩散转移，先为多分子层水分，后为单分子层水分。而后者和物料结合又极牢固，故导湿系数先上升(CB)而后下降(BA)。这些表明，物料导湿系数将随物料结合水分的状态而变化。大多数食品物料为毛细管多孔性胶体物质，含有图4-5所涉及的各种结合水，再加上构成食品物料的成分不同，所以，导湿系数的变化也不同，为了保证干制品的质量，必须全面、详细了解这些情况对导湿系数的影响。

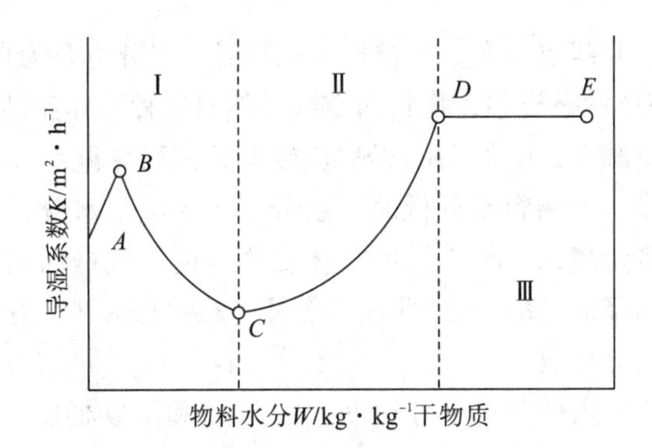

图 4-5 物料水分和导湿系数间的关系

Ⅰ. 吸附水分；Ⅱ. 毛细管水分；Ⅲ. 渗透水分

（引自：曾庆孝，食品加工与保藏原理）

在普通加热干燥条件下，物料表面受热高于中心，因而在物料内部不仅存在水分梯度，还存在温度梯度。物料水分既会在水分梯度的作用下迁移，也会在温度梯度的作用下扩散。温度梯度将促使水分(不论液态或气态)从高温处向低温处扩散。这种现象称为导湿温性。导湿温性引起水分转移的流量和温度梯度成正比：

$$I_{温} = -Kr_0\delta\triangle T \tag{4-6}$$

式中，$I_{温}$——单位时间内单位面积上的物料内部水分转移量，$kg \cdot m^{-2} \cdot h^{-1}$；

K——导湿系数，$m^2 \cdot h^{-1}$；

r_0——单位体积内湿物料中绝对干物质重量，$kg \cdot m^{-3}$；

δ——导湿温系数，即温度梯度为 1℃ · m^{-1} 时物料内形成的水分梯度，$kg \cdot kg^{-1} \cdot ℃^{-1}$；

$\triangle T$——温度梯度，℃ · m^{-1}。

导湿温性是在许多因素影响下产生的复杂现象。这就是说高温将促使液体黏度和它的表面张力下降，但将促使蒸汽压上升。此外，物料的导湿温性还将受到其内挤压空气扩张的影响。在温度差的影响下，毛细管内挤压空气扩张的结果就会使毛细管水分顺着热流方向转移。

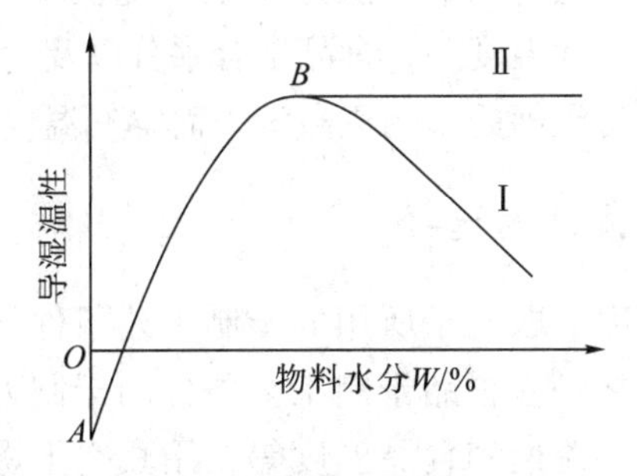

图 4-6 导湿温性和物料水分的关系

（引自：马长伟，食品工艺学导论）

导湿温性主要发生在降速干燥阶段，导湿温系数和导湿系数一样，因物料和水分结合状态而异(图 4-6)。导湿温系数最初随物料水分增加而有所上升，但到最高值后或沿曲线Ⅰ下降，或沿曲线Ⅱ停留不变。当物料水分高时，水分主要为自由水(毛细管水分和渗透水分)，水分以液体状态转移，物料内空气虽然对这种液体流动有推动作用，但因物料水分较高时空气含量减少，受推动的影响也较弱，因而导湿温性就不会发生较大变化(图4-6中曲线部分Ⅱ)。当物料水分低时，水分主要为吸附水分，以气体状态扩散，因物料水分较低时空气含量高，这种扩散的气体受物料内空气推动的影响较强，因而导湿温性发生了变化，逐渐降低(图4-6中曲线部分Ⅰ)。从上述可以看出，最高的δ值实为吸附水分和自由水分的分界点。

干燥过程中，湿物料内部会有水分梯度(导湿性)和温度梯度(导湿温性)同时存在。若两者方向一致，则在两者共同的推动下水分总流量将为两者之和，即

$$I_{总}=I_{水}+I_{温}$$

但进行对流干燥时，温度由物料表面向中心传递，而水分流向正好相反，即温度梯度和水分梯度的方向恰好相反。若导湿性比导湿温性强，水分将按照物料水分减少方向转移，导湿温性成为阻碍因素，水分扩散则受阻。若导湿温性比导湿性强，水分则随热流方向转移，并向物料水分增加的方向发展，导湿性则成为阻碍因素，水分扩散顺利。在大多数干制情况下，导湿温性常成为内部水分扩散的阻力因素。显然，物料内部水分扩散对物料的干燥速率有很大的影响。

总之，对流干制时，主要在降速阶段，常会出现导湿温性大于导湿性，于是物料表面水分就会向它的深层转移，而物料表面同时仍然进行着水分蒸发，致使它的表面迅速干燥，温度迅速上升，这样水分蒸发就会转移至物料内部深处蒸发。只有物料内层因水分蒸发而建立起足够的压力时，才会改变水分转移的方向，扩散到物料表面进行蒸发，这就不利于物料干制，延长了干制时间。

若物料内部无温度梯度存在，水分将在导湿性影响下向物料表面转移，在它的表面上进行蒸发。此时水分蒸发决定于空气参数，以及物料内部和它表面间水分扩散率的关系。

干制过程中如能维持相同的物料内部和外部的水分扩散率，就能延长恒速干燥阶段并缩短干燥时间。

这些情况进一步表明，降速阶段的干燥速率主要受食品内部水分扩散和蒸发因素的影响，这些因素包括食品温度和温度差，食品结合水分以及食品的结构、形状和大小等。因此，此时空气流速及其相对湿度的影响逐渐消失而空气温度的影响则增强。

4.2.1.4 食品干制工艺条件的选择

干制品的质量在很大程度上取决于所用的干制工艺条件，因此如何选择干制工艺条件是食品干制最重要的问题之一。食品干制工艺条件因干制方法而异，用空气干燥时主要包括空气温度、相对湿度、流速和食品温度等，用真空干燥时主要包括干燥温度、真空度等，用冷冻干燥时则主要包括冷冻温度、真空度、蒸发温度等。不论用哪种方法，其工艺条件的选择都应尽可能满足最佳工艺条件，即干制时间最短、能量消耗最少、工艺条件的控制最简便以及干制品质量最好。但是，在实际干燥中，最佳工艺条件几乎是达不到的。为此，我们可以根据实际情况选择相对合理的工艺条件。

选择干燥工艺条件时，应遵循下述原则：

(1)所选择的工艺条件应尽可能使食品表面水分蒸发速度与其内部水分扩散速度相等，同时避免在食品内部形成较大的温度梯度，以免降低干燥速度和出现表面硬化现象。特别是导热性较差和体积较大的食品，干燥时要尤其注意。此时可以适当降低空气温度和流速，提高空气的相对湿度。这样就能够控制食品表面的水分蒸发速度，降低食品内部的温度梯度，提高食品表面的导湿性。

(2)在恒速干燥阶段，由于食品所吸收的热量全部用于水分蒸发，表面水分蒸发速度与内部水分扩散速度相当，因此，可提高空气温度来加快干燥过程。一般情况下，生鲜食品在干燥初期均可采用较高的空气温度。含淀粉或胶质较多的食品使用较低的空气温度，否则其表层极易形成不透水的薄层干膜，阻碍水分的蒸发。

(3)在干燥后期应根据干制品预期的含水量对空气的相对湿度加以调整。如果干制品预期的含水量低于空气温度和相对湿度所对应的平衡含水量时，就必须设法降低空气的相对湿度，否则，将达不到预期的干制要求。

(4)在降速干燥阶段，由于食品表面水分蒸发速度大于内部水分扩散速度，因此表面温度逐渐升高并达到空气的干球温度。此时，应降低空气温度和流速，以控制食品表面水分蒸发的速度和避免食品表面过热。对于热敏性食品尤其应予以重视。

4.2.2 食品干制时间的计算

在商业化操作中，为了计算每小时或每天可干燥的产品的数量，必须估计某一特定干燥机对某种食品的干燥速度。当只发生干燥作用，且已知临界和平衡含水量或有关食品热力学特性的数据时，可通过计算估计干燥时间。但是，多数食品的上述数据往往不是现成的，所以用试验规模干燥操作的结果来估计干燥时间。

食品的含水量可用湿重含水量或干重含水量来表示，在下面的计算中应用的都是干重含水量。

传热速率可用下式计算：

$$Q = h_c A(\theta_a - \theta_s) \tag{4-7}$$

传质速率可用下式计算：

$$-m_c = K_g A(H_s - H_a) \tag{4-8}$$

在恒速期，由于向食品传递热的速度与其损失的水分的传质速度存在着平衡，则二者可用下式联系起来：

$$-m_c = \frac{h_c A}{\lambda}(\theta_a - \theta_s) \tag{4-9}$$

式(4-7)~式(4-9)，Q($J \cdot s^{-1}$)为传热速率；h_c($W \cdot m^{-2} \cdot K^{-1}$)为对流加热的表面传热系数；$A$($m^2$)为干燥表面积；$\theta_a$(℃)为干燥空气的平均干球温度；$\theta_s$(℃)干燥空气的平均湿球温度；$m_c$($kg \cdot s^{-1}$)为质量随时间的变化(干燥速度)；$K_g$($kg \cdot m^{-2} \cdot s^{-1}$)为传质系数；$H_s$(kg 水/kg 干燥空气)为食品表面的湿度(饱和湿度)；H_a(kg 水/kg 干燥空气)为干燥空气的湿度；λ($J \cdot kg^{-1}$)为湿球速度下的蒸发潜热。

表面传热系数(h_c)与质量流速可用式(4-10)表示。对于平行气流有

$$h_c = 14.3G^{0.8} \tag{4-10}$$

对于垂直气流有

$$h_c = 24.3G^{0.37} \tag{4-11}$$

式中，$G(kg \cdot m^{-2} \cdot s^{-1})$为每单位面积上气流的质量。

食品若在托盘中进行干燥，水只能从上表面蒸发，其传质速率的计算公式为

$$-m_c = \frac{h_c}{\rho\lambda\chi}(\theta_a - \theta_s) \tag{4-12}$$

式中，$\rho(kg \cdot m^{-3})$为食品的容量；$\chi(m)$为食品床的厚度。

其恒速期的干燥时间可用下式计算：

$$t = \frac{\rho\lambda\chi(M_i - M_c)}{h_c(\theta_a - \theta_s)} \tag{4-13}$$

式中，$t(s)$为干燥时间；M_i(kg/kg 干固形物)为初始含水量；M_c(kg/kg 干固形物)为临界含水量。

对于喷雾干燥机中从球形小液滴上蒸发掉的水分，其干燥时间用下式计算：

$$t = \frac{r^2\rho_1\lambda}{3h_c(\theta_a - \theta_s)}\frac{M_i - M_f}{1 + M_i} \tag{4-14}$$

式中，$\rho(kg \cdot m^{-3})$为液体的密度；$r(m)$为液滴半径；M_f(kg/kg 干固形物)为最终含水量。

下面一个公式是在一系列相关假设(如水分运动的特性和食品不发生收缩)下，用来计算从减速期开始至到达平衡含水量时的干燥时间：

$$t = \frac{\rho\chi(M_c - M_e)}{K_g(P_s - P_a)}\ln\left(\frac{M_c - M_e}{M - M_e}\right) \tag{4-15}$$

式中，M_e(kg/kg 干固形物)为平衡含水量；M(kg/kg 干固形物)为t时间，即减速期开始时的含水量；P_s(托，Torr)为湿球温度下的饱和蒸汽压；P_a(托，Torr)为水蒸气分压。

4.3 食品常用的干燥方法

食品干燥方法分为自然干燥法和人工干燥法两大类。自然干燥法有晒干与风干两种形式，晒干是指利用太阳光的辐射能进行干燥的方法，风干是指利用物料的水蒸气压与空气中水蒸气压差进行脱水干燥的方法。晒干过程常包含风干的作用。从气候环境条件看，我国北方和西北地区的气候常具备炎热、干燥和通风良好的特点，最适于自然干燥。从物料方面看，自然干燥温度较低(低于或等于空气温度)适用于固态食品物料(如果、蔬、鱼、肉、粮谷类等)的干燥，尤其适于水产品和某些传统制品的干燥，新疆地区许多葡萄干常用风干方法生产。自然干燥比较经济，但占用许多场地，还需要人工定期翻动物料，干燥时间长，受天气影响较大，尤其遇到不良天气人为难以控制，食品卫生质量也不易保证。

人工干燥法可以避免或减少自然干燥法存在的不足。按照热交换的方式和水分除去的方式不同，人工干燥法可分为热空气对流干燥法、接触式干燥法、升华干燥法和辐射

干燥法四种。

4.3.1 热空气对流干燥法

热空气对流干燥法是以热空气作为干燥介质，通过对流方式与食品进行热量与水分交换使食品干燥的方法。这类干燥在常压下进行，是最常见的食品干燥方法。根据食品与干燥介质接触的方式不同可将其分为固定式对流干燥和悬浮式对流干燥两种。

4.3.1.1 固定式对流干燥

固定式对流干燥分为多种类型，如箱式干燥、隧道式干燥、带式干燥等。它们共同的特点是食品被聚集在容器或其他支持器具上进行干燥。

1. 箱式干燥

箱式干燥机是装有网格状底部的圆筒形或方形大箱，热气以较低的速度从下往上穿过食品床。这类干燥机容量大，购置和运营成本低，主要是对其他类型的干燥机初步干燥后的食品进行最终干燥(至含水量3%~6%)。它们在食品处于减速干燥期(即除去水分最费时的时候)时干燥从其他干燥机上转移过来的食品，从而提高了其他干燥机的容量。箱式干燥机中较厚的食品层有利于食品含水量的差异达到平衡，并作为贮存器，在干燥和包装操作生产线间调节产品的流量。这类干燥机可能有几米高，因此食品必须足以承受挤压，并能保证块粒之间仍有间隙让热空气穿过食品层。

2. 隧道式干燥

隧道式干燥是使用最广泛的干燥方法之一，实际上是箱式干燥设备的扩大加长。这种设备的结构如图4-7所示，小车上分层放置着托盘，按预先设定的程序半连续地穿过一个绝热的隧道，隧道中有热气流流动，食品层就在车上的托盘中进行干燥，而最后的干燥可以在箱式干燥机中完成。这种干燥机适用于各种大小及形状的固态食品的干燥，干燥效果的好坏主要取决于料车与热空气的相对流动方向。一般一条20 m长的隧道可容纳12~15架小车，总容量为5000 kg食品。

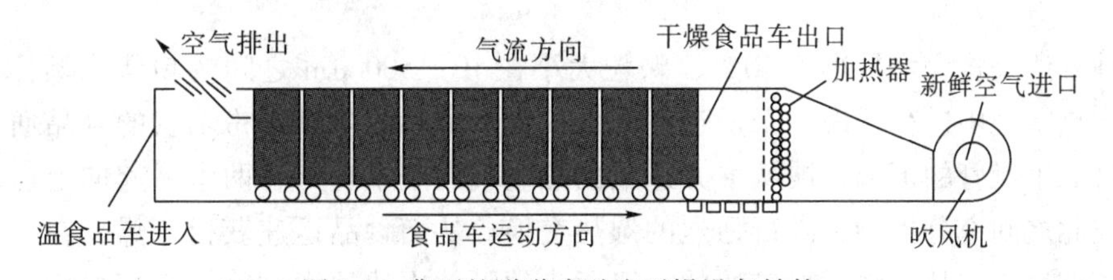

图4-7 典型的隧道式逆流干燥设备结构

（引自：Norman N. Potter等著，王璋等译，食品科学）

3. 带式干燥

带式干燥设备除载料系统由输送带取代装料盘的小车外，其余部分基本上和隧道式干燥设备相同，将待干食品放在输送带上，热空气自下而上或平行吹过食品进行湿热交换而获得干燥。输送带最好用钢丝网带，也可由多孔板制成，可以是单根，也可以布置成上下多层，以便干燥介质顺利流通。图4-8中第一段为逆流带式干燥，第二段为多层交流带式干燥。干燥设备内各区段的温度、相对湿度和流速可分别控制，有利于保证制品品质并获得高产量。每种原料的适宜干燥工艺条件应事先经试验确定。带式干燥生产效率高，干燥速度快；可减轻装卸物料的劳动强度和费用；操作便于连续化、自动化，适于生产量大的单一产品的干燥，如苹果、胡萝卜、洋葱、马铃薯和甘薯等。

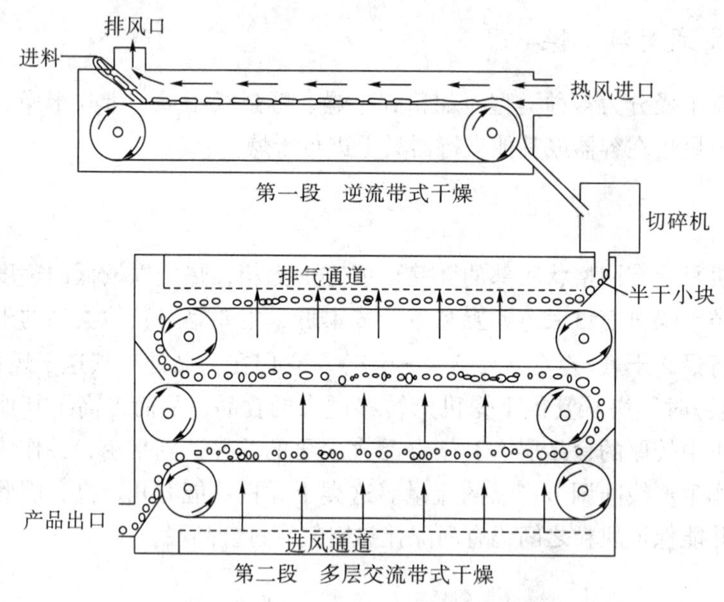

图4-8 二段连续输送带式干燥设备简图

（引自：曾庆孝，食品加工与保藏原理；参考：周家春，食品工艺学）

4.3.1.2 悬浮式对流干燥

常见的悬浮式对流干燥有三种类型，即气流干燥、流化床干燥及喷雾干燥。这类干燥的共同特点是将固体或液体颗粒食品悬浮在干燥空气流中进行干燥。

1. 气流干燥

这种方法是将含水量小于40%、颗粒大小在10～500 μm之间的粉状或颗粒状食品物悬浮在热空气中进行干燥。干燥过程如图4-9所示，颗粒状或粉末状的食品通过振动加料器进入干燥管的下端，被从下方进入的热空气向上吹起，在两者一起向上运动的过程中，彼此之间充分接触，进行强烈的湿热交换，从而食品迅速获得干燥。在立式干燥机中可调整气流，从而将干得较快的、轻而小的颗粒更快地送到旋风分离机中，而重和湿的颗粒则保持悬浮状态以获得所需的干燥效果。对于需要较长停留时间的产品，可以将干燥机的管道设计成连续的环状(风环干燥机)，使产品不断循环直至完全干燥。

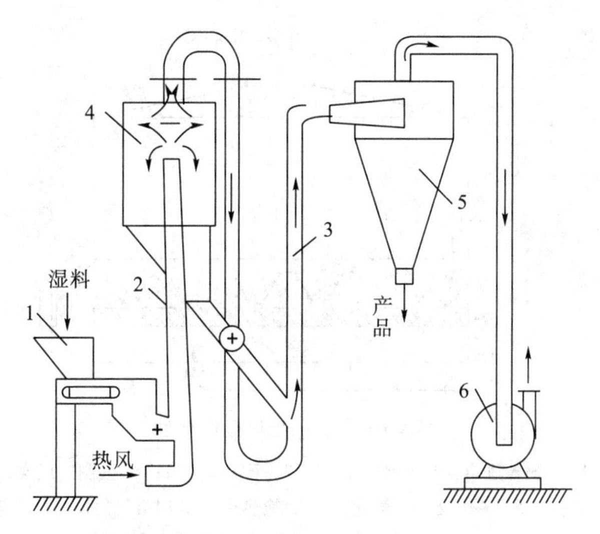

图 4-9 二级气流干燥设备流程图

1. 加料器；2、3. 一、二级气流管；
4. 粉体沉降室；5. 旋风分离器；6. 风机
（引自：曾庆孝，食品加工与保藏原理）

风力干燥机的购置和维护成本相对较低，干燥速度快，一般仅为 2 ~ 10 s，可对干燥条件进行严密控制，使其适用于热敏性高的食品。其缺点是动力消耗大，干燥中高速气流、物料颗粒与管壁间的碰撞和磨损机会增多，难以保持完好的结晶形状和结晶光泽。生产能力在 $10\ kg \cdot h^{-1} \sim 25\ t \cdot h^{-1}$。经过喷雾干燥后的食品往往再使用风力干燥机生产出含水量比平常水平低的产品(如特殊的奶粉或蛋粉和马铃薯细粒)。对食品同时进行运输和干燥可能是一种有效的物料输送方式。

2. 流化床干燥

如图 4-10 所示，流化床干燥是将颗粒状食品置于干燥床上，使热空气以足够大的速度自下而上吹过干燥床，使食品在流化状态下获得干燥的方法。与气流干燥最大的不同是流化床干燥物料由多孔板承托。干燥过程物料呈流化状态，即保持缓慢沸腾状，故也将流化床干燥称为沸腾床干燥。流化促使物料向干燥室出口方向推移，调节出口挡板高度，保持干燥物料层深度，就可任意调节颗粒在干燥床内的停留时间，故这种设备对难于干燥或要求产品含水量低的颗粒食品物料干燥比较适用，不适于易黏结或结块的物料。流化床干燥法的优点是食品与空气接触面积大，湿热交换十分强烈，干燥速度快。流化床内温度分布较均匀，可采用较高的温度而不引起食品的损伤。其缺点是热空气的利用率较低，由于风速过高，颗粒食品易被气流带走而损耗，颗粒在干燥器内停留时间不均匀，导致干制品含水量不均匀。

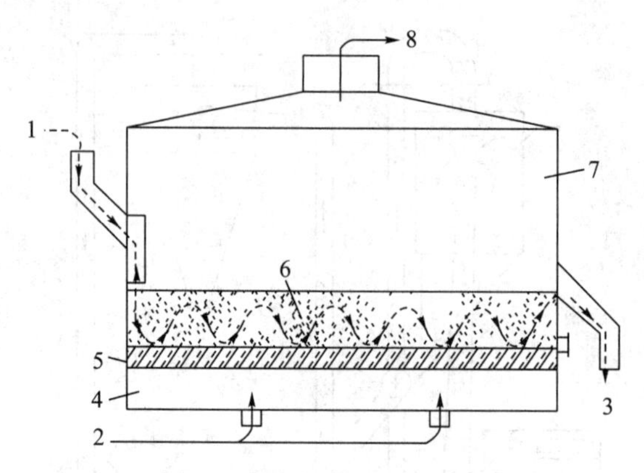

图4-10　流化床干燥流程图

1. 湿颗粒进口；2. 热空气进口；3. 干颗粒出口；4. 强制通风室；
5. 多孔板；6. 流化床；7. 绝热罩；8. 湿空气出口
（引自：Norman N. Potter 等著，王璋等译，食品科学）

3. 喷雾干燥

这种干燥法是将液态或浆质状态食品喷成雾状液滴悬浮在热空气中进行干燥的方法。

1）原理及特点

喷雾干燥是采用雾化器将料液分散为雾滴，并用热空气干燥雾滴完成脱水的干燥过程。料液可以是溶液、乳浊液或悬浮液，也可以是熔融液或膏糊液。干燥产品可根据生产要求制成粉状、颗粒状、空心球或团粒状。喷雾干燥方法常用于各种乳粉、大豆蛋白粉、蛋粉等粉体食品的生产，是粉体食品生产最重要的方法。

图4-11是一个典型的喷雾干燥设备流程图。料液送到喷雾干燥塔，空气经过滤和加热后作为干燥介质进入喷雾干燥室内。

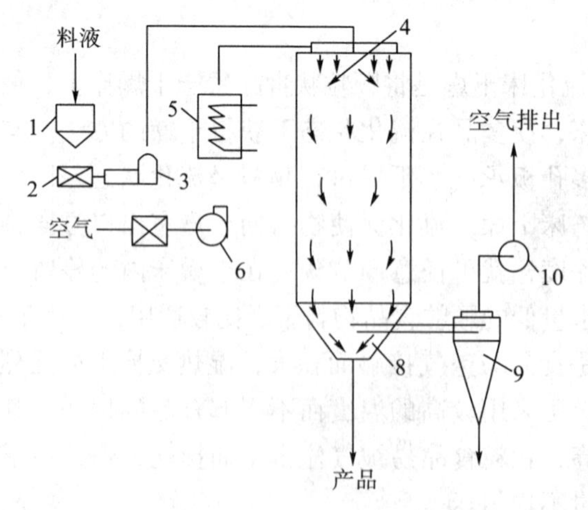

图4-11　喷雾干燥设备流程图

1. 料液槽；2. 过滤器；3. 泵；4. 雾化器；5. 空气加热器；
6. 风机；7. 空气分布器；8. 干燥室；9. 旋风分离器；10. 排风机
（引自：Dennis R. Heldman 著，夏文水等译，食品加工原理）

在雾化室内，热空气与雾滴接触，迅速将雾滴中的水分带走，物料变成小颗粒下降到干燥室底部，并从底部排出塔外，热空气则变成湿空气用鼓风机或风扇从塔内排出。整个干燥过程是连续进行的。

喷雾干燥过程主要包括：料液雾化为雾滴；雾滴与空气接触（混合和流动）；雾滴干燥（水分蒸发）；干燥产品与空气分离。

料液雾化的目的是将料液分散为直径为 20 ~ 100 μm 的雾滴。采用的喷雾类型有以下几种：

(1)离心喷雾器。液体被送入边缘速度为 90 ~ 200 $m \cdot s^{-1}$ 的旋转的碗盖式离心机或转筒离心机的中心，直径为 50 ~ 60 μm 的小滴从其边缘上甩出，形成均匀的喷雾。

(2)高压喷嘴喷雾器。液体在高压（700 ~ 2000 kPa）下通过一个小的出口，形成直径为 180 ~ 250 μm 的小滴。喷嘴内的刻槽使喷雾呈锥形，从而使干燥室内部的所有空间都可被利用。

(3)双流喷嘴喷雾器。压缩的空气产生可将液体离子化的湍流。工作压力比高压喷嘴喷雾器低，产生的小滴的直径范围增加。

(4)超声喷嘴喷雾器。这是一种两级喷雾器，先用喷嘴将液体雾化，然后再用超声波产生进一步的雾化效果。

喷嘴式喷雾器容易被粒状食品堵塞，而粗糙的食品则会逐渐扩大其喷口，使小滴平均直径变大。

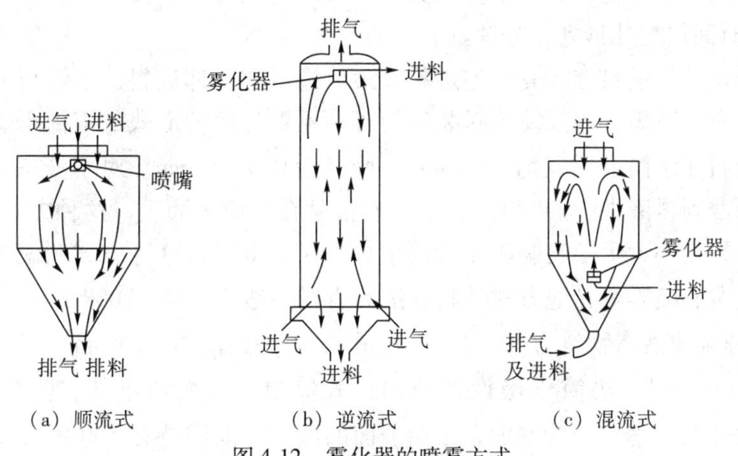

(a) 顺流式 (b) 逆流式 (c) 混流式

图 4-12 雾化器的喷雾方式

（引自：曾庆孝，食品加工与保藏原理）

在干燥室内，雾滴与空气的接触方式有顺流式、逆流式和混流式种，见图 4-12。这类设备的主要优点是干燥速度快，可进行大型连续式生产，劳力成本低、操作和维护相对简单。其主要缺点是购置成本高，进料需要较高的含水量以确保食品能被泵吸到喷雾器中，这就提高了能源成本（进料前向原料喷撒水）和挥发性物质的损失量。

2)用于食品的喷雾干燥系统

(1)一级喷雾干燥系统。这是应用最广泛的喷雾干燥系统（图 4-11），其特点是热空气经过干燥室时，携带水气一次排放至大气中，是食品工厂常用的干燥系统。

(2)二级喷雾干燥系统。这是将喷雾干燥和流化床干燥相结合的系统，常用于速溶乳粉的生产。该系统能量消耗较一级干燥系统低(约降低20%)。该设备生产的产品具有速溶性能，即使在冷水中也易溶解，常用于速溶乳粉的生产。

(3)流化床喷雾造粒干燥。该设备是在流化干燥设备基础上发展起来的，它集造粒、干燥、包衣功能于同一设备中，是一种新型的干燥设备。

4.3.2　接触式干燥法

接触式干燥(传导干燥)是将湿物料放在加热器表面(炉底、铁板、滚筒及圆柱体等)上进行的干燥方法，热的传递取决于温度梯度的存在。为了加速热的传递和湿气的迁移，接触式干燥过程应尽量使物料处于运动(翻动)状态。接触式干燥常和传导、对流联合干燥结合在一起使用，并可以在常压和真空两种条件下进行。这种干燥的特点是干燥强度大，能量利用率较高。接触式干燥有各种不同的干燥设备。

4.3.2.1　滚筒干燥

滚筒干燥是物料在缓慢转动和不断加热的滚筒表面形成薄膜，滚筒转动一周便完成干燥过程，然后用刮刀把产品刮下，露出的滚筒表面再次与湿物料接触并形成薄膜进行干燥，如此反复。滚筒干燥可用于液态、浆状或泥浆状食品物料(如脱脂乳、乳清、番茄汁、肉浆、马铃薯泥、婴儿食品、酵母等)的干燥，尤其适用于某些黏稠食品的干燥。经过滚筒转动一周，干燥物料的干物质可从3% ~30%(质量分数)增加到90% ~98%(质量分数)，干燥时间仅需几秒到几分钟。

滚筒干燥设备的进料方式有浸泡进料、滚筒进料和顶部进料；干燥压力有真空和常压；滚筒制式有单滚筒、双滚筒或对装滚筒等。不管是何种形式的滚筒干燥设备，都要用刮刀保证物料在滚筒上形成均匀的薄膜，膜厚为0.3 ~5 mm。对于液态物料，把滚筒的一部分表面浸到料液中[图4-13(a)]，让料液粘在滚筒表面上，这种方式叫浸泡进料。对于泥状物料，用小滚子把它黏附于滚筒上[图4-13(b)]，这种方式叫滚筒进料。也可采用涂抹、溅泼和喷雾等其他方式进料。滚筒直径一般为500 ~2000 mm，长500 ~5200 mm，滚筒转速稀薄液态物料为10 ~20 $r \cdot min^{-1}$，一般料液为5 $r \cdot min^{-1}$，黏性较大的物料为1 ~3 $r \cdot min^{-1}$。滚筒干燥设备结构比较简单，干燥速度快，热量利用率较高(70% ~80%)。常用蒸汽作为热源，滚筒表面的温度一般维持在100 ℃以上。由于滚筒与物料接触的表面温度较高，使制品带有煮熟味和呈不正常的颜色，不适于热塑性食品物料(如果汁类)的干燥。在高温状态下的干制品会发黏并呈半熔化状态，难以从滚筒表面刮下，并且还会卷曲或黏附在刮刀上。为了解决卸料黏结问题，可在制品刮下前进行冷却处理，使其成为脆质薄层，便于刮下。对于较耐热的物料，滚筒干燥是一种费用低的干燥方法。它可用于婴儿食品、酵母、马铃薯泥、海盐、各类淀粉、乳制品、水溶胶、动物饲料及其他各种化学品的脱水干燥。

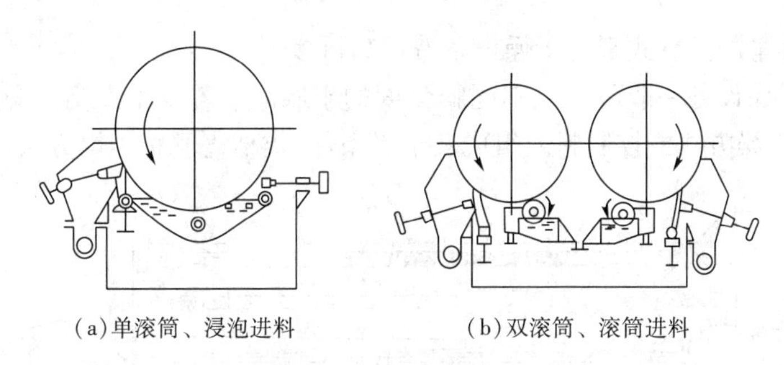
(a)单滚筒、浸泡进料　(b)双滚筒、滚筒进料

图 4-13　滚筒干燥进料方式

(引自：曾庆孝，食品加工与保藏原理；参考：林亲录、邓放明，园艺产品加工学)

4.3.2.2　真空干燥

真空干燥是在低气压、低温度下进行的，有利于减少热对热敏性成分的破坏和热物理化学反应的发生，能使制品具有优良品质。但真空干燥与常压滚筒干燥或喷雾干燥相比，设备投资与操作费用很大，成本较高。

真空干燥过程食品物料的温度和干燥速率取决于真空度、物料状态及受热程度。根据真空干燥的连续性可将其分为间歇式真空干燥和连续式真空干燥。

1. 间歇式真空干燥

箱式真空干燥设备是最常用的间歇式真空干燥设备，也称为搁板式真空干燥设备。它常用于各种果蔬制品(如液体、浆状、粉末、散粒、块片等)的干燥，但最广泛使用真空干燥方法的是麦乳精、豆乳精等产品的发泡干燥。为防止物料粘盘难以脱落，烘盘的内壁经常喷涂聚四氟乙烯。在真空干燥中，麦乳精原料浆的干物质浓度为75%(质量分数)以上，干燥温度为60～75 ℃，干燥时间为110～120 min，最终水分小于2.5%。浓缩果汁真空干燥温度较低(<38 ℃)，真空度较高，常在670 Pa压力下干燥，在400 Pa以下浓缩果汁失去水蒸气时会引起膨胀，干燥果汁可保持膨胀的海绵体结构。

2. 连续式真空干燥

该方法实际上是真空条件下的带式干燥。连续式真空干燥设备(图4-14)由两只空心滚筒支撑着按逆时针方向转动，两滚筒由不锈钢输送带带动。位于右边的滚筒为加热滚筒，以蒸汽为热源将输送带加热输送；位于左边的滚筒为冷却滚筒，以水为介质将输送带及物料冷却。设备为直径3.7 m、长17 m的卧式圆筒体。浓液物料用泵送入供料盘内，由供料滚筒连续不断地将物料涂在输送带表面上形成薄料层，经输送带加热，在料层内部产生水蒸气，膨化成多孔状态，再经右边的加热滚筒干燥到水分2%以下完成干燥。输送带在转至冷却滚筒时，物料因冷却而脆化。干物料则由装在冷却滚筒下面的刮板刮下，经集料器通过气封装置排出室外。输送带继续运转，重复上述干燥过程。有的真空干燥设备内还装有多条输送带，物料转换输送带时的翻动，有助于带上颗粒均匀加热干燥。有的真空干燥设备则采用加热板形式。这种连续真空干燥设备可用于果汁、全脂乳、脱脂乳、炼乳、分离大豆蛋白、调味料、香料等材料的干燥。不过，连续式真空干燥设备费用却比同容量的间歇式真空干燥设备费用高得多。

采用真空干燥设备一般可制成不同膨化度的干制品，若要生产高膨化度的产品，可采用充气(N_2)干燥方式或控制料液组成及干燥条件(类似麦乳精干燥方法)来获得。

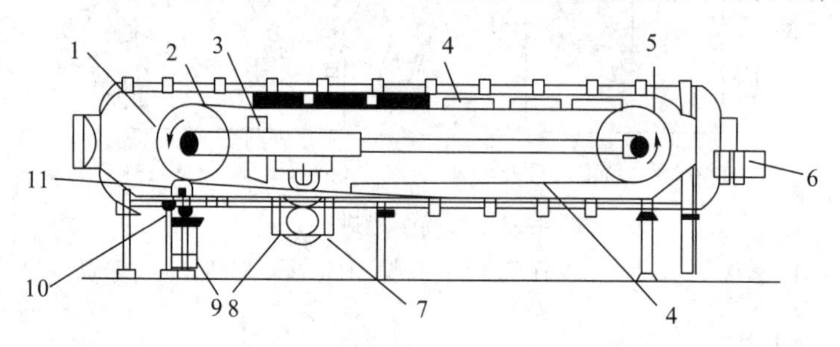

图 4-14　连续输送带式真空干燥机

1. 冷却滚筒；2. 输送带；3. 脱气器；4. 辐射热；5. 加热滚筒；6. 真空泵；
7. 检修门；8. 供料滚筒和供料盘；9. 集料器；10. 气封装置；11. 刮板
(引自：孟宪军，食品工艺学概述)

4.3.3　升华干燥法

4.3.3.1　升华干燥的特点

升华干燥又称冷冻干燥，是指干燥时物料的水分直接由冰晶体蒸发成水蒸气的干燥过程。冷冻干燥是食品干燥方法中物料温度最低的干燥方法。

冷冻干燥具有许多显著的优点：①整个干燥过程处于低温和基本无氧状态，因此，干制品的色、香、味及各种营养素的保存率较高，非常适合极热敏和极易氧化的食品干燥；②干燥过程对物料物理结构和分子结构破坏极小，能较好保持原有体积及形态，制品具有极佳的速溶性、快速复水性和多孔性特点；③由于冻结对食品中的溶质产生固定作用，因此在冰晶升华后，溶质将留在原处，避免了一般干燥方法中常出现的因溶质迁移造成的表面硬化现象；④升华干燥制品的最终水分极低，因此具有极好的储藏稳定性，在有良好的包装的情况下，储藏期可达 2 ~ 3 年；⑤升华干燥过程所要求的加热温度较低，干燥室通常不必绝热，热损耗少。

冷冻干燥也有明显的缺点，主要是成本高，是常规干燥方法的 2 ~ 5 倍，干制品极易吸潮和氧化，因而对包装有很高的防潮和透氧率的要求。但由于干燥制品的优良品质，仍广泛应用于食品工业，如用于果蔬、禽蛋类、速溶咖啡和茶、低脂肉类及其制品、水产品、香辛料及有生物活性的食品物料干燥，在某些特殊食品如军需食品、登山食品、宇航食品、保健食品、旅游食品及婴儿食品等中的应用潜力也很大。

4.3.3.2　冷冻干燥原理

根据水的三相平衡关系，在一定的温度和压力条件下，水的三种相态之间可以相互转化。当水的温度和压力与其三相点温度和压力相等时，水就可以同时表现出三种不同相态。而当压力低于三相点压力时，或当温度低于三相点温度时，改变温度或压力，就可以使冰直接升华成水蒸气，这就是升华干燥的原理。

4.3.3.3 冷冻干燥过程

冷冻干燥包含两个过程，即冻结和升华过程。冻结的目的是使食品具有合适的形状与结构，以利于升华过程的进行。升华过程是食品吸热升华成水蒸气，通过冷凝系统而除去水分的过程。

冻结方法有自冻法和预冻法两种。自冻法是利用水分在真空下闪蒸吸收汽化潜热，使食品的温度降到冰点以下而自行冻结的方法。如能迅速造成高真空度，则水分就会在瞬间大量蒸发而吸收大量的热量，使食品很快完成冻结过程。不过自冻法常出现食品变形或发泡现象，因此，不适合外观和形态要求较高的食品，一般仅用于粉末状干制品的冷冻。

预冻法是采用常见的冻结方法如空气冻结法、平板冻结法、浸渍冻结法、挤压膨化冻结法等，预先将食品冻结成一定形状的方法。该法可较好地控制食品的形状及冰晶的状态，因此，适合大多数食品的冻结。

冻结过程对食品的冷冻干燥效果会产生一定的影响。当冻结过程较快时，食品内部形成的冰晶较小，冰晶升华后留下的空隙也较小，这将影响内部水蒸气的外逸，从而降低冷冻干燥的速度。但是，由于食品组织所受损伤较轻，所以干制品的质量更好。如果冻结过程较慢，则情况与上述相反。不过，冻结过程对食品冷冻干燥效果究竟有何影响，目前尚存争议。一方面，在许多情形下，决定升华干燥速度的因素是传热速度而非水分扩散速度；另一方面，冻结速度对冻干制品质量的影响因食品种类而异。比如，就鱼肉的升华干燥而言，冻结速度对制品质量的影响非常大，但就凉粉的升华干燥来说，冻结速度的影响是有限的。

食品冻结后即在干燥室内升华干燥。冰晶升华时要吸收升华热，因此，干燥室内要有加热装置提供这部分热量。加热的方法有板式加热、红外线加热及微波加热等。

板式加热法是将预冻好的食品放在两块加热板之间，加热板的温度通常在38～66℃之间，既满足了食品内冰晶升华所需的热量，又能控制因温度上升引起解冻的程度。但放在两块加热板之间的食品与加热板之间的距离影响干燥的速度。食品与加热板的间距大，传热慢；食品与加热板紧密接触，虽可加快传热过程，但冰晶升华后的水蒸气外逸受阻，这不利于食品的干燥，甚至会引起冰晶的熔解。因此，加热板与食品之间常放置金属网格板作为蒸气外逸的通路，这样既可加强传热效果，又可加快水蒸气外逸，从而加快升华干燥过程。

在采用板式加热时，由于冰晶不断升华，食品内部多孔层逐渐增长，这对传热和水蒸气外逸产生越来越大的阻力，限制了干燥速度。采用红外加热和微波加热即可克服这种缺陷，这两种加热方式常与板式加热联合使用。

冷冻干燥完毕，由于产品具有多孔性，既易吸湿又易吸氧，会降低产品储藏的稳定性，因此要消除多孔产品中的真空。目前有两种消除真空的方法，对于高度敏感的产品，可通入惰性气体(如氮气)消除真空；对于不太敏感的产品可通入相对湿度为10%～20%的干空气消除真空。

冷冻干燥产品应采用隔绝性能良好的包装材料或容器，并采用真空包装或抽真空充气包装，以便较好地保持制品的品质。

干燥方法的合理选择，应根据被干燥食品物料的种类、干燥制品的品质要求及干燥成本，综合考虑物料的状态及其分散性、黏附性、湿态与干态的热敏性(软化点、熔点、分解温度、升华温度、着火点等)、黏性、表面张力、含湿量、物料与水分的结合状态及其在干燥过程中的主要变化。干制品的质量要求常常是选择干燥方法的首要依据。最佳的干燥工艺条件是指在耗热、耗能最少的情况下获得最好的产品质量，即经济性与食品品质相平衡。干燥的经济性与设备选择、干燥方法及干燥过程的能耗、物耗与劳力消耗等有关，也与产品品质要求有关。

4.3.4 辐射干燥法

辐射干燥也叫电磁场干燥，是主要利用电磁波作为能源使食品干燥的方法。常用于食品的辐射干燥的方法有红外线干燥和微波干燥。

4.3.4.1 红外线干燥

该法是利用红外线作为热源，直接照射食品，使其温度升高，引起水分蒸发而干燥的方法。红外线是指波长为0.72～1000 μm的电磁波，红外线波长范围介于可见光和微波之间。红外线因波长不同而有近红外线与远红外线之分，近红外线指波长为0.72～2.5 μm的红外线，远红外线指波长为2.5～1000 μm的红外线。但它们加热干燥的本质完全相同，原理都是它们被食品吸收后，引起食品分子、原子的振动和转动，使电能转变成热能，使水分吸热而蒸发。红外干燥之所以受重视，是因为水分等物质在红外区具有一部分吸收带，故可作为诸物质的加热源。

红外线干燥器的主要特点是干燥速度快，干燥时间仅为热风干燥的10%～20%，因此生产效率较高；由于食品表层和内部同时吸收红外线，因而干燥比较均匀，干制品质量也较好；设备结构较简单，体积较小，成本也较低。

4.3.4.2 微波干燥

微波是一种频率在300～3000 MHz之间的电磁波，微波干燥是以食品的介电性质为基础进行加热干燥的方法。根据德拜理论，介质中的偶极子在没有外加电场的情况下，因布朗运动而呈杂乱无章的取向，总偶极矩为零。当有外加电场时，偶极子将克服周围偶极子的摩擦阻力而呈外加电场方向的取向。由于外加电场是微波产生的，因而电场方向将发生周期性的改变。在微波频率区间内，偶极子极化强度的变化将滞后于电场强度的变化，因此，一部分电能将用于克服偶极子间的摩擦而转变成热量。这种现象就是微波加热的本质。

微波干燥与前面讲过的对流、传导和升华干燥不同。对流、传导和升华干燥过程都是由物料外表面向内部进行的，表面高、内部低的温度梯度，阻碍物料内部水分脱去。而微波干燥的过程则不然，由于微波具有穿透性、吸收性，当它穿过食品材料时，食品中的介电质吸收微波能并在食品内部转化为热能，使干燥物料本身成为发热体，而且由于物料表层温度向周围介质散失，使食品内部温度高于表面，因此，微波干燥的干燥速率高，干燥时间短；微波对形状较复杂的食品物料的加热比较均匀且容易控制；物料对微波的吸收与含水量有关，含水量高的物料对微波的吸收性也高，反之则低，因此，微波干燥可使制品的含水量均匀一致，对干燥食品的水分具有调平作用。

将微波干燥和升华干燥或对流干燥结合起来进行联合干燥，有利于控制物料表面的加热或冷却，可改变物料中的温度梯度，使食品中的水分均匀分布，保证干燥物料的最佳质量。

在冷冻干燥过程中，用微波加热代替板式加热，由于冰晶升华后的水蒸气吸收微波的能力比冰大 3 倍左右，因此，微波能量先被水蒸气吸收，然后被物料中未冻结部分吸收，最后把能量传给冰，引起冰的升华。这样就解决了板式加热中冰晶升华后水蒸气外逸受阻，不利于食品干燥的问题。虽然微波升华干燥可使干燥时间大大缩短，但由于干燥室空间内供能均匀性问题，干燥过程难以监控物料的温度以及介质的离子化产生的真空放电现象，仍有许多技术问题需在工业化中加以解决。

微波干燥的优点是：①微波干燥基本不存在内部传热现象，所以干燥速度极快，一般只需常规干燥法 1/10 ~ 1/1000 的时间；②食品加热均匀，避免了常规加热干燥时常出现的表面硬化和内外干燥不匀的现象，制品质量好；③具有自动热平衡特性，在干燥时，微波将自动集中于水分上，而干物质所吸收的微波能极少，这样就避免了已干物质因过热而被烧焦；④容易调节和控制，微波加热可迅速达到所要求的温度，而且微波加热的功率、温度等都可在一定范围内随意调节，自动化程度高；⑤热效率高，微波遇金属会反射，遇空气、玻璃、塑料薄膜等则透过而不被吸收，因此不产生热量，故热损失很少，热效率高达 80% 。

微波干燥的主要缺点是耗电量较大，干燥成本较高。为此，可采用热风干燥与微波干燥相结合的方法，以降低干燥费用。即先用热风干燥法将食品的含水量降到 30% 左右，再用微波干燥法完成最后的干燥过程。如此既可使干燥时间比单纯用热风干燥时缩短 3/4，又可使能耗比单独用微波干燥时减少 3/4。另外，微波加热时，热量易向角及边处集中，产生所谓的尖角效应，也是其主要缺点之一。

4.4 食品在干制过程中的变化

4.4.1 物理变化

1. 干缩

食品在干燥时，因水分被除去而导致体积缩小，肌肉组织细胞的弹性部分或全部丧失的现象称为干缩。细胞失去活力后，仍能不同程度地保持原有的弹性，但受力过大，超过弹性极限，即使外力消失，也难以恢复原来状态。干缩正是物料失去弹性时出现的一种变化。

弹性完好并呈现饱满状态的物料全面均匀地失水时，物料将随着水分消失而出现均衡的线性收缩现象，即物体大小(长度、面积和体积)均匀地按比例缩小。实际上，物料的弹性并非绝对的，干燥时食品块片内的水分也难以均匀地排除，故物料干燥时均匀干缩极为少见。为此，食品物料不同，干燥过程中他们的干缩也各有差异。干燥时，蔬菜丁的典型变化如图 4-15 所示。图 4-15(a)为干燥前蔬菜的原始状态；图 4-15(b)为干制初期食品表面的干缩形态，蔬菜丁的边和角渐变圆滑，呈圆角形态的物体；继续干制时，干缩不断向物料中心进展，最后形成图 4-15(c)的凹面状的蔬菜丁。

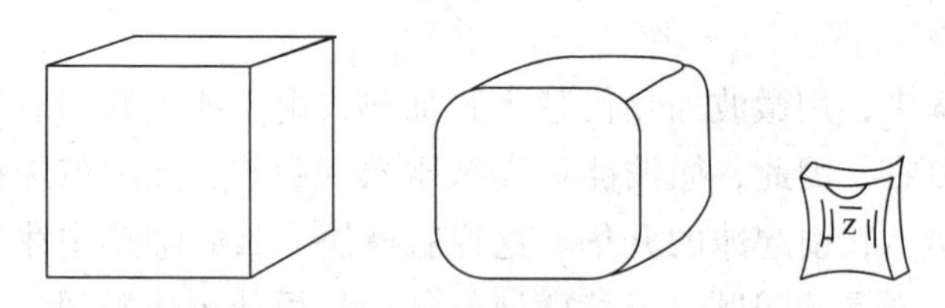

(a)干燥前的原始状态　(b)干燥初期的形态　(c)干燥后的形态

图 4-15　脱水干燥过程中蔬菜丁形态的变化

（引自：刘建学，食品保藏学）

干缩的程度与食品的种类、干燥方法及条件等因素有关。一般情况下，含水量多、组织脆嫩者干缩程度大，而含水量少、纤维质多的食品干缩程度较轻，例如果品干燥后体积约为原料的 20% ~35%，质量为原料的 6% ~20%；蔬菜干制后体积为原料的 10% 左右，质量约为原料的 5% ~10%。与常规干燥制品相比，冷冻干燥制品几乎不发生干缩。常温干燥中，高温快速干燥比低温缓慢干燥所引起的干缩更严重。

2. 表面硬化

表面硬化实际上是物料表面收缩和封闭的一种特殊现象。干制品表面迅速形成一层渗透性极低的干燥薄膜，将大部分残留水分阻隔在食品内形成外部较硬、内部湿软、干燥速率急剧下降的现象称为表面硬化。

造成表面硬化的现象有两种原因：一是物料干燥时，其内部溶质因表面水分不断向表面迁移和积累，而在物料表面形成结晶；另一个原因是物料表面干燥过于强烈，而使物料表面形成一层干硬膜。

第一种表面硬化现象常见于含高浓度糖分或含盐等可溶性物质多的物料的干燥过程中，例如果品的干燥和腌制品的干燥。第二种表面硬化现象与干燥条件有关，是人为可控制的，例如可以通过降低干燥温度、提高相对湿度、减小风速使物料缓慢干燥或适当“回软”后再干燥等方法减少表面硬化的发生及程度。实际上许多食品物料在干燥时所出现的表面硬化现象是上述两种原因同时发挥作用的结果。物料表面硬化后，其表皮通透性很差，影响内部水分的向外移动，以致将大部分残留水分封闭在物料内部，使干燥速度急剧下降，很难进一步干燥。

3. 多孔性

快速干燥时物料表面硬化及内部蒸发压的迅速建立会促使物料成为多孔性制品，例如膨化马铃薯。添加稳定性能较好的发泡剂并经搅打发泡可形成稳定泡沫状的液体或浆质体，经干燥后形成多孔性制品；真空干燥过程中提高真空度也会促使水分迅速蒸发并向外扩散，从而形成多孔性制品；干燥前经预处理促使物料形成多孔性结构，利于水分的传递，可以加速物料的干燥。但是多孔性海绵结构也是最好的绝热体，会减慢热的传递。因此多孔性对物料的最终影响，取决于干制系统和上述两种情况的影响（对质、热传递的影响）何者为大。

疏松、多孔性食品具有速溶性、快速复原、体积较大、食用方便等优点，但因其体积大，暴露在空气和阳光下的表面增大，使得贮藏期缩短。

4. 溶质迁移

食品在干燥过程中，其内部除了水分会向表层迁移外，溶解在水中的溶质也会迁移。溶质的迁移有两种趋势：一种是由于食品干燥时表层收缩使内层受到压缩，导致组织中的溶液穿过孔穴、裂缝和毛细管向外流动，迁移到表层的溶液蒸发后，浓度将逐渐增大；另一种是在表层与内层溶液浓度差的作用下出现的溶质由表层向内层迁移。上述两种方向相反的溶质迁移，其结果是不同的，前者使食品内部的溶质分布不均匀，后者则使溶质分布均匀化。干制品内部溶质的分布是否均匀，最终取决于干燥速度，即取决于干燥的工艺条件。只要采用适当的干制工艺条件，就可以使干制品内部溶质的分布基本均匀化。

5. 显现热塑性

不少食品具有热塑性，即温度升高时会软化甚至有流动性，而冷却时变硬，具有玻璃体的性质。糖分及果肉成分高的果蔬汁就属于这类食品。例如橙汁或糖浆在平底锅或输送带上干燥时，水分虽已全部蒸发掉，残留固体物质却仍像保持水分那样呈黏稠状态黏结在带上难以取下，而冷却时它会硬化成结晶体或无定形玻璃状而脆化，此时就便于取下。为此，大多数输送带式干燥设备内常设有冷却区。

4.4.2 化学变化

食品干燥过程中，除物理变化外，同时还会有一系列化学变化发生，这些变化对干制品及其复水后的品质如色泽、风味、质地、复水率、营养价值和贮藏期会产生影响。

1. 酶活性的变化

干燥过程中随着物料水分降低，酶的活性也下降，但只有当水分活度降低到单分子吸附水所对应的水分活度值以下时，酶才基本无活性，此时干制品水分含量降至1%以下。另一方面，酶和基质（酶作用的对象）的浓度也同时增加。在这两方面的作用下，干燥初期，酶促化学反应可能会加剧，只有在干燥后期，酶的活性降低到一定程度，酶促化学反应才会显著降低。但在低水分干制品贮藏过程中，特别在干制品吸湿后，酶仍会缓慢地活动，从而有引起食品品质恶化或变质的可能。

2. 对食品主要营养成分的影响

水果和蔬菜含有较丰富的碳水化合物，而蛋白质和脂肪的含量却极少。果糖和葡萄糖不稳定，易于分解，高温长时间的干燥导致糖分损耗，加热时碳水化合物含量较高的食品极易焦化，缓慢晒干过程中初期的呼吸作用也会导致糖分分解，还原糖还会和有机酸反应而出现褐变。因此，碳水化合物的变化会引起果蔬变质和成分损耗。

脂类的氧化酸败是含脂干燥食品变质的主要因素，这类食品贮藏品质主要取决其对自动氧化的耐性，且直接与其水分活度有关。含有不饱和脂肪酸的食品放在空气中极容易遭受氧化酸败，即使水分活度低于单分子层水分也很容易酸败。

食品贮藏过程中赖氨酸的损失会引起蛋白质的营养价值下降，这主要是因为肽链中的 α-氨基在较高水分活度下比较脆弱。

3. 维生素的变化

干制品中也常出现维生素损耗，部分水溶性维生素常会被氧化掉，预煮和酶钝化处理也使其含量下降。抗坏血酸和胡萝卜素易因氧化而损耗。硫胺素对热敏感，故熏硫处理时常会有所损耗。

维生素损耗程度取决于干燥前物料预处理工艺的合理程度、干燥方法和干燥操作的合理程度，以及干制食品贮藏条件。

在低水分活度下，维生素 C 比较稳定。随着食品中水分增加，维生素 C 降解加快。其他维生素的稳定性也有同样的变化规律，且其降解反应属一级化学反应，温度对反应速率影响很大。

胡萝卜素在日晒时损耗极大，在机械干燥(特别是喷雾干燥)时则损耗极少。水果晒干时抗坏血酸损耗极大，但冷冻干燥就能将抗坏血酸和其他营养素大量地保存下来。从各方面来说，人工干燥食品中维生素保存量一般都超过晒干食品中微生素的保存量。

日晒或机械干燥时蔬菜中营养成分损耗程度大致和水果相似。加工时未经酶钝化的蔬菜中胡萝卜素损耗量可达 80%，如果采用合理的干燥方法它的损耗量可下降到 5%。预煮处理过的蔬菜中硫胺素的损耗量达 15%，而未经预处理其损耗量可达 75%。抗坏血酸在迅速干燥时的保存量大于缓慢干燥，通常，蔬菜中抗坏血酸将在缓慢日晒干燥过程中损耗掉。

乳制品中维生素含量取决于原料乳内微生素的含量及其在加工中可能保存的量，转鼓或喷雾干燥时有较高的维生素 A 保存量。虽然转鼓或喷雾干燥时会出现硫胺素损耗，但若和普通热风干燥相比，它的损耗量仍然比较低。核黄素的损耗也是这样。牛乳干燥时抗坏血酸也有损耗，抗坏血酸对热并不稳定又易氧化，故它在普通的干燥过程中会全部损耗掉。若选用合理的干燥方法(如升华或真空干燥)，制品内抗坏血酸保留量将和原料乳大致相同。干燥将导致维生素 D 大量损耗，而其他维生素如吡哆醇(维生素 B_6)和烟酸实质上损耗很少，故干燥前牛乳中常需加维生素 D 强化。

通常，肉类制品中维生素含量略低于鲜肉，加工中硫胺素会遭受损耗，高温干燥时损耗量比较大。核黄素和烟酸的损耗量则比较少。

4. 色泽的变化

食品的色泽常因观察食品的环境和食品反射、散射、吸收或传递可见光的能力而异。

食品原来的色泽一般都比较鲜艳，干燥时改变了它们的物理和化学性质，使食品反射、散射、吸收和传递可见光的能力发生变化，从而改变了食品的色泽。

干燥过程中类胡萝卜素也会发生变化。温度越高，处理时间越长，色素变化量也就越多。花青素同样会受到干燥的影响。硫处理会促使花青素褪色。

所有呈天然绿色的高等植物中都含有叶绿素 a 和叶绿素 b 的混合物。叶绿素呈现绿色的能力和色素分子中镁的保存量成正比。湿热条件下叶绿素将失去一部分镁原子而转化成脱镁叶绿素，使叶绿素呈橄榄绿，不再呈草绿色。虽然利用微碱条件能控制镁的流失，但很少能改善食品品质。

酶促或非酶褐变反应是促使干制品变色的另一原因。植物组织受损伤后，组织内氧化酶的活动能将多酚或其他如鞣质、酪氨酸等一类物质氧化成有色色素，这种酶促褐变就给干制品品质带来了不良后果。为此，干燥前需对果蔬进行酶钝化处理以防止变色。可用预煮和巴氏杀菌对果蔬进行热处理，或用硫处理来破坏酶的活性。酶钝化处理应在干燥前进行，因为干燥时物料的受热温度不足以破坏酶的活性，而且热空气还有加速褐变的作用。

非酶褐变是食品物料发生褐变的重要反应，包括糖分焦糖化和美拉德反应。前者反应中糖分首先分解成各种羰基中间物，而后再聚合反应成褐色聚合物。后者为氨基酸和还原糖的相互反应，常出现于水果干燥过程中。干燥时高温和残余水分中反应基团的浓度对美拉德反应有促进作用，水果熏硫处理不仅能抑止酶促褐变，而且还能延缓美拉德反应。糖分中醛基和二氧化硫反应形成磺酸，能阻止褐色聚合物的形成。如图 4-16 所示，美拉德褐变反应在水分下降到 20% ~15% 时最迅速，水分下降则褐变速度逐渐减慢，当干制品水分低于 1% 时，褐变反应可减慢到甚至长期贮存时也难以觉察的程度；水分在 30% 以上时褐变反应显然也将以类似的低速度进行。低温贮藏也能使褐变反应减慢。

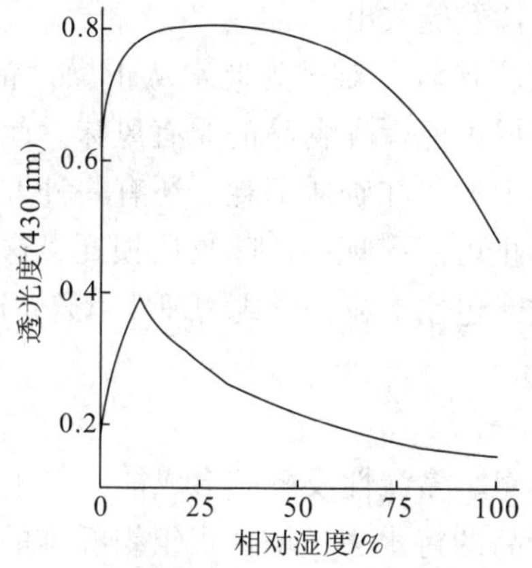

图 4-16　鳕鱼肉在不同相对湿度下的褐变

曲线(上)：25℃，12 d；曲线(下)：60℃，22 d

(引自：刘建学，食品保藏学)

模拟研究发现，氨基酸的最大损失发生在平衡水分活度 0. 65 ~0. 70 时，高于或低于此范围氨基酸的损失都很小。在 37 ℃、70 ℃和 90 ℃条件下都获得同样的结果。通常在水分活度 0. 65 ~0. 70 范围内不同食品中的水分含量变化较大，蛋白质吸水达到饱和，蛋白质分子的流动性增加，扩大分子间及分子内的分子重排，使褐变增加。当分子活度超过0.79，由于分子的稀释作用，反应速率下降。

干燥与贮藏过程中，控制肉与鱼产品发生褐变反应也很重要。除变色外，肉制品的褐变还会产生苦味和烧焦味。通过对预煮后冷冻干燥猪肉的贮藏性的研究发现，在37 ℃和50 ℃下，褐变反应随空气相对湿度(REH)增加而增加，直到70% REH。整个贮藏过程(477 d)风味变化一直在发生，而仅仅在16% REH条件下的产品是可以接受的。

美拉德反应是干鳕鱼贮藏变色的主要原因，如图4-16所示。从图中可见，最大褐变发生的相对湿度比模拟研究的要低。温度是影响褐变的另一重要因素。75% REH以上虽可减少褐变，却会带来微生物导致腐败的问题。对于干鳕鱼，最小褐变的水分含量为7%～9%。

非酶褐变也是中间水分食品常碰到的质量问题，这类食品水分活度为0.60～0.80，最适合非酶褐变。果蔬制品发生非酶褐变的水分活度范围是0.65～0.75；肉制品褐变水分活度范围一般在0.30～0.60；干乳制品(主要是非脂干燥乳)，其褐变水分活度大约在0.70。由于食品成分的差异，即使同一种食品，由于加工工艺不同，引起褐变的最适宜水分活度也有差异。

5. 食品风味的变化

很多呈味物质的沸点都很低，干燥高温极易引起呈味物质的挥发。如果牛乳失去极微量的低级脂肪酸，特别是硫化甲基，虽然它的含量实际上仅为亿分之一，但其制品也会失去鲜乳风味。干燥时低热处理极易导致风味发生变化，因为乳、蛋类高蛋白质食品会分解出硫化物。风味的变化程度则随硫化物分解情况各异。在喷雾干燥制成的全脂乳粉中挥发的硫含量极少，甚至没有。不过一般处理牛乳时所用的温度即使比通常的低，蛋白质仍然会发生变化并有挥发硫放出。

要完全阻止风味物质损耗比较困难，为此常从干燥设备中回收或冷凝外逸的蒸汽，再添加到干制食品中，以便尽可能保存食品的原有风味。此外，也可从其他来源取得香精或风味制剂以补充干制品中的风味物质损耗。还有一种方法是干燥前在某些液态食品中添加树胶和其他物质以阻止可能出现的风味物质损耗，这些物质中的某些成分有固定风味的能力，而另一些物质能包住干粒，形成物理性障碍，以阻止风味物质外逸。

4.4.3 组织学变化

干制品在复水后，其口感、多汁性及凝胶形成能力等组织特性均与生鲜食品存在差异。这是由于脱水降低了食品的持水力，增加了组织纤维的韧性，导致干制品复水性变差，复水后的口感较为老韧，缺乏汁液。

食品干制过程中组织特性的变化主要取决于干燥方法。常压空气干燥的鳕鱼肉复水后组织呈黏着而紧密的结构，仅有较少的纤维空隙，且纤维空隙分布不均匀，其组织特性与鲜鱼肉的组织特性相差甚大，复水速度极慢且程度较小，故口感干硬，如嚼橡胶，凝胶形成能力基本丧失。真空干燥法干燥的鱼肉复水后，纤维的聚集程度较常压干燥的鱼肉低，且纤维间的空隙较大，因此，其组织特性要优于前者。而采用真空冻干法干燥的鳕鱼肉在复水后，基本保持了冻结时所形成的组织结构。与鲜鱼肉的组织结构相比较，冻干鳕鱼肉的组织纤维排列更紧密，纤维间的空隙更大，因此，冻干鳕鱼肉的复水速度快而且程度高，复水后口感较为柔软多汁，且有一定的凝胶形成能力。

4.5　干制品的包装和贮藏

4.5.1　包装前干制品的处理

干制品在包装前通常需要作一系列的处理，以提高干制品的质量，延长贮存期，降低包装和运输费用等。

1. 回软处理

回软收理也称均湿处理或水分的平衡，其目的是使干制品变软，水分均匀一致。产品干制后，首先剔除过湿、过大、过小、结块者及碎屑；待产品冷却后，置于密闭室或储仓内进行短暂贮藏，使水分在干制品内部及干制品之间进行扩散和重新分布，达到水分含量均匀一致，同时也使产品的质地稍显疲软。不同果蔬的干制品均湿所需时间不同，一般水果干制品常需2~3周，脱水蔬菜一般不需这种处理，即使需要，时间也较短，约1~8天。

2. 分级除杂

包装前需按产品要求及标准进行分级处理，以提高产品质量。粉状体产品尤其是速溶产品，对颗粒大小有严格的要求，采用振动筛等筛分设备进行分级是质量控制的重要环节。对于一些无法用筛分分级和除杂的产品，需放在输送带上进行人工挑选，剔除杂质和变色、残缺或不良成品，并用磁铁吸除金属杂质。

3. 防虫处理

果蔬干制品，常会有虫卵混杂其间，虫害可由原材料携入或在自然干燥中混入。烟熏是杀灭干制品中昆虫和虫卵常用的方法。晒干的制品最好在离开晒场前进行烟熏。干制水果在贮藏过程中应经常定期烟熏以防止虫害发生。常用的烟熏剂有甲基溴、二氧化硫、甲酸甲酯或乙酸甲酯、氧化乙烯和氧化丙烯。

甲基溴是近年来使用最多的有效烟熏剂，它对昆虫极毒，对人也有毒，在使用中应严格控制使用量和使用方法。一般用量为16~24 $g \cdot m^{-3}$，实际上还需考虑季节、地点、干制品种类等因素。干制品种类不同，允许的无机溴残留量($mg \cdot kg^{-1}$)也不同：无花果、葡萄干为150，海枣干为100，梨干为30，李干为20。

低温贮藏(−10 ℃以下)能有效地推迟虫害的出现。采用高温热处理以控制隐藏在干制品中的昆虫和虫卵，效果更显著。如根菜和果干等制品可在75~80℃温度中热处理10~15 min后再包装。对某些干燥过度的果干，可用蒸汽处理2~4 min杀灭害虫，并使产品柔软。对于经过硫熏处理的果蔬制品，不需要进行防虫处理，因为果蔬制品中的二氧化硫含量足以预防虫害发生。

4. 压块

食品干制后重量减少较多，而体积缩小程度较小，造成干制品体积膨松，不利于包装运输。干制品的压块是指在不损伤(或尽量减少损伤)制品品质的条件下将干燥品压缩成密度较高的块砖。对干制品进行压块，可有效地节省包装与储运容积；降低包装与储运过程的总费用；成品包装愈紧密，包装袋内含氧量愈低，愈有利于防止氧化变质。

蔬菜干制品一般在水压机中用块模压块；蛋粉可用螺旋压榨机装填；流动性好的汤粉可用制药厂常用的轧片机轧片。块模表面宜镀铬或镀镍，并需抛光处理。使用新模时表面应涂上食用油脂作为润滑剂，以减轻压块时的摩擦，保证压块全面均匀地受到压力。压块时还需注意尽量减少物料破碎和碎屑的形成，还需考虑到压块的密度、形状、大小和内聚力以及制品的贮藏性、复水性等要求。蔬菜干制品水分低，质脆易碎，压块前需经回软处理(如用蒸汽直接加热 20 ~ 30 s)，以便压块并减少破碎率。

4.5.2 干制品的包装

干制果蔬的处理和包装宜在低温、干燥、清洁和通风良好的环境中进行，最好能进行空气调节并将相对湿度控制在 30% 以下，避免干制品受灰尘污染、吸潮及害虫侵入。

包装对干制品的耐藏性影响很大，因此果蔬干制品的包装应能达到以下几点要求：

(1)防止干制品吸湿回潮而结块和长霉，包装材料在 90% 相对湿度的环境中，每年水分增加量不得超过 2%；

(2)防止外界空气、灰尘、虫、鼠和微生物以及气味等入侵；

(3)不透光；

(4)贮藏、搬运和销售过程中耐久牢固，能维护容器原有特性，包装容器在 30 ~ 100 cm 高处落下 120 ~ 200 次不会破损，在高温、高湿或浸水和雨淋的情况下不会破烂；

(5)包装的大小、形状和外观应有利于商品的推销；

(6)和食品相接触的包装材料应符合食品卫生要求，并不会导致食品变性、变质；

(7)包装费用低廉或合理。

常用的包装材料和容器分内包装和外包装。内包装多用有防潮作用的材料如聚乙烯、聚丙烯、复合薄膜、防潮纸等；外包装多用起支撑保护及遮光作用的木箱、纸箱、金属罐等。

纸箱和纸盒是干制品常用的包装容器，包装时大多数还衬有防潮包装材料如涂蜡纸、羊皮纸以及具有热封性的高密度聚乙烯塑料袋，其中又以后者为理想选择。纸容器可用能紧密贴盒的彩印纸、蜡纸、纤维膜或铝箔作为外包装。纸容器的缺点是储藏搬运时易受害虫侵扰和不防潮(即透湿)。

金属罐是干制品包装较为理想的容器。它具有密封、防潮、防虫及牢固耐久的特点，在真空状态下包装还能避免发生破裂。干制果蔬粉务必用能完全密封的铁罐或玻璃罐包装，这种容器不但防虫、防氧化变质而且能防止干制品吸潮以致结块。这类干粉极易氧化，宜真空包装。

用密封盖密封的铁罐或铁箱包装蔬菜干颇为合适。果蔬干制品容器最好能用拉环式易开罐。蛋粉、奶粉、肉干也常用金属箱包装。大型包装可用容量为 20 L 的方形箱，装满后在顶部用小圆盖密封，这对干制品有极好的保护作用。

玻璃罐也是防虫和防湿的容器，有的可真空包装。其优点是能看到内容物，大多数能再次密封。缺点是重量大和易碎。市场上常用玻璃罐包装乳粉、麦乳精及代乳粉一类制品。

现在供零售用的干制品用涂料玻璃纸袋、塑料薄膜袋、复合薄膜袋和玻璃纸或纸－聚乙烯－铝箔－聚乙烯组合的复合薄膜包装。每种干制品适用的包装材料视储藏时间、包装费用和对制品品质的要求而异。薄膜材料包装所占的体积要比铁罐小，可供真空包装或充惰性气体包装，且这种包装在运输途中不会被内容物弄破。复合薄膜中的铝箔具有不透光、不透湿和不透氧气的特点。运输时薄膜袋应用薄板箱包装以防破损。

许多粉末状干制品包装时常附装干燥剂、吸氧剂等。干燥剂一般装在透湿的纸质容器内以免污染干制品，同时能吸水气，逐渐降低干制品的水分。生石灰、硅胶是常用的干燥剂。

吸氧剂(又称脱氧剂)是一种除去密封体系中游离氧的物质，能防止干制品在储藏过程中氧化败坏和发霉。常见的吸氧剂有铁粉、葡萄糖酸氧化酶、次亚硫酸铜、氢氧化钙等。

4.5.3　干制品的贮藏

干制品的耐藏性与其包装质量、干制品自身质量、环境因素以及贮藏条件及贮藏技术等均有关。

用隔绝材料(容器)包装干制品，防止外界空气、灰尘、虫、鼠、微生物、光和潮湿气体入侵，有利于维持干制品的品质，延长其保质期。对于单独包装的干燥品，只要包装材料、容器选择适当，包装工艺合理，储运过程控制温度，避免高温高湿环境，防止包装破坏和机械损伤，其品质就可控制。许多食品物料，其干燥后采用的是大包装(非密封包装)或货仓式储存，这类食品的储运条件就显得更为重要。

干制品自身质量如原料的选择与处理、干制品含水量也是保证干制品耐藏性的因素之一。选择新鲜完好、充分成熟的原料，充分清洗干净，能提高干制品的保藏效果。经过漂烫处理的比未经漂烫的能更好地保持其色、香、味，并可减轻在贮藏中的吸湿性。经过熏硫处理的制品也比未经熏硫的易于保色和避免微生物及害虫的侵染危害。干制品的含水量对保藏效果影响很大。一般在不损害干制品质量的条件下，含水量越低效果越好。蔬菜干制品含水量低于 6% 时，可大大减轻贮藏期的变色和维生素的损失。反之，当含水量大于 8% 时，大多数种类的干制品保存期将因之而缩短。干制品水分超过 10% 时就会促使昆虫卵发育成长，侵害干制品。

环境因素中与制品直接接触的空气温度、相对湿度和光线对储运有一定的影响，尤其相对湿度为干制品耐藏性的主要决定因素。干制品的水分低于平衡水分时，它会吸湿变质。

干制品必须储藏在光线较暗、干燥和低温的地方。贮藏温度愈低，保质期也愈长，以0~2 ℃为最好，不宜超过10~14 ℃。空气越干燥越好，空气的相对湿度最好在65%以下。干制品如用不透光包装材料包装时，光线不再成为重要因素，否则要贮藏在较暗的地方。贮藏干制品的库房要求干燥、通风良好、清洁卫生。堆码时应注意留有空隙和走道，以利于通风和管理操作。此外，干制品贮藏时防止虫鼠，也是保证干制品品质的重要措施。

4.6 干制品的干燥比和复水性

4.6.1 干制品的干燥比

干制品的耐藏性主要取决于干制后食品的水分含量。食品水分含量一般是按照湿重计算，但食品干制过程中，食品的干物质基本上不变，而水分却不断变化。为了正确掌握食品中水分变化情况，也可以按干物质量计算水分含量。

食品干制时干燥比($R_{干}$)是干制前原料质量($m_{原}$)和干制品质量($m_{干}$)的比值，即每生产1 kg干制品需要的新鲜原料质量(kg)。食品的干燥比反映了产品的生产成本等。

4.6.2 干制品的复水性和复原性

干制品的复水性就是新鲜食品干制后能重新吸收水分的程度，一般常用干制品的吸水增重的程度来衡量，这在一定程度上也是干制过程中某些品质变化的反映。因此，干制品复水性也成为干制过程中控制干制品品质的重要指标。

干制品一般都要经过复水以后才食用。复水是把脱水果蔬浸在水里，经过一段时间，使它尽可能地恢复干制前的性质(体积、色泽、组织、风味等)。

脱水蔬菜的复水方法是把干菜浸泡在12~16倍重量的冷水里，经半小时，再迅速煮沸并保持沸腾5~7 min，复水后，按常法烹调。

复水时，水的用量和质量关系很大。用水过多，可使花色素和其他黄酮类色素溶出而损失；水的pH不同也能使色素的颜色发生变化，此种影响对花色素特别显著；白色蔬菜主要含黄酮类色素，在碱性溶液中会变为黄色，所以马铃薯、花椰菜、洋葱等干制品不能用碱性的水处理；水中含有金属盐对花色素有害；水中如含有碳酸氢钠或亚硫酸钠，易使组织软化，复水后软烂；硬水常使豆类质地变粗硬，影响品质；含有钙盐的水还能降低复水率。

复水比($R_{复}$)是复水后沥干质量($m_{复}$)与干制品质量($m_{干}$)的比值。复水时干制品常因一部分糖分和可溶性物质流失而失重。它的流失量虽然并不少，一般都不再予以考虑，否则就需要进行广泛的试验和仔细地进行复杂的质量平衡计算。

复重系数($K_{复}$)就是复水后制品的沥干质量($m_{复}$)和同样干制品试样量在干制前的相应原料质量($m_{原}$)之比：

$$K_{复} = \frac{m_{复}}{m_{原}} \times 100\% \tag{4-16}$$

复重系数只有在已知同样干制品在干制前相应原料的质量($m_{原}$)的情况下才能计算，

在相应原材料质量为未知数的情况下，一般可根据干制品试样重($m_{干}$)以及原料和干制品的水分($\omega_{原}$和$\omega_{干}$)的可知数据计算$m_{原}$：

$$m_{原}=\frac{m_{干}-m_{干}\omega_{干}}{1-\omega_{原}} \tag{4-17}$$

复重系数也是干制品复水比和干燥比的比值。其式如下：

$$K_{复}=\frac{R_{复}}{R_{干}}=\frac{m_{复}/m_{干}}{m_{原}/m_{干}}\times 100\% \tag{4-18}$$

4.7 中间水分食品

通常食品的水分含量越高，其水分活度也越高，但是即使是相同含水量的食品，也因其组成成分不同而水分活度不同，所以，使用水分活度能进行食品分类。一般把A_w在0.85以上的定为高水分食品(HMF)，A_w在0.20以下的定为低水分食品(LMF)，A_w在0.60~0.85的定为中间水分食品(IMF)，其含水量一般在20%~40%。中间水分食品中含有很多溶解状态的溶质，使食品中的水分活度低于微生物生长所需的水分活度，因此，无须采用冷藏方法也能达到防止食品腐败的目的。中间水分食品包括自然产品(如蜂蜜)，人造甜食(如高糖糖果、果冻、果酱)，焙烤食品(如蛋糕)，部分干燥食品(如无花果、海枣、牛肉干、干肉粉、香料、香肠)等。所有这些产品的保藏都依赖于高浓度溶质所产生的高渗透压，有些食品还依赖于处于溶解状态的盐、酸或其他特殊溶质等产生的保藏效果。

4.7.1 中间水分技术的原理

中间水分食品的技术原理依据水分活度以及水分活度与食品性质和稳定性的关系。关键是如何理解水分活度以及水分活度与食品性质和稳定性的关系。

水分活度概念可从以下三个方面理解：

(1)从定性的角度说，水分活度和水分含量不同。水分含量是指水分占含水食品总质量的百分数。而水分活度是指食品材料中能影响细菌、酶以及化学反应的那部分水的含量。

(2)从微观环境的角度看，两个水分含量相同的食品会因为水的自由度或与食品中其他成分结合的程度不同而具有各异的水分活度。

(3)从等温吸附曲线理解水分活度的概念，水分活度值就等于食品与周围环境达到平衡后的平衡相对湿度。

根据Raoult定律定义水分活度，某溶液的水分活度等于该溶液的蒸汽压除以纯水的蒸汽压，也等于溶液中纯水的摩尔分数。依照这个定义，可以确定不同温度、不同含水量食品的水分活度。一种方法是将少量食品样品分别置于一系列恒温密封容器中，各容器内用标准盐溶液维持不同的相对湿度，每间隔一定的时间对样品进行称重，直到样品的重量不再发生变化，即样品与环境达到了水分平衡。不同容器中相对湿度不同，因而在水分平衡时样品的含水量也不同，与每一个含水量相对应的REH值除以100即得该水分含量时的水分活度值。

对于中间水分食品而言，最重要的是 A_w 对微生物生长的影响。人们已经对大多数食品中常见的细菌、酵母以及霉菌生长所需的 A_w 范围作了大量的研究。不同菌属的细菌生长所需的 A_w 不同，但是大多数细菌生长所要求的下限为 0.90。有些嗜盐细菌可在 A_w 为 0.75 的环境下生存，嗜渗酵母甚至可在更低的水分活度环境里生长，但上述微生物并不是导致食品腐败的重要因素。相对于绝大多数细菌来说，霉菌对干燥的适应性更强，当食品的 A_w 为 0.80 时生长最为旺盛；即使某些食品的 A_w 为 0.70，在室温下贮藏数月也会发现霉菌缓慢生长；只有 A_w 值低于 0.65 时，霉菌的生长才会被完全抑制。但中间水分食品要达到这样低的 A_w 一般是不可能的，因为 0.65 的水分活度对许多食品来说就意味着其总含水量远低于 20%，这种食品实际上已接近彻底脱水。对绝大多数食品来说，为了保持半湿润的咀嚼质地，就需要拥有界于 0.70 到 0.85 的水分活度。这一范围的 A_w 足以抑制常见的食品致腐菌，但是要想长时间地抑制霉菌生长还有些偏高，因此，在食品配方中应添加抑霉素以提高保藏效果。

某一特定微生物生长所需的最低 A_w 并不是一个绝对的数值。抑制微生物生长的 A_w 受 pH、温度、微生物所需要的营养情况以及水相中特定溶质的性质等因素的影响。尽管上述因素的影响有时并不显著，但是对一个新的中间水分食品来说，在确定其防止微生物致腐的 A_w 时，一定要采用适当的细菌平板记数方法慎重进行检验。从公众健康的角度来说，进行细菌学试验也是必要的。在组合一个中间水分食品时，人们总是预先选定一个适当的 A_w，然后再选择食品配方，使该食品的溶质浓度能达到理想的 A_w。只要食品的水相具有理想溶液的性质，对应于任何 A_w 的总溶质浓度，都可以非常容易地通过 Raoult 定律公式计算得到。

不过，随着溶液变得越来越浓和越来越复杂化，它就不再表现为理想溶液，这时运用抑制微生物的 A_w 与运用溶质浓度计算所得的数值也就只能作为一种近似值。例如，对于 A_w 为 0.995 的体系，理论上要求总的溶质浓度为 0.281 mol。蔗糖和甘油在溶液中不发生离解，其溶液非常接近于这种理想状态。NaCl 和 $CaCl_2$ 在溶液中离解成离子浓度的总和很低时，溶液也接近于理想状态。然而，在浓溶液中，溶质离解成离子浓度的总和较高时，其降低 A_w 的效应要大于其在理想状况下的情况，这一现象的产生是由于溶质分子水化的结果。像蔗糖和甘油这一类常见于中间水分食品中且不发生离解的溶质，它们对 A_w 的影响也遵从上述规律。这些现象使得在确定中间水分食品的配方时，有必要通过实验测定来修正对 A_w 的数学估算。

绝大多数的 A_w 是与抑制微生物的活性有关的。实际上，A_w 还影响到食品中许多其他的性质，包括化学反应及其平衡、酶反应、风味、质地、色泽以及营养素的稳定性等。

4.7.2 中间水分技术的工艺和产品

中间水分食品的加工技术常采用如下的方法：①添加丙二醇、山梨酸等保存剂防止微生物的增殖；②添加多元醇、砂糖、食盐等湿润剂使食品的水分活度降低；③采用物理方法或化学方法改进食品的质地和风味；④采用能阻水的包装来控制产品吸潮和水分散失引起的食品质量的变化。

中间水分食品的生产工艺大致可以分为以下四类：

(1)部分干燥。如果原料天然就含有丰富的保湿剂，通常采用部分干燥的工艺，如干燥水果(葡萄、杏、苹果和无花果)和槭树糖浆等。这类产品的水分活度范围是0.6~0.8。

(2)渗透法干燥。将固体原料完全浸润于低水分活度的保湿剂中。由于渗透压的差异，水分从食品中被挤压至溶液中，同时，保湿剂在食品中扩散开来，这一过程通常远慢于水分挤出的速度。盐和糖常常被用来制作保温剂。用糖作保湿剂是传统工艺中糖渍水果的做法。同样，肉类和蔬菜类的中间水分产品也可以通过采用盐、糖、甘油和其他保湿剂浸渍的方法来制成。

(3)干燥浸渍。干燥浸渍是将经过脱水的固体原料在含有保湿剂的具有目标水分活度的溶液中浸泡。虽然这一工艺比其他的方法更加耗能，但该工艺可以生产出更优品质的产品。

(4)混合法。将各种食物成分(包括湿润剂)混合挤压在一起，通过挤压、加热、烘烤来达到某一要求的水分活度。这种工艺耗时耗能少，同时对于不同的产品要求有很高的适应性。它可以应用于传统的中间水分食品如凝胶产品、果酱、甜点的生产，也同样适用于新型食品如各种零食、宠物食品等的生产。

总之，中间水分食品的加工是采用物理的、化学的方法使食品中的自由水含量降低，以此来抑制微生物的生长繁殖和食品中各成分的变化，并且保持食品良好的口感和风味。

4.7.3 中间水分食品存在的问题

中间水分食品的生产技术虽然已获得了进展，但还存在着一些问题。中间水分食品的水分活度尚不足以控制酶的活性，同时还会出现象美拉德反应一类的非酶褐变，应设法对其水分活度加以控制。主要用于降低水分活度的糖分和甘油常为食品带来过度的甜味，以致食品口味失常，这就常需用蛋白质衍生物和糊精取代以便改善口味。

低水分活度要能有效地抑止微生物活动，只有它在液相内和液－固界面处都均衡一致才有可能。在某些能干扰溶质扩散的食品结构和乳浊液中也会发生微生物导致的各种问题。例如在悬置油的水系中，水溶性溶质就比在悬置水的油系(即油为连续相)中的扩散容易得多。为此，在后者情况下应先将溶质溶解在水中后再配制成乳浊液。

在许多处于中等湿度范围下限的食品中，美拉德反应的速率最快。因此要注意钝化有潜在危害的水解酶和氧化酶。防止微生物繁殖但却保持半湿性食品组织的水分活度值，一般来说并不是低得足以抑制食品中酶的活性，食品基质在低水分活度下的酶水解和氧化的许多例子已证实这一点。因此中间水分食品不采用低水分活度来控制酶的变化，而是在注入溶质时或在其前后，采用蒸煮、巴氏杀菌或是预煮来使酶钝化。或者，酶的作用可以通过食品技术人员所熟知的二氧化硫、抗坏血酸、柠檬酸或其他处理法加以控制。如果不采用生产其他食品的普通预防办法，酶促反应以及美拉德褐变也会在中间水分食品的水分活度值下产生。

如果要使人类食用的中间水分食品取得较大进展，必须提高实验性产品受消费者欢迎的程度，并且要更多地研究中间水分食品营养成分的稳定性。

【复习思考题】

1. 简要概述 A_w 值对微生物、酶、褐变、氧化反应的影响。

2. 影响湿热传递的因素有哪些？怎样才能加速干燥进程？

3. 什么是干燥曲线、干燥速度曲线和干燥温度曲线？结合食品干燥过程曲线，理解食品干燥的机理。

4. 在实际干燥中如何根据食品干燥过程的特性选择相对合理的工艺条件？

5. 食品在干制过程中主要发生哪些品质变化？

6. 各种干燥方法都有哪些优缺点？分别适合哪些食品的干燥？

7. 试述喷雾干燥的原理。如何加快喷雾干燥速度？

8. 食品干制过程中会发生哪些变化？分析这些变化对食品质量有什么影响。

9. 干制品包装前需要哪些处理？包装和贮运时应满足哪些技术条件？

10. 什么是中间水分食品？怎样理解中间水分食品的技术原理？

主要参考文献

阚建全，等. 食品化学. 北京：中国农业大学出版社，2008.

马长伟，曾名勇. 食品工艺学导论. 北京：中国农业大学出版社，2002.

天津轻工业学院，无锡轻工业学院合编. 食品工艺学. 北京：轻工业出版社，1990.

夏文水，等. 食品工艺学. 北京：中国轻工业出版社，2008.

曾庆孝，等. 食品加工与保藏原理. 北京：化学工业出版社，2002.

Barbosa-Canovas G V. Dehydration of foods. New York：Chapman and hall，1996.

Brennan J G，Butters J R，Cowell N D，Food engineering operations. 3rd edn. London：Elsevier Applied Science，1990.

Fellows P J. 食品加工技术——原理与实践. 蒙秋霞，牛宇译. 北京：中国农业大学出版社，2006.

Hall C W. Dictionary of drying. New York：Marcel Dekker，1979.

Potter N N，Hotchkiss J H. 食品科学(第五版). 王璋等译. 北京：中国轻工业出版社，2001.

第 5 章　食品的腌制和烟熏

【内容提要】

本章主要介绍食品腌制的基本原理、腌渍材料及作用、食品常用的腌渍方法、腌渍品食用品质的形成过程以及食品的烟熏。

【教学目标】

1. 掌握食品腌制的基本原理及常用的腌渍方法；

2. 了解常用的食品腌渍材料及其在腌渍中的作用，掌握腌制食品色泽及风味形成的过程；

3. 明确食品烟熏的目的，了解熏烟中的主要成分及作用，掌握食品烟熏常用的方法。

【重要概念及名词】

食品的腌制；溶液的扩散；渗透；食品的烟熏

5.1　食品腌制的基本原理

食品腌制是腌制剂通过扩散和渗透作用进入食品原料组织内部的过程，根据所用腌制剂的不同分别起到防腐、调味、发色、抗氧化、改善食品物理性质和组织状态等作用，从而达到防止食品腐败，改善食品品质的目的。

5.1.1　溶液的扩散和渗透

腌制时，首先是腌制液的形成，腌制液的溶剂一般是水（包括外加的水和食品组织内的水），溶质包括盐、糖等可溶性的腌制剂和香辛料的浸提物。然后，一定浓度的腌制液经过食品原料的细胞间隙扩散进入食品原料内部，进而选择性地通过渗透作用进入细胞内部，最终达到各处浓度平衡。

1. 溶液的扩散

扩散是分子热运动或胶粒布朗运动的必然结果。分子的热运动或胶粒的布朗运动并不需要存在着浓度差才能发生，但是当有浓度差存在时，分子或胶粒从高浓度向低浓度迁移的数目大于从低浓度向高浓度迁移的数目。总的结果使分子或胶粒呈现出从高浓度向低浓度的净迁移，这就是扩散。所以扩散过程的本质是分子热运动，而扩散过程的推动力是浓度梯度。

物质在扩散过程中的扩散方程式为

$$dQ = -DA(dc/dx)dt \tag{5-1}$$

式中，Q——物质扩散量；

D——扩散系数；

A——扩散通过的面积；

dc/dx——浓度梯度（c为浓度，x为间距）；

t——扩散时间；

“-”——扩散方向与浓度梯度的方向相反。

由上式可知，物质扩散量与扩散通过的面积及浓度梯度成正比。

将式（5-1）两边同时除以dt，可得扩散速度方程式：

$$dQ/dt = -DA(dc/dx) \tag{5-2}$$

爱因斯坦假设扩散物质粒子为球形时，扩散系数D的表达式可以写成

$$D = RT/(6N\pi r\eta) \tag{5-3}$$

式中，D——扩散系数（在单位浓度梯度的影响下，单位时间内通过单位面积的溶质量），m^2/s；

R——气体常数，8.314 J/(mol·K)；

T——热力学温度，K；

N——阿伏伽德罗常数，6.023×10^{23}；

r——溶质微粒直径（应比溶剂分子大，并且只适应于球形分子），m；

η——介质黏度，Pa·s。

将式（5-3）代入式（5-2）可将扩散速度表示为

$$dQ/dt = -A(dc/dx)RT/(6N\pi r\eta) \tag{5-4}$$

由式（5-4）可知，食品腌制过程中，原料经一定预处理后，腌制剂扩散通过的面积是一定的，则腌制剂扩散的速度（dQ/dt）就与浓度梯度（dc/dx）、腌制时的温度（T）、腌制剂粒子的直径（r）以及溶液的黏度（η）有关。

腌制剂的扩散总是从高浓度向低浓度扩散，在其他条件一定的情况下，腌制溶液的浓度梯度越大则腌制剂的扩散速度就越快。不过，溶液浓度增加时，其黏度也会增加（如糖液），这样又会影响扩散的速度，因此浓度对扩散速度的影响还与溶液的黏度有关。

腌制剂的扩散速度还受腌制温度的影响，腌制温度越高则腌制剂的扩散速度就越快，这与温度升高分子运动加快以及溶液黏度降低有关。实际生产中还要考虑温度对腌渍原料的影响，比如加工樱桃蜜饯时，高温容易使樱桃软烂。因此，用柔软多汁的原料加工蜜饯时糖制过程不可以采用高温。

腌制剂的扩散速度还受腌制剂粒子大小的影响，粒子直径越小则扩散速度越快。由此可见，食盐和不同种类的糖在腌制过程中的扩散速度是各不相同的。比如，不同糖类在糖液中的扩散速度由大到小的顺序是：葡萄糖>蔗糖>饴糖中的糊精。

此外，腌制剂的扩散速度与腌制溶液的黏度成反比，也就是说，黏度越大则扩散速度越慢。这对于浓度增大后黏度明显增大的溶液来说尤为重要。

2. 溶液的渗透

严格的说，渗透就是溶剂从浓度较低的溶液一侧经过半透膜向浓度较高的一侧扩散

的过程。细胞膜被称为半透膜，其通透性的最显著的特点是具有选择性，而不是任意地进行物质交换，它能通透的物质包括水、糖、氨基酸和各种离子等。不同的细胞在不同的条件下，对不同的物质的通透性是不同的，其中，水分子通过细胞膜比溶解于其中的离子和其他成分要迅速很多，这与这些物质通过细胞膜的运输机制不同有关。

水的渗透是在溶液渗透压的作用下进行的。Van't Hoff 研究推导出的稀溶液的渗透压的公式如下：

$$\Pi = cRT \tag{5-5}$$

式中，Π——溶液的渗透压，Pa；

c——溶液中溶质的浓度，mol/L；

R——气体常数 8.314×10^3 Pa/(mol · K)；

T——热力学温度 K。

由上式可知，渗透压与溶质的浓度和温度成正比，而与溶液的数量无关。细胞内外物质的交换取决于细胞内外的渗透压差，其实质与扩散相似，也就是说物质都有从高浓度处向低浓度处转移的趋势，并且转移的速度与浓度呈正相关。

当细胞处于低渗环境时，细胞外的水分就会渗透进入细胞内，细胞就会发生膨胀；当细胞处于高渗环境时，细胞内的水分就会流出使细胞发生皱缩、萎蔫，对于植物细胞来说将会发生质壁分离现象。腌制溶液相对于食品原料细胞内液而言是高渗溶液，所以在腌制过程中食品原料细胞中的水分会流出细胞。与此同时，细胞外的糖、食盐离解后的离子等也会渗透进入细胞内，只不过其渗透的速度比水渗透的速度要慢得多。食品腌制的目的是让糖、食盐等腌制剂进入细胞内，因此，食品的腌制速度就取决于腌制剂的渗透速度。

进行食品腌制时，可以采取提高腌制温度和腌制剂的浓度来增大原料细胞内外的渗透压差，从而达到加快渗透速度的目的。但在实际生产中，很多食品原料如在高温下腌制，会在腌制过程中出现组织软烂、腐败变质以及变性凝固等问题。因此应根据食品种类的不同，采用不同的温度，如质地柔软的果蔬加工果脯蜜饯时要在常温下进行腌制，鱼类、肉类食品则需在10℃以下(大多数情况下要求在2～4℃)进行腌制，咸蛋等腌制也须在常温下进行。

提高腌制剂的浓度可以提高渗透压，从而加快腌制剂的渗透速度，但同时也加快了原料细胞内水分向外渗透的速度。如果腌制溶液浓度过高，将会导致细胞在腌制剂渗入之前出现皱缩及质壁分离等现象。例如，蜜饯加工时如果糖液浓度一开始太高，将导致果蔬组织细胞内水分过分流失而糖分不能充分渗入，最终使产品出现干缩现象。因此，果蔬在进行糖制时，要采用分次加糖等方法逐步提高糖浓度。

研究发现，组织细胞死亡后细胞膜的通透性会随之增强。这对提高食品腌制速度很有意义。如蜜饯类制品加工过程中采用预煮或硫处理等措施都可以改变细胞膜的通透性，从而加快糖制的速度。

5.1.2 腌制剂的防腐作用

腌制品要做到较长时间的保藏离不开腌制剂的防腐作用。食品腌制时，使用量较大的腌制剂主要是食盐和食糖。食盐和食糖是食品重要的调味剂，除此之外，二者对食品均具有防腐作用。食盐和食糖的防腐作用主要表现在以下几个方面。

1. 对微生物细胞的脱水作用

微生物细胞在等渗溶液中能保持原形，并可以进行正常的生长繁殖。如果微生物处在低渗溶液中，外界溶液的水分会穿过微生物的细胞壁并通过细胞膜向细胞内渗透，渗透的结果使微生物细胞呈膨胀状态，如果内压过大，就会使细胞膜胀裂，从而使微生物无法生长繁殖。如果微生物处于高渗溶液中，细胞内的水分就会透过细胞膜向外渗透，结果将导致细胞因脱水而发生质壁分离，并最终使细胞变形，从而使微生物的生长活动受到抑制，脱水严重时还会造成微生物死亡。不同的微生物因细胞液渗透压不一样，它们所要求的最适渗透压（即等渗溶液）也不同。大多数微生物细胞内的渗透压为30.7～61.5 kPa。

食盐的主要成分是氯化钠，食盐溶液可以形成较高的渗透压，1%的食盐溶液可以产生61.7 kPa的渗透压。一般来说，食盐浓度低于1%时，微生物的生理活动不会受到任何影响；当食盐浓度达到1%～3%时，大多数微生物就会受到暂时性抑制；当食盐浓度达到6%～8%时，大肠杆菌、沙门氏菌、肉毒杆菌停止生长；当食盐浓度高于10%后，大多数杆菌停止生长。球菌在食盐浓度达到15%时才被抑制，霉菌和酵母菌则要20%～25%的食盐浓度才能被抑制。这些是指微生物在pH为7的溶液中的耐受力，如果pH降低，微生物的耐盐力也会降低。例如，当pH降至2.5时，只要14%的食盐浓度即可将酵母菌抑制。

糖溶液都具有一定的渗透压，糖液的渗透压与其浓度和分子量大小有关。浓度越高，渗透压越大。糖液浓度低于10%时不仅不会抑制反而会促进某些微生物的生长，只有当浓度达到50%时，糖液才会阻止大多数细菌的生长，而要抑制霉菌和酵母菌的生长，糖液浓度需要达到65%～75%。相同浓度时，不同种类的糖产生的渗透压也不相同，葡萄糖、果糖等单糖因为分子量比蔗糖、麦芽糖等双糖的分子量小，故其渗透压更高，抑菌效果更好。

2. 降低食品水分活度的作用

水分活度（A_w）表示食品中的水分可以被微生物利用的程度。一般情况下，$A_w<0.9$时，细菌不能生长；$A_w<0.87$时，大多数酵母受到抑制；$A_w<0.80$时，大多数霉菌不能生长。

盐溶于水后会离解为钠离子和氯离子，并在其周围都吸引一群水分子，形成水合离子。食盐的浓度越高，钠离子和氯离子就越多，所吸引的水分子也就越多，这些被离子吸引的水就变成了结合水，导致溶液中自由水的减少，水分活度下降。溶液的水分活度随食盐浓度的增大而下降，在饱和食盐溶液（26.5%）中，由于水分全部被钠离子和氯离子吸引，没有自由水，微生物因没有可以利用的水分而不能生长。

以食糖溶液腌制时，糖溶液中的糖分子因含有许多羟基可以和水分子形成氢键，使部分自由水变成结合水，水分活度降低。糖液浓度越高则水分活度越低，如蔗糖溶液浓度达到67.5%时，水分活度可以降到0.85以下，这一浓度可以使大多数微生物的正常生理活动受到抑制。

3. 抗氧化作用

氧气在糖溶液和食盐溶液中的溶解度小于在水中的溶解度，如在20℃时，60%的蔗糖溶液中氧气的溶解度仅为纯水的1/6。并且糖(盐)溶液的浓度越大，氧气的溶解度越小。

食品腌制时使用的糖(盐)溶液或渗入食品组织内形成的糖(盐)溶液其浓度很大，使得氧气的溶解度下降，从而造成缺氧环境，有利于抑制好氧型微生物的生长。

4. 食盐溶液对微生物的毒性作用

微生物对 Na^+ 很敏感，研究发现少量 Na^+ 对微生物有刺激其生长的作用，但当达到足够高的浓度时就会对其产生抑制作用。这是因为 Na^+ 能和微生物细胞原生质中的阴离子结合从而产生毒害作用。pH能加强 Na^+ 对微生物的毒害作用。

食盐对微生物的毒害作用也可能来自 Cl^-，因为 Cl^- 也会与微生物细胞原生质结合，从而促使微生物死亡。

5.1.3 腌制过程中微生物的发酵作用

在发酵型腌制品的腌制过程中，正常的发酵作用不但能抑制有害微生物的活动而起到防腐作用，还能使制品产生酸味和香味。这类发酵作用以乳酸发酵为主，酒精发酵次之，醋酸发酵最轻。腌制品在腌制过程中的发酵作用是借助于分布在空气中、原料表面、加工用水中及容器用具表面的各种微生物来进行的。

1. 乳酸发酵

乳酸发酵是由乳酸菌将食品中的糖分解生成乳酸及其他产物的反应。乳酸菌种类不同生成的产物也不同，根据发酵产物不同乳酸发酵可分为正型乳酸发酵和异型乳酸发酵。

正型乳酸发酵一般以六碳糖为底物，发酵只生成乳酸，产酸量高。参与正型乳酸发酵的乳酸菌有植物乳杆菌和小片球菌，这些乳酸菌除对葡萄糖进行发酵外，还能将蔗糖等水解成葡萄糖后发酵生成乳酸。食品发酵的中后期一般以正型乳酸发酵为主。

异型乳酸发酵的发酵产物除了乳酸外，还包括其他产物和气体。参与异型乳酸发酵的乳酸菌有肠膜明串珠菌、短乳杆菌、大肠杆菌。异型乳酸发酵在乳酸发酵初期比较活跃，这样就可利用其抑制有害微生物的繁殖。虽异型乳酸发酵产酸不高，但其发酵产物中含有微量乙醇、醋酸等，对腌制品的风味有增进作用。异型乳酸发酵产生的二氧化碳气体可将食品组织和水中溶解的氧气带出，造成缺氧条件，促进正型乳酸发酵菌活性。

2. 酒精发酵

酒精发酵是由酵母菌将食品中的糖分解生成酒精和二氧化碳。发酵型蔬菜腌制品腌制过程中也存在着酒精发酵，其量可达0.5%~0.7%，对乳酸发酵没有影响。酒精发酵除生成酒精外，还能生成异丁醇和戊醇等高级醇。另外，腌制初期发生的异型乳酸发酵也有微量酒精的产生。蔬菜腌制过程中在被卤水淹没时所进行的无氧呼吸也可产生微量的酒精。不管是在酒精发酵过程中生成的酒精及高级醇，还是其他作用中生成的酒精，都对腌制品在后熟期中品质的改善及芳香物质的形成起着重要作用。

3. 醋酸发酵

醋酸发酵是醋酸菌氧化乙醇生成醋酸的反应，这是发酵型腌制品中醋酸的主要来源。另外，在异型乳酸发酵中也会产生微弱的醋酸。

醋酸菌为好氧型细菌，仅在有氧气存在的情况下才可以将乙醇氧化成醋酸，因而发酵作用多在腌制品的表面进行。正常情况下，醋酸积累量为0.2%~0.4%，这可以增进产品品质，但对于非发酵型腌制品来说，过多的醋酸又有损其风味，如榨菜制品中，若醋酸含量超过0.5%，则表示产品酸败，品质下降。

5.1.4 腌制过程中酶的作用

食品腌制过程中将会发生一系列由酶催化的生化反应，这些生化反应对腌制品色、香、味的形成以及组织状态变化起着非常重要的作用。

蛋白酶是食品腌制中非常关键的酶。在蔬菜腌制过程中，蔬菜中的蛋白质在微生物或原料本身所含蛋白酶的作用下分解为氨基酸。这一变化是蔬菜腌制过程中十分重要的生物化学变化。首先，蛋白质分解产生的各种氨基酸都具有一定的鲜味，特别是谷氨酸，它可以与食盐作用产生谷氨酸钠，这是腌制品鲜味的主要来源。其次，蛋白质分解产生的氨基酸可以与醇发生反应形成氨基酸酯等芳香物质，还可以与戊糖或甲基戊糖的还原产物4-羟基戊烯醛作用生成含有氨基的烯醛类芳香物质，这是腌制品香味的两个重要来源。此外，氨基酸能与还原糖发生美拉德反应，生成褐色至黑色的物质，这些褐色物质不但色深而且有香气，如成品冬菜色泽乌黑、香气浓郁的良好品质就与美拉德反应有关。

酪氨酸酶是引起蔬菜腌制品酶促褐变的关键酶。蛋白质水解所生成的酪氨酸在微生物或原料组织中所含的酪氨酸酶的作用下，在有氧气存在时，经过一系列复杂而缓慢的生化反应，逐渐变成黄褐色或黑褐色的黑色素，又称黑蛋白。原料中的酪氨酸含量越多，酶活性越强，褐色越深。这一反应与美拉德反应是蔬菜腌制品变成黄褐色和黑褐色的主要成因。

硫代葡萄糖酶是芥菜类腌制品形成菜香的关键酶。芥菜类蔬菜原料在腌制时搓揉或挤压使细胞破裂，细胞中所含硫代葡萄糖苷在硫代葡萄糖酶的作用下水解生成异硫氰酸酯类、腈类和二甲基三硫等芳香物质，苦味、生味消失，这些芳香物质的香味称为“菜香”，是咸菜的主体香。

果胶酶类是导致蔬菜腌制品软化的主要原因之一。蔬菜腌制中，蔬菜本身含有的或有害微生物分泌的果胶酶类将蔬菜中的原果胶水解为水溶性果胶，或将水溶性果胶进一步水解为果胶酸和甲醇等产物时，就会使细胞彼此分离，使蔬菜组织脆性下降，组织变软，易腐烂，严重影响腌制品的质量。

5.2 食品腌渍材料及其作用

5.2.1 咸味料

咸味料主要是食盐。食盐在烹调和食品加工中是一种不可缺少的调味料，在食品腌制中，具有重要的调味和防腐作用。

根据来源不同，食盐可分为海盐、湖盐、井盐及矿盐等。我国浙江、山东等沿海地区以海盐生产为主，湖北以矿盐生产为主，四川、山西、陕西等则以井盐生产为主。其中以四川自贡的井盐、湖北应城的矿盐最具盛名。

食盐的主要成分为氯化钠，是人体钠离子和氯离子的主要来源，它有维持人体正常生理功能、调节血液渗透压的作用。但过量摄入食盐会引起心血管病、高血压及其他疾病，其中最易引起的就是高血压。中国居民膳食指南推荐日常饮食中食盐摄入量为每人每天6 g。

食盐的质量好坏直接影响腌制品的质量。如果食盐纯度不高将会影响食盐在腌制过程中的扩散和渗透速度，甚至使腌制品产生苦味等异味。因此，应选择色泽洁白、氯化钠含量高、水分及杂质含量少、卫生状况符合国家食用盐卫生标准(GB 2721-2003)的粉状精制食盐为食品腌制的咸味料。

5.2.2 甜味料

腌渍食品所使用的甜味料主要是食糖。食糖的种类很多，主要有白糖、红糖、饴糖、蜂糖等，在食品腌制中起调味、防腐和增色等作用。

白糖又分白砂糖、绵白糖、方糖，主要成分为蔗糖，蔗糖含量在99%以上，色泽白亮，甜度较大，味道纯正。其中以白砂糖在腌渍食品中使用最为广泛。

红糖又名黄糖，以色泽黄红而鲜明、味甜浓厚者为佳。红糖主要成分为蔗糖，含量约84%，同时含较多的游离果糖、葡萄糖、色素、杂质等，水分含量在2%～7%，容易结块、吸潮。红糖除用于提供腌渍食品的甜味外，还可增进色泽，多在红烧、酱、卤等肉制品和酱菜的加工中使用。

饴糖又称麦芽糖浆，是用淀粉水解酶水解淀粉生成的麦芽糖、糊精以及少量的葡萄糖和果糖的混合物。其中含53%～60%的麦芽糖和单糖、13%～23%的糊精，其余多为杂质。麦芽糖含量决定饴糖的甜度，糊精决定饴糖的粘稠度。淀粉水解越彻底，麦芽糖生成量越多，则甜味越强；反之，糊精生成量多，粘稠度大而甜味小。饴糖在果蔬糖制时一般不单独使用，常与白砂糖结合使用，饴糖可取代一部分白砂糖，降低生产成本，同时，饴糖还有防止糖制品结晶返砂的作用。在酱腌菜的加工中，饴糖能增加产品甜味及粘稠性，用于糖醋大蒜、糖醋藠头等具有增色的作用。

除食糖外，某些食品腌制中还经常使用甘草、甜菊糖苷、糖蜜素、蛋白糖等甜味料。

5.2.3 酸味料

腌渍食品所使用的酸味料主要是食醋。食醋分为酿造醋和人工合成醋两种，酿造醋又分为米醋、熏醋、糖醋三种。

米醋又名麸醋，是以大米、小麦、高粱等含淀粉的粮食为主料，以麸皮、谷糠、盐等为辅料，用醋曲发酵，使淀粉水解为糖，糖发酵成酒，酒氧化为醋酸而制成的产品。

熏醋又名黑醋，原料与米醋基本相同，发酵后略加花椒、桂皮等熏制而成，颜色较深。

糖醋是用饴糖、醋曲、水等为原料搅拌均匀，封缸发酵而成。糖醋色泽较浅，最易长白膜，由于醋味单调，缺乏香气，故不如米醋、熏醋味美。

人工合成醋是用醋酸与水按一定比例调配而成的，又称为醋酸醋或白醋，品质不如酿造醋。

食醋的主要成分是醋酸，它是一种有机酸，具有良好的抑菌作用。除此之外，食醋还具有去腥解腻、增进食欲、提高钙磷吸收、防止维生素 C 破坏等功效。

除食醋外，食品腌制中还经常使用柠檬酸、乳酸、苹果酸、醋酸等食用有机酸作为酸味料。

5.2.4 肉类发色剂

发色剂又称护色剂，是能与肉及肉制品中的呈色物质发生作用，使之在食品加工保藏过程中不致分解、破坏，呈现良好色泽的物质。发色的原理是亚硝酸盐所产生的一氧化氮与肉类中的肌红蛋白和血红蛋白结合，生成一种具有鲜艳红色的亚硝基肌红蛋白和亚硝基血红蛋白。典型的发色剂是硝酸盐和亚硝酸盐，主要包括硝酸钠、硝酸钾、亚硝酸钠、亚硝酸钾。其中，硝酸盐通过微生物作用可以还原为亚硝酸盐，从而起到发色作用。在肉类腌制品中最常使用的是硝酸钠和亚硝酸钠。

硝酸钠($NaNO_3$)为无色透明结晶或白色结晶性粉末，可稍带浅色，无臭、味咸、微苦，有潮解性，溶于水，微溶于乙醇和甘油。我国《食品安全国家标准　食品添加剂使用标准》(GB 2760-2011)规定：硝酸钠在腌腊肉制品中最大使用量为 0.5 g/kg，残留量(以亚硝酸钠计)≤30 mg/kg。

亚硝酸钠($NaNO_2$)为白色或淡黄色结晶性粉末或粒状，味微咸，易潮解，水溶液呈碱性，易溶于水，微溶于乙醇。我国《食品安全国家标准　食品添加剂使用标准》(GB 2760-2011)规定：亚硝酸钠在腌腊肉制品中最大使用量为 0.15 g/kg，残留量(以亚硝酸钠计)≤30 mg/kg。

亚硝酸盐具有一定的毒性，它可以与胺类物质生成强致癌物亚硝胺。硝酸盐的毒性是它在食物中、水中或胃肠道内，尤其是在婴幼儿胃肠道内被还原成亚硝酸盐所致。为此，人们一直致力于选取适当的物质取而代之，但是到目前为止，尚未发现既能发色又能抑制肉毒梭状芽孢杆菌等有害微生物，还能增强肉制品风味的硝酸盐和亚硝酸盐的替代品，故应在保证安全和产品质量的前提下，严格控制使用。

5.2.5 肉类发色助剂

肉类加工常用的发色助剂主要有抗坏血酸、抗坏血酸钠、异抗坏血酸、异抗坏血酸钠以及烟酰胺等。

抗坏血酸即维生素 C，具有强还原性，但是对热和重金属极不稳定。因此，一般使用稳定性较高的钠盐。异抗坏血酸是抗坏血酸的异构体，其性质与抗坏血酸相似。在肉的腌制中使用的抗坏血酸钠和异抗坏血酸钠有四个方面的作用：一是参与将氧化型的褐色高铁肌红蛋白还原为红色的还原型肌红蛋白，加快腌制速度，以助发色；二是可以与亚硝酸发生化学反应，增加一氧化氮的形成；三是防止亚硝胺的生成；四是具有抗氧化作用，有助于稳定肉制品的颜色和风味。作为发色助剂使用的抗坏血酸及其钠盐或异抗坏血酸及其钠盐，在肉品加工中的使用量一般为原料肉的 0.02% ~0.05% 。

烟酰胺可以与肌红蛋白结合生成很稳定的烟酰胺肌红蛋白，很难被氧化，可以防止肌红蛋白在从亚硝酸生成亚硝基期间的氧化变色，如果在肉类腌制过程中与抗坏血酸同时使用，其发色效果更好，并能保持长时间不褪色。烟酰胺作为发色助剂在肉品中添加量为 0.01% ~0.02% 。

5.2.6 品质改良剂

品质改良剂通常是指能改善或稳定制品的物理性质或组织状态，如增加产品的弹性、柔软性、粘着性、保水性和保油性等的一类食品添加剂。其中，以磷酸盐最为常用。

磷酸盐是一类具有多种功能的物质，具有明显的改善食品品质的作用。用于肉制品加工的磷酸盐主要有焦磷酸盐、三聚磷酸盐和六偏磷酸盐等，其作用主要是改善肉的保水性能。通常几种磷酸盐复配使用，其保水效果优于单一成分的使用效果。磷酸盐的作用机制迄今仍不十分肯定，一般认为是通过以下途径发挥其作用：一是磷酸盐可以提高肉的 pH 使其高于蛋白质的等电点，从而能增加肉的持水性；二是增加离子强度使处于凝胶状态的球状蛋白的溶解度显著增加而成为溶胶状态，从而提高肉的持水性；三是螯合金属离子使蛋白质的羧基离解出来，由于羧基之间同性电荷的相斥作用，使蛋白质结构松他，以提高肉的保水性；四是将肌动球蛋白离解成肌球蛋白和肌动蛋白，肌球蛋白的增加也可使肉的持水性提高；五是对肌球蛋白变性有一定的抑制作用，可以使肌肉蛋白质的持水能力稳定。

磷酸盐过量使用会导致产品风味恶化，组织粗糙，呈色不良等问题。在肉品加工中，使用量一般为肉重的 0.1% ~0.4% 。

除磷酸盐外，淀粉、大豆分离蛋白、卡拉胶、酪蛋白等也用于肉制品的品质改良。

5.2.7 防腐剂

防腐剂是指能防止由微生物所引起的食品腐败变质，延长食品保存期的一类食品添加剂。食品腌制中使用的防腐剂主要有苯甲酸及其钠盐、山梨酸及其钾盐、脱氢乙酸及其钠盐、对羟基苯甲酸酯类及其钠盐、乳酸链球菌素、纳他霉素等。

苯甲酸又名安息香酸，为白色鳞片或针状结晶，纯度高时无臭味，不纯时稍带杏仁味，在酸性条件下容易随水蒸气挥发，易溶于酒精，难溶于水。所以一般多用其钠盐。苯甲酸钠为白色颗粒或结晶性粉末，微甜，无臭或略带安息香气味，溶于水，在空气中稳定，但遇热易分解。苯甲酸及其钠盐属于广谱抗菌剂，在酸性条件下防腐作用强，其抑菌作用的最适 pH 为 2.5 ~4.0，pH >4.5 时抑菌效果显著降低。我国《食品安全国家

标准　食品添加剂使用标准》(GB 2760-2011)规定：苯甲酸及其钠盐在腌制品中最大使用量(以苯甲酸计)，果酱为1.0 g/kg，蜜饯凉果为0.5 g/kg，盐渍蔬菜为1.0 g/kg。

山梨酸又名花楸酸，为白色或浅黄色鳞片状晶体或细结晶粉末，对光、热稳定，在空气中长期存放时易被氧化而变色，微溶于水。所以多使用其钾盐。山梨酸钾为白色至浅黄色粉末或颗粒，极易溶于水。山梨酸的防腐效果随pH升高而降低，在pH5.6以下使用，防腐效果最好。山梨酸对酵母菌、霉菌、好氧菌、丝状菌均有抑制作用，它还能抑制肉毒杆菌、金黄色葡萄球菌、沙门氏杆菌的生长繁殖，但对兼性芽孢杆菌和嗜酸乳杆菌几乎无效。我国《食品安全国家标准　食品添加剂使用标准》(GB 2760-2011)规定：山梨酸及其钾盐在腌制品中最大使用量(以山梨酸计)，果酱为1.0 g/kg，蜜饯凉果为0.5 g/kg，果冻为0.5 g/kg，腌渍蔬菜中即食笋干为1 g/kg，其他腌渍蔬菜为0.5 g/kg，蛋制品为1.5 g/kg，肉灌肠类为1.5 g/kg，熟肉制品为0.075 g/kg。

脱氢乙酸又称脱氢醋酸，为无色至白色针状结晶或白色晶体粉末，无臭，几乎无味，无刺激性，难溶于水，易溶于有机溶剂，无吸湿性，对热稳定，直射光线下变为黄色。脱氢乙酸钠纯品为白色或接近白色的结晶性粉末，几乎无臭，易溶于水。脱氢乙酸抑制霉菌、酵母菌的作用强于对细菌的抑制作用，尤其对霉菌抑制作用最强，是广谱高效的防霉防腐剂。脱氢醋酸属于酸性防腐剂，对中性食品基本无效。我国《食品安全国家标准　食品添加剂使用标准》(GB 2760-2011)规定：脱氢乙酸及其钠盐在腌制品中最大使用量(以脱氢乙酸计)，腌渍的蔬菜为0.3 g/kg，腌渍的食用菌和藻类为0.3 g/kg，熟肉制品为0.5 g/kg。

对羟基苯甲酸酯，又称尼泊金酯，属苯甲酸衍生物，为无色小结晶或白色结晶性粉末，无臭，无味，稍有涩味，易溶于乙醇而难溶于水，不易吸潮，不挥发，在酸性和碱性条件下均起作用。对羟基苯甲酸酯类包括甲酯、乙酯、丙酯、异丙酯、丁酯、异丁酯、己酯、庚酯、辛酯等，其抑菌作用随碳原子数的增加而增加，且碳链越长毒性越小。对羟基苯甲酸酯类抑制霉菌和酵母菌的能力优于抑制细菌的能力，在抑制细菌方面，抑制革兰氏阳性菌的能力优于抑制革兰氏阴性菌的能力。我国《食品安全国家标准　食品添加剂使用标准》(GB 2760-2011)规定：对羟基苯甲酸酯类及其钠盐在腌制品中最大使用量(以对羟基苯甲酸计)，果酱为0.25 g/kg，热凝固蛋制品为0.2 g/kg。

5.2.8 抗氧化剂

抗氧化剂是指能防止或延缓食品成分氧化分解、变质，提高食品稳定性的物质。抗氧化剂分为油溶性抗氧化剂和水溶性抗氧化剂两大类。油溶性的抗氧化剂能均匀地分布于油脂中，对油脂和含油脂的食品可以起到很好的抗氧化作用。油溶性抗氧化剂有丁基羟基茴香醚(BHA)、二丁基羟基甲苯(BHT)、没食子酸丙酯(PG)、生育酚(维生素E)混合浓缩物等。水溶性抗氧化剂主要有L-抗坏血酸及其钠盐、异抗坏血酸及其钠盐、茶多酚、异黄酮类、迷迭香抽提物等。

抗氧化剂的作用机理比较复杂，一般认为包括两方面。一是通过抗氧化剂与氧气发生反应，降低食品内部及其周围的氧含量。如抗坏血酸与异抗坏血酸本身极易被氧化，能使食品中的氧首先与其反应，从而避免了食品中易氧化成分的氧化。二是抗氧化剂释放出的氢原子与油脂等自动氧化反应产生的过氧化物结合，中断连锁反应，阻止氧化过程的继续进行。

我国《食品安全国家标准　食品添加剂使用标准》(GB 2760-2011)规定：BHA 在腌腊肉制品类中最大使用量为 0.2 g/kg，BHT 在腌腊肉制品类中最大使用量为 0.2 g/kg；PG 在腌腊肉制品类中最大使用量为 0.1 g/kg。

5.3 食品常用腌渍方法

5.3.1 食品盐腌方法

食品盐腌方法主要包括干腌法、湿腌法、注射法和混合腌制法四种，其中干腌和湿腌是基本的腌制方法。

1. 干腌法

干腌法是将食盐或混合盐涂擦在食品原料表面，然后层堆在腌制架上或层装在腌制容器内，利用食盐产生的高渗透压使原料脱水，依靠外渗汁液形成腌制液进行腌制的方法。由于开始腌制时仅加食盐或混合盐，而不是盐水，故称干腌法。干腌法因盐水形成缓慢，导致盐分向食品内部渗透较慢，腌制时间长，但是腌制品的风味较好。常用于火腿、咸肉、咸鱼，以及多种蔬菜腌制品的腌制。

干腌法一般在水泥池、缸或坛等容器内进行。为防止食品上下层腌制不均匀的现象，腌制过程中有时需要定期进行翻倒，一般是上下层翻倒。蔬菜等腌制过程中有时要对原料加压，以保证原料被浸没在盐水之中。我国特产火腿的干腌是在腌制架上进行，腌制架可用硬木制造，腌制过程中要进行多次翻腿和覆盐。

干腌法的用盐量因食品原料和季节不同而异。腌制火腿的食盐用量一般为鲜腿重的9%~10%，气温升高时用盐量可适当增加，若腌房平均气温在15~18℃时，用盐量可增加到12%以上。生产西式火腿、香肠及午餐肉时，多采用混合盐，混合盐一般由98%的食盐、0.5%的亚硝酸盐和1.5%的食糖组成。干腌蔬菜时，用盐量一般为菜重的7%~10%，夏季为菜重的14%~15%。腌制酸菜时，为了利于乳酸菌繁殖，食盐用量不宜太高，一般控制在原料重量的4%以内，同时注意装坛时要将原料捣实并压以重物，让渗出的菜卤漫过菜面，防止好氧型微生物的繁殖所造成的产品劣变。

干腌法的优点是所用的设备简单，操作方便；腌制品含水量低，有利于储存；食品营养成分流失较少。其缺点是食品内部盐分不均匀；产品失水量大，减重多；肉制品色泽差，当盐卤不能完全浸没原料时，肉、禽、鱼暴露部分易发生油烧现象；蔬菜易发生长膜、生花和发霉等劣变。

2. 湿腌法

湿腌法是将食品原料浸没在一定浓度的食盐溶液中，利用溶液的扩散和渗透作用使盐溶液均匀地渗入原料组织内部，最终使原料组织内外溶液浓度达到动态平衡的腌制方法。分割肉类、鱼类和蔬菜均可采用湿腌法进行腌制。此外，果品中的橄榄、李子、梅子等加工凉果时多采用湿腌法先将其加工成半成品。

湿腌法的操作和盐液的配制因食品原料不同而异。肉类多采用混合盐液腌制，盐液中食盐含量与砂糖量的比值(称盐糖比值)对腌制品的风味影响较大。用湿腌法腌肉一般在2～3℃条件下进行，将处理好的肉块堆积在腌渍池中，注入肉块质量1/2左右的混合盐液，盐腌温度2～3℃，最上层压以重物避免腌肉上浮。肉块较大时腌制过程还需要翻倒，以保证腌制均匀。鱼类湿腌时，常采用高浓度盐液，腌制中常因鱼内水分渗出使盐水浓度变稀，故需经常搅拌以加快盐液的渗入速度。

非发酵型蔬菜腌制品的湿腌可采用浮腌法，即将菜和盐水按比例放入腌渍容器中，定时搅拌，随着日晒水分蒸发，菜卤浓度增高，最终腌制成深褐色产品，而且菜卤越老品质越佳。也可利用盐水循环浇淋腌菜池中的蔬菜。发酵型蔬菜腌制品可利用低浓度混合食盐水浸泡，在缺氧条件下使其进行乳酸发酵，腌制品咸酸可口。

湿腌法采用的盐水浓度在不同的食品原料中是不一样的。腌制肉类时，甜味者食盐用量为12.9%～15.6%，咸味者为17.2%～19.6%。鱼类常用饱和食盐溶液腌制。非发酵型蔬菜腌制品腌制时的盐水浓度一般为5%～15%，发酵型蔬菜腌制品所用盐水浓度一般控制在6%～8%。

湿腌法的优点是食品原料完全浸没在浓度一致的盐溶液中，既能保证原料组织中的盐分均匀分布，又能避免原料接触空气出现油烧现象。其缺点是用盐量多；易造成原料营养成分较多流失；制品含水量高，不利于储存；需用容器设备多，工厂占地面积大。

3. 注射法

为加快食盐的渗透，防止腌肉在腌制过程中的腐败，目前广泛采用注射法腌制。注射腌制法最初出现的是动脉注射腌制，以后又发展出肌肉注射腌制。注射的方法也由单针头注射发展为多针头注射。

动脉注射腌制法是用泵将腌制液经动脉系统送入肉内的腌制方法。因为一般分割胴体的方法并不考虑原来动脉的完整性，所以此法只能用来腌制前、后腿。动脉注射腌制法的优点是腌制速度快；产品得率高。缺点是应用范围小，只能用于前后腿的腌制；腌制产品易腐败，需要冷藏。

肌肉注射腌制法的注射方法有单针头和多针头两种。单针头注射法可用于各种分割肉；多针头注射更适用于形状整齐而不带骨的肉，特别是腹部肉和肋条肉。肌肉注射法因注射时腌制液会过多的积聚在注射部位，短时间内难以扩散渗透到其他部位，因而通常在注射后进行按摩或滚揉操作，即利用机械作用促进盐溶蛋白的释放及腌制液的渗透。

4. 混合腌制法

混合腌制是将两种以上腌制方法相结合的腌制方法。

干腌和湿腌相结合的混合腌制法常用于鱼类、肉类及蔬菜等的腌制。腌制时可先进行干腌，然后进行湿腌。干腌和湿腌相结合可以先利用干腌适当脱除食品中一部分水分，避免湿腌时因食品水分外渗而降低腌制液浓度，同时也可以避免干腌法对食品过分脱水的缺点。

注射腌制法常和干腌法或湿腌法结合进行，即腌制液注射入鲜肉后，再在其表面擦盐，然后堆叠起来进行干腌。或者注射后装入容器内进行湿腌，湿腌时腌制液浓度不要高于注射用的腌制液浓度，以免导致肉类脱水。

5.3.2 食品糖渍方法

食品的糖渍主要用于果品蔬菜糖制品的加工。果蔬糖制品根据其组织状态可分为果脯蜜饯类和果酱类两大类，不同种类的糖制品糖渍的方法也不相同。

1. 果脯蜜饯类糖渍法

糖渍(又称糖制)是果脯蜜饯类产品加工生产的关键工序。糖渍过程是果蔬原料吸收糖分的过程，糖液中的糖分首先扩散进入组织细胞间隙，再通过渗透作用进入细胞内，最终达到糖制品要求的糖浓度。糖渍方法根据是否对原料加热可分为蜜制和煮制两种。

蜜制就是将果蔬原料放在糖液中腌渍，不对果蔬原料进行加热，从而能较好地保存产品的色、香、味、营养价值及组织状态。该法适用于皮薄多汁、质地柔软的原料，如樱桃等的糖渍过程中。蜜制过程中为了使产品保持一定的饱满度，糖液浓度一开始不要太高，一般采用30% ~40%的浓度。生产上常用分次加糖法、一次加糖分次浓缩法、减压蜜制法等方法来加快糖分在果蔬原料组织内部的扩散渗透。

煮制是将原料放在热糖液中糖渍的方法。煮制有利于加快糖分的扩散渗透，生产周期短。但因温度高，产品的色、香、味以及维生素 C 等热敏性的营养物质会受到破坏。该法适用于肉质致密、耐煮制的果蔬原料。煮制方法包括一次煮制、多次煮制、快速煮制、减压煮制和扩散煮制等几种方法。

一次煮制法是将经过预处理的原料加糖后一次性煮制成功。苹果脯、南式蜜枣等一般采用此法。操作方法为：先配好40%的糖液入锅，倒入处理好的果蔬原料，迅速加热使糖液沸腾，随着糖分向原料组织渗入，原料内的水分开始外渗，使糖液浓度渐稀，然后分次加糖使糖浓度逐渐增高至60% ~65%停止加热。该法特点是快速省工，但原料持续受热时间长，容易煮烂，产品色、香、味差，维生素 C 等热敏性物质破坏严重，糖分难以达到内外平衡，致使原料失水过多而出现干缩现象。

多次煮制法是将预处理的原料放在糖液中经多次加热和放冷浸渍，并逐步提高糖浓度的糖渍方法。操作方法为：先用30% ~40%的糖液将原料煮至稍软，然后放冷浸渍 24 h，其后每次煮制将糖浓度提高10%，煮沸 2 ~3 min，直至糖浓度达到60%以上。多次煮制法每次加热煮制的时间短，放冷浸渍的时间长，并采用逐步提高糖浓度的方法，因而糖分能够充分深入原料内部。该法缺点是加工所需时间长，煮制过程不能连续化，费时，费工。北式蜜枣的加工一般采用此法，对于糖液难于渗入的原料、容易煮烂的原料以及含水量高的原料，如桃、杏、梨和西红柿等也可采用此法。

快速煮制法是将原料在冷热两种糖液中交替进行加热和放冷浸渍，使果蔬内部水气压迅速消除，糖分快速渗入而达到平衡的糖渍方法。操作方法是将预处理好的原料装入网袋中，先在30%的热糖液中煮 4 ~8 min，取出立即放入相同浓度的15℃的糖液中冷却浸渍。如此交替进行4~5次，每次提高糖浓度10%，最后完成煮制过程。此法可连续进行，加热时间短，产品质量高，但糖液的用量大。

减压煮制法又称真空煮制法。原料在真空和较低温度下煮沸，因组织中不存在大量空气，糖分能迅速渗入到果蔬组织内部而达到平衡。该法煮制温度低，时间短，因此制品色、香、味等都比常压煮制好。操作方法为将预处理好的原料先投入到盛有25%稀糖液的真空锅中，在真空度为83.545 kPa，温度为55~70℃下热处理4~6 min，恢复常压糖渍一段时间，然后提高糖液浓度至40%，再在真空条件下煮制4~6 min，再恢复常压糖渍。重复3~4次，每次提高糖浓度10%~15%，使产品最终糖液浓度在60%以上时止。

扩散煮制法是在真空煮制的基础上进行的一种连续化糖渍方法，机械化程度高，糖渍效果好。操作方法为先将原料密闭在真空扩散器内，排除原料组织中的气体，然后加入95℃浓度为30%的热糖液，待糖分扩散渗透后，将糖液顺序转入另一扩散器内，再将原来的扩散器内加入较高浓度的热糖液，每次提高糖浓度10%，如此连续进行几次，直至制品达到要求的糖浓度。

2. 凉果类糖渍法

凉果是以梅、李、橄榄等果品为原料，先将果品盐腌制成果坯进行半成品保藏，再将果坯脱盐，添加多种辅助原料，如甘草、糖精、精盐、食用有机酸及天然香料(如丁香、肉桂、豆蔻、茴香、陈皮、蜜桂花和蜜玫瑰花等)，采用拌砂糖或用糖液蜜制，再经干制而成的甘草类制品。凉果类制品兼有咸、甜、酸、香多种风味，属于低糖蜜饯，深受消费者欢迎。代表性的产品有话梅、话李、陈皮梅、橄榄制品等。

3. 果酱类糖渍法

果酱类产品包括果酱、果泥、果糕、果冻、马末兰等。果酱类糖渍即加糖煮制浓缩，其目的是排除果浆(或果汁)中大部分水分，提高糖浓度，使果浆(或果汁)中糖、酸、果胶形成最佳比例，有利于果胶凝胶的形成，从而改善制品的组织状态。煮制浓缩还能杀灭有害微生物，破坏酶的活性，有利于制品的保藏。

加糖煮制浓缩是果酱类制品加工的关键工序。煮制浓缩前要按原料种类和产品质量标准确定配方，一般要求果肉(果浆或果汁)占总配料量的40%~55%，砂糖占45%~60%，果肉(果浆或果汁)与加糖量的比例大约为1:1~1:1.2。形成凝胶的最佳条件为果胶1%左右、糖65%~68%、pH 3.0~3.2。煮制浓缩时根据原料果胶、果酸的含量多少，必要时可以添加适量柠檬酸、果胶或琼脂。

煮制浓缩的方法主要有常压浓缩和真空浓缩两种。浓缩终点的判断可用折光仪实测可溶性固形物含量或采用测定沸点温度法加以确定。例如果冻浓缩时，当糖液沸点液温度达到104~105℃时即为终点，此时可溶性固形物含量已超过65%，具备了冷却胶凝为果冻的条件。生产上也可以采用挂片法等经验性的方法判断煮制浓缩的终点。

5.3.3 食品酸渍方法

食品酸渍法是利用食用有机酸腌渍食品的方法。按照有机酸的来源不同大致可分为人工酸渍和微生物发酵酸渍两类方法。

人工酸渍法是以食醋或冰醋酸及其他辅料配制成腌渍液浸渍食品的方法，主要用于蔬菜中酸黄瓜、糖醋大蒜、糖醋藠头等产品的酸渍。在酸渍前，一般先对蔬菜原料进行低盐腌制，根据产品风味要求再进行脱盐或不脱盐，之后再按照不同产品的用料配比加入腌渍液进行酸渍。由于产品种类和腌渍液配比不同，酸渍产品的风味也各异。

微生物发酵酸渍法是利用乳酸发酵所产生的乳酸对食品原料进行腌制的方法，如酸菜、泡菜等的腌制。乳酸发酵是乳酸菌在缺氧条件下进行的发酵，因此在发酵过程中要使食品原料浸没在腌制液中完全与空气隔绝，盖上坛盖后要在坛沿加水进行水封，并注意坛沿水的卫生，这是保证酸渍食品质量的技术关键。

5.3.4 腌渍过程中有关因素的控制

食品腌制的目的是防止食品腐败变质，改善食品的食用品质。为了达到这些目的必须对腌制过程进行合理的控制。腌制剂的扩散渗透速度是影响腌制品质量的关键，发酵是否正常进行则是影响发酵型腌制品质量的关键，如果对影响这两方面的因素控制不当就难以获得优质腌制食品。其影响因素主要有以下几个方面。

1. 食盐的纯度

食盐的主要成分是 NaCl，根据其来源不同其中还会含有 $CaCl_2$、$MgCl_2$、Na_2SO_4、$MgSO_4$、沙石及一些有机物等杂质。$CaCl_2$、$MgCl_2$的溶解度远远超过 NaCl 的溶解度，而且随着温度的升高，溶解度的差异越大，因此食盐中含有这两种杂质时，NaCl 的溶解度会降低，从而影响食盐在腌制过程中向食品内部扩散渗透的速度。曾有人研究了在腌制鳘鱼时食盐的纯度对腌制所需时间的影响，结果显示，用纯食盐腌制时从开始到渗透平衡仅需 5.5 d，若食盐中含 1% $CaCl_2$就需 7 d，含 4.7% $MgCl_2$则需 23 d 之久。腌制时间越长就意味着腌制品越容易腐败变质。

食盐中 $CaCl_2$、$MgCl_2$、Na_2SO_4、$MgSO_4$等杂质过多还会使腌制品具有苦味。食盐中微量的铜、铁、铬的存在会导致腌肉制品中脂肪氧化酸败。食盐中若含有铁还会影响蔬菜腌制品的色泽。

因此，食品腌制过程中最好选用纯度较高的食盐，以防止食品的腐败变质以及品质的下降。

2. 食盐用量或盐水浓度

根据扩散渗透理论，盐水浓度越大，则扩散渗透速度越快，食品中食盐的含量就越高。实际生产中食盐用量决定于腌制目的、腌制温度、腌制品种类以及消费者口味。要想腌制品能够完全防腐，食品中含盐量至少为 17%，所用盐水的浓度则至少要达到 25%。腌制环境温度的高低也是影响用盐量的一个关键因素，腌制时气温高则食品容易腐败变质，故用盐量应该高些，气温低时用盐量则可以降低些。例如腌制火腿的食盐用量一般为鲜腿重的 9% ~10%，气温升高时(如腌房平均气温在 15 ~18℃时)，用盐量可增加到 12% 以上。

干腌蔬菜时，用盐量一般为菜重的7%～10%，夏季为菜重的14%～15%。腌制酸菜时，为了利于乳酸菌繁殖，食盐用量不宜太高，一般控制在原料重的3%～4%。泡菜加工时，盐水的浓度虽然在6%～8%，但是加入蔬菜原料后经过平衡后一般维持在4%以内。

从消费者能接受的腌制品咸度来看，其盐分以2%～3%为宜。但是低盐制品还必须考虑采用添加防腐剂、合理包装等措施来防止制品的腐败变质。

3. 温度

由扩散渗透理论可知，温度越高，腌制剂的扩散渗透速度就越快。曾有人用饱和食盐水腌制小沙丁鱼观察食盐的渗透速度，从腌制到食盐含量为11.5%所需时间来看，0℃时为15℃时的1.94倍，为30℃时的3倍，温度平均每升高1℃，时间可以缩短13 min左右。虽然温度越高，腌制时间越短，但是腌制温度的确定还必须考虑微生物引起的食品腐败问题。因为温度越高，微生物生长繁殖也就越迅速，食品在腌制过程中就越容易腐败。特别是对于体积较大的食品原料(如肉类)，腌制应该在低温(2～3℃)条件下进行。

蔬菜腌制时，温度对蛋白质的分解有较大的影响，温度适当增高，可以加速蔬菜腌制过程中的生化反应。温度在30～50℃时，蛋白质分解酶活性较高，因而大多数咸菜(如榨菜、冬菜等)要经过夏季高温，来提高蛋白质分解酶的活性，使其蛋白质分解。尤其是冬菜要在夏季进行晒坛，使其蛋白质分解，从而有利于冬菜色、香、味等优良品质的形成。

对泡酸菜来说，需要乳酸发酵，适宜于乳酸菌发酵的温度为26～30℃。在此温度范围内，发酵快，时间短，低于或高于适宜温度，需时就长。如卷心菜发酵，在25℃时仅需6～8 d，而温度为10～14℃时则需5～10 d。

果品蔬菜糖渍时，温度的选择主要考虑原料的质地和耐煮性。对于柔软多汁的原料来说，一般是在常温下进行蜜制；质地较硬、耐煮制的原料则选择煮制的方法。

因此，食品腌制过程中温度应根据实际情况和需要进行控制。

4. 空气

空气对腌制品的影响主要是氧气的影响。果蔬糖制过程中，氧气的存在将导致制品的酶促褐变和维生素C等还原性物质的氧化损失，采用减压蜜制或减压煮制可以减轻氧化导致的产品品质的下降。

肉类腌制时，如果没有还原物质存在，暴露于空气中的肉表面的色素就会氧化，并出现褪色现象。因此，保持缺氧环境将有利于稳定肉制品的色泽。

对于发酵型蔬菜腌制品来说，乳酸菌属于厌氧或兼性厌氧的微生物，因此在无氧条件下生长良好。例如，加工泡菜时必须将坛内蔬菜压实，装入的泡菜水要将蔬菜浸没，不让其露出液面，盖上坛盖后要在坛沿加水进行水封，这样不但避免了外界空气和微生物的进入，而且发酵时产生的二氧化碳也能从坛沿冒出，并将菜内空气或氧气排除掉，形成缺氧环境。

5.4 腌制品的食用品质

食品在腌制过程中随着腌制剂的吸附、扩散和渗透，食品组织内会发生一系列的化学和生物化学变化，有些还伴随着复杂的微生物发酵过程。正是这一系列的变化使腌制品产生了独特的色泽和风味。色泽和风味是构成腌制品食用品质的重要组成部分。

5.4.1 腌制品色泽的形成

色泽是评价食品品质的重要指标之一。虽然食品的色泽本身并不影响食品的营养价值和风味，但是色泽的好坏将直接影响消费者对食品的选择。在食品的腌制加工过程中，色泽主要通过褐变作用、吸附作用以及添加的发色剂的作用而产生。

1. 褐变作用产生的色泽

食品的褐变作用按其发生机制分为酶促褐变和非酶褐变两种类型。果品蔬菜中因含有多酚类物质、多酚氧化酶以及过氧化物酶等，在加工中有氧气存在的情况下多酚类物质会在氧化酶的作用下形成醌，醌再进一步聚合形成褐色物质，聚合程度越高颜色越深，最后变成黑褐色物质，这一反应即为酶促褐变。酶促褐变在蔬菜腌制中较为普遍，产生的色泽是某些腌制品良好品质的表现。其褐变机理为蔬菜中的蛋白质分解产生的酪氨酸在微生物或原料组织中所含的酪氨酸酶的作用下，会在有氧气供给时发生酶促褐变，逐渐变成黄褐色或黑褐色的黑色素，使腌制品呈现较深的色泽。

食品腌制中的非酶褐变主要是美拉德反应，它是由原料中的蛋白质分解产生的氨基酸与原料中的还原糖反应生成褐色至黑色的物质。褐变的程度与温度及反应时间的长短有关，温度越高时间越长则色泽越深，如四川南充冬菜成品色泽乌黑有光泽与其腌制后熟时间长并结合夏季晒坛是分不开的。

蔬菜原料中的叶绿素在酸性条件下会脱镁生成脱镁叶绿素，失去其鲜绿的色泽，变成黄色或褐色。蔬菜腌制过程中乳酸发酵和醋酸发酵会加快这一反应的进行，所以，发酵型的蔬菜腌制品(如酸菜、泡菜)腌制后蔬菜原来的绿色会消失，进而表现出蔬菜中叶黄素等色素的色泽。

对于果蔬糖制品来说，褐变作用往往会降低产品的质量。所以在这类产品腌制时，就要采取措施来抑制褐变的发生，保证产品的质量。在实际生产中，通过钝化酶和隔氧等措施可以抑制酶促褐变，通过降低反应物的浓度和介质的 pH、避光及降低温度等措施可以抑制非酶褐变的进行。

2. 吸附作用产生的色泽

在食品腌制使用的腌制剂中，红糖、酱油、食醋等有色调味料均含有一定的色素物质，辣椒、花椒、桂皮、小茴香、八角等香辛料也分别具有不同的色泽。食品原料经腌制后，这些腌制剂中的色素会被吸附在腌制品的表面，并向原料组织内扩散，结果使产品具有了相应的色泽。通过吸附形成的色泽也是某些腌制品色泽的重要组成部分。

3. 发色剂作用产生的色泽

肉在腌制时会加速血红蛋白(Hb)和肌红蛋白(Mb)的氧化，形成高铁肌红蛋白(Met-Mb)和高铁血红蛋白(Met-Hb)，使肌肉失去原有色泽，变成带紫色调的浅灰色。因此，肉类腌制中常加入发色剂亚硝酸盐(或硝酸盐)，使肉中的色素蛋白与亚硝酸盐反应，形成色泽鲜艳的亚硝基肌红蛋白(NO-Mb)。亚硝基肌红蛋白(NO-Mb)是构成腌肉色泽的主要成分，它是由一氧化氮和色素物质肌红蛋白(Mb)发生反应的结果。NO是由硝酸盐或亚硝酸盐在腌制过程中经过复杂的变化而形成的。

首先硝酸盐在酸性条件和还原性细菌作用下形成亚硝酸：

$$NaNO_3 \longrightarrow NaNO_2 + 2H_2O$$

亚硝酸盐在微酸性条件下形成亚硝酸：

$$NaNO_2 \longrightarrow HNO_2$$

肉中的酸性环境主要是乳酸造成的，在肌肉中由于血液循环停止，供氧不足，肌肉中的糖原通过酵解作用分解产生乳酸，随着乳酸的积累，肌肉组织中的pH可以从原来的正常生理值7.2~7.4逐渐降低到5.5~6.4之间，这样的条件下有利于亚硝酸盐生成亚硝酸，亚硝酸是一个非常不稳定的化合物，腌制过程中在还原性物质作用下形成NO：

$$3HNO_2 \longrightarrow HNO_3 + 2NO + H_2O$$

这是一个歧化反应，亚硝酸既被氧化又被还原。NO的形成速度与介质的酸度、温度以及还原性物质的存在有关。所以形成亚硝基肌红蛋白(NO-Mb)需要一定的时间。直接使用亚硝酸盐比使用硝酸盐的发色速度要快。

肉制品的色泽受各种因素的影响，在贮藏过程中常常发生一些变化。如脂肪含量高的制品往往会褪色发黄，受微生物感染的灌肠，肉馅松散，外面灰黄不鲜。即使是正常腌制的肉，切开置于空气中后切面也会褪色发黄。这都与亚硝基肌红蛋白(NO-Mb)在微生物的作用下引起的卟啉环的变化有关。此外，亚硝基肌红蛋白(NO-Mb)在光的作用下会失去NO，再氧化成高铁肌红蛋白，高铁肌红蛋白在微生物等的作用下，使得血色素中的卟啉环发生变化，生成绿色、黄色、无色的衍生物。这种褪变色现象在脂肪酸败以及有过氧化物存在时会加速发生。有时，制品在避光的条件下贮藏也会褪色，这是由于亚硝基肌红蛋白(NO-Mb)单纯氧化造成的。如灌肠制品由于灌得不紧，空气混入馅中，气孔周围的色泽变成暗褐色，就是单纯氧化所致。肉制品的褪色与温度也有关，在2~8℃温度条件下褪色比在15~20℃以上的温度条件下慢得多。

综上所述，为了使肉制品获得鲜艳的色泽，除了要用新鲜的原料外，还必须根据腌制时间长短，选择合适的发色剂、发色助剂，掌握适当的用量，在适当的pH条件下严格操作。而为了保持肉制品的色泽，应该注意采用低温、避光、隔氧等措施，如添加抗氧化剂、真空或充氮包装、添加去氧剂脱氧等来避免氧化导致的褪色。

5.4.2 腌制品风味的形成

腌制品的风味是评定腌制品质量的重要指标。每种腌制品都有自己独特的风味，都是多种风味物质综合作用的结果。这些风味物质有些是食品原料本身具有的，有些是食品原料在加工过程中经过物理、化学、生物化学变化以及微生物的发酵作用形成的，还有一些是腌制剂具有的。腌制品中风味物质的含量虽然很少，但其组成和结构却十分复杂。

1. 原料成分以及加工过程中形成的风味

腌制品产生的风味有些直接来源于原料本身含有的风味物质，原料在加工过程中所含的化学物质经过一系列生化反应也可以产生一定的风味物质。

食品在腌制过程中，其中的蛋白质在水解酶的作用下，会分解成一些带甜味、苦味、酸味和鲜味的氨基酸。腌肉制品的特殊风味就是由蛋白质的水解产物组氨酸、谷氨酸、丙氨酸、丝氨酸、蛋氨酸等氨基酸及亚硝基肌红蛋白等形成的。蔬菜腌制过程中蛋白质分解产生的氨基酸可以与醇发生酯化反应生成具有芳香的酯类物质，与戊糖的还原产物4-羟基戊烯醛作用生成含有氨基的烯醛类芳香物质，与还原糖发生美拉德反应生成具有香气的褐色物质。

脂肪在腌制过程中的变化对腌制品的风味也有很大的影响。脂肪在弱碱性的条件下会缓慢分解为甘油和脂肪酸，少量的甘油可使腌制品稍带甜味，并使产品润泽。脂肪酸与碱类化合物发生的皂化反应可减弱肉制品的油腻感。因此适量的脂肪有利于增强腌肉制品的风味。

2. 发酵作用产生的风味

发酵型蔬菜腌制品腌制过程中，正常的发酵作用以乳酸发酵为主，辅之轻度的酒精发酵和微弱的醋酸发酵。

乳酸发酵分正型乳酸发酵和异型乳酸发酵。乳酸发酵初期主要是异型乳酸发酵，异型乳酸发酵的产物除了乳酸外，还有乙醇、醋酸、琥珀酸、甘露醇以及二氧化碳和氢气等气体，异型乳酸发酵产酸量低。中后期进行的正型乳酸发酵的产物只有乳酸，并且产酸量高，乳酸可以使腌制品具有爽口的酸味。

酒精发酵是在酵母菌的作用下进行的，其产物主要是酒精，除此之外还有异丁醇和戊醇等高级醇。酒精发酵以及异型乳酸发酵生成的酒精和高级醇对于腌制品后期芳香物质的形成起重要的作用。

醋酸发酵只在有氧的条件下进行，因此主要发生在腌制品的表面。正常情况下，醋酸积累量在0.2%～0.4%，这可以增进腌制品的风味。

由于腌制品的风味与微生物的发酵有密切关系，为了保证腌制品具有独特的风味，需要控制好腌制的条件，使之有利于微生物的正常发酵作用。

3. 吸附作用产生的风味

在腌制过程中，通常要加入各种调味料和香辛料等腌制剂，腌制品通过吸附作用可使其获得一定的风味物质。不同的腌制品添加的调味料和香辛料不一样，因此它们表现出的风味也大不一样。在常用的腌制辅料中，非发酵型的调味料风味比较单纯，而一些发酵型的调味料，其风味成分就十分复杂。如酱和酱油中的芳香成分就包括醇类、酸类、酚类、酯类及碳基化合物等多种风味物质，酱油中还含有与其风味密切相关的甲基硫的成分。

腌制品通过吸附作用产生的风味，与调味料和香辛料本身的风味以及吸附的量有直接的关系。在实际生产中可通过控制调味料和香辛料的种类、用量以及腌制条件来保证产品的质量。

5.5 食品的烟熏

食品的烟熏是在腌制基础上，利用木材不完全燃烧时产生的烟气熏制食品的方法，在我国有着悠久的历史。烟熏可以赋予食品特殊风味并能延长保存期，作为食品加工的一种手段，主要用于动物性食品如肉制品、禽制品和鱼制品的加工，某些植物性食品如熏豆腐、乌枣也采用烟熏。

5.5.1 烟熏的目的

烟熏最初的目的是延长食品的保存期，随着冷藏技术的发展，这一目的已降至次要地位，赋予制品独特的烟熏风味成了食品烟熏的首要目的。烟熏的主要目的有以下几个方面。

1. 呈味作用

香气和滋味是评定烟熏制品的重要指标。烟熏能赋予制品独特的风味，起这个作用的主要是熏烟中的酚类、有机酸(甲酸和醋酸)、醛类、乙醇、酯类等，特别是酚类中的愈创木酚和4-甲基愈创木酚是最重要的风味物质。烟熏制品的熏香味是多种化合物综合形成的，这些化合物包括烟熏过程中附着在制品上的熏烟中的成分、烟熏制品加热时自身反应生成的香气成分以及熏烟中成分与烟熏制品的成分反应生成的新的呈味物质。

2. 发色作用

烟熏制品所呈现的金黄色或棕色主要来源于熏烟成分中的碳基化合物与烟熏制品中蛋白质或其他含氮物中的游离氨基发生的美拉德反应。烟熏肉制品的稳定色泽与熏制过程中的加热能促进硝酸盐还原菌增殖及蛋白质的热变性，游离出半胱氨酸，从而促进亚硝基肌红蛋白形成稳定的颜色有关。此外，烟熏时，烟熏制品因受热脂肪外渗还会使制品表面带有光泽。

3. 防腐作用

熏烟的防腐作用主要来源于熏烟中的有机酸、醛类和酚类等三类物质。

有机酸可以降低微生物的抗热性，使烟熏过程中的加热更容易杀死制品表面的腐败菌，同时，渗入肉中的有机酸还可与肉中的氨、胺等碱性物质反应，从而使肉酸性增强，降低肉表层以下腐败菌的抗热性。

醛类一般具有防腐性，特别是甲醛，不仅本身具有防腐性，而且还与蛋白质或氨基酸的游离氨基结合，使碱性减弱，酸性增强，进而增强防腐效果。

酚类物质也具有一定的防腐作用，但其防腐作用比较弱。

熏烟成分主要附着在食品的表层，其防腐作用可以使食品表面存在的腐败菌和病原菌减少，但食品内部存在的菌所受影响较小，特别是未经腌制处理过的生肉，如果只进行烟熏则会迅速腐败。由此可见，烟熏所产生的防腐作用大体上是比较弱的，烟熏制品的贮藏性主要是由烟熏前的腌制和烟熏中及烟熏后的干燥脱水所赋予的。

4. 抗氧化作用

烟熏所产生的抗氧化作用与熏烟中的抗氧化成分有关，最主要的抗氧化成分是酚类及其衍生物，尤其以邻苯二酚和邻苯三酚及其衍生物的抗氧化作用最为显著。曾有人用煮制的鱼油试验，通过烟熏与未经烟熏的产品在夏季高温下放置12 d来测定它们的过氧化值，结果经烟熏的过氧化值为2.5 mg/kg，而未经烟熏的为5 mg/kg，由此证明熏烟具有抗氧化作用。熏烟的抗氧化作用可以较好地保护不饱和脂肪酸以及脂溶性维生素不被氧化破坏。

5.5.2　熏烟的主要成分及其作用

熏烟是由气体、液体和固体微粒组成的混合物。熏烟的成分很复杂，现在已从木材熏烟中分离出200种以上不同的化合物，熏烟的成分常因燃烧温度、燃烧室的条件、形成化合物的氧化变化以及其他许多因素的变化而异。熏烟中并非所有成分都对烟熏制品起有益作用。一般认为对烟熏制品风味形成和防腐起作用的熏烟成分有酚类、有机酸类、醇类、碳基化合物、烃类以及一些气体物质。

1. 酚类

从木材熏烟中分离出来并经鉴定的酚类达20种之多，其中最主要的有愈创木酚（邻甲氧基苯酚）、4-甲基愈创木酚、4-乙基愈创木酚、邻位甲酚、间位甲酚、对位甲酚、4-丙基愈创木酚、香兰素（烯丙基愈创木酚）、2，6-二甲氧基-4-丙基酚、2，6-二甲氧基-4-乙基酚、2，6-二甲氧基-4-甲基酚。这些酚在食品烟熏中所起的作用不尽相同。

在食品烟熏中，酚类的主要作用包括：①抗氧化作用；②对产品的呈味和呈色作用；③抗菌防腐作用。其中，酚类的抗氧化作用对烟熏制品最为重要。

熏烟中的2，6-二甲氧基酚、2，6-二甲氧基-4-甲基酚、2，6-二甲氧基-4-乙基酚等沸点较高的酚类抗氧化作用较强，而低沸点的酚类其抗氧化作用较弱。

4-甲基愈创木酚、愈创木酚、2，6-二甲氧基酚等存在于气相的酚类则与烟熏制品特有风味的形成有关。烟熏制品色泽主要是熏烟中的羰基化合物与食品中的氨基酸发生美拉德反应形成的，而酚类也可以促进熏烟色泽的产生。

酚类具有一定的抑菌能力，特别是高沸点酚类抑菌效果较强，因此，酚杀菌系数常被用作为衡量和酚相比时各种杀菌剂相对有效值的标准方法。由于熏烟成分渗入制品深度有限，因而主要是对烟熏制品表面的细菌有抑制作用。

2. 醇类

木材熏烟中醇的种类繁多，包括甲醇、伯醇、仲醇和叔醇等，其中最常见和最简单的醇是甲醇，由于甲醇是木材分解蒸馏中的主要产物之一，故又称其为木醇。它们都很容易被氧化成相应的酸类。

在烟熏过程中，醇类的主要作用是作为挥发性物质的载体，对色、香、味的形成不起主要作用，它的杀菌能力也较弱。

3. 有机酸类

熏烟组分中的有机酸主要是含1~10个碳原子的简单有机酸，其中蚁酸、醋酸、丙酸、丁酸和异丁酸等含1~4个碳原子的酸存在于熏烟的气相内；而戊酸、异戊酸、己酸、庚酸、辛酸、壬酸和癸酸等含5~10个碳的长链有机酸主要附着在熏烟的固体微粒上。

有机酸对烟熏制品的主要作用是聚积在制品的表面呈现一定的防腐作用。此外，有机酸有促进烟熏制品表面蛋白质凝固的作用，在食用去肠衣的肠制品时，有助于肠衣剥除。有机酸对烟熏制品的风味影响甚微。

4. 羰基化合物

熏烟中存有大量的羰基化合物，现已确定的有20种以上，如：2-戊酮、戊醛、2-丁酮、丁醛、丙酮、丙醛、丁烯醛、乙醛、异戊醛、丙烯醛、异丁醛、丁二酮、3-甲基-2-丁酮、3，3-二甲基丁酮、4-甲基-3-戊酮、α-甲基戊醛、顺式-2-甲基-2-丁烯-1-醛、3-己酮、2-己酮、5-甲基糠醛、丁烯酮、糠醛、异丁烯醛、丙酮醛等。同有机酸一样，它们既存在于蒸气气馏组分内，也存在于熏烟内的颗粒上。

在食品烟熏中，羰基化合物的主要作用是呈色、呈味。碳基化合物与烟熏制品中蛋白质或其他含氮物中的游离氨基发生的美拉德反应是烟熏制品色泽的主要来源。熏烟的风味和芳香味可能来自某些羰基化合物，而且更有可能来自熏烟中浓度特别高的羰基化合物，正是这些羰基化合物使烟熏食品具有特有的风味。

虽然绝大部分羰基化合物为非蒸汽蒸馏性的，但蒸汽蒸馏组分内有着非常典型的烟熏风味，而且影响色泽的成分也主要存在于蒸汽蒸馏组分内。因此，对烟熏食品的色泽和风味来说，简单短链化合物更为重要。

5. 烃类

从熏烟食品中能分离出许多多环烃类，其中有苯并(a)蒽[benz(a)anthracene]、二苯并(a，h)蒽[dibenz(a，h)anthracene]、苯并(a)芘[benzo(a)pyrene]、芘(pyrene)以及4-甲基芘(4-methylphrene)。大量动物试验表明，苯并(a)芘对小鼠、地鼠、豚鼠、兔、鸭、猴等多种动物有肯定的致癌性。人群流行病学研究表明，食品中苯并(a)芘含量与胃癌等多种肿瘤的发生有一定的关系。如对匈牙利西部一个胃癌高发地区的调查发现，该地区居民经常食用家庭自制的含苯并(a)芘较高的熏肉是胃癌发生的主要危险因素之一。

冰岛也是胃癌高发国家，据调查，当地居民食用自己熏制的食品较多，其中所含多环烃或苯并(a)芘明显高于市售同类产品。多环烃对烟熏制品来说无重要的防腐作用，也不能产生特有的风味，它们主要附在熏烟内的颗粒上，采用过滤的方法可以将其除去。在液体烟熏液中烃类物质的含量大大减少。

6. 气体物质

烟熏过程中产生的气体物质包括 CO_2、CO、O_2、N_2、N_2O 等，这些气体物质的作用还不很明确，大多数对烟熏制品无关紧要。在烟熏肉制品加工中 CO 和 CO_2 可被吸收到鲜肉的表面，产生一氧化碳肌红蛋白，而使产品产生亮红色；氧也可与肌红蛋白形成氧合肌红蛋白或高铁肌红蛋白，但还没有证据证明烟熏过程会发生这些反应。

气体成分中的 N_2O 可在熏制时形成亚硝酸，亚硝酸可以与胺类进一步反应生成亚硝胺，酸性条件不利于亚硝胺的形成，而碱性条件则有利于亚硝胺的形成。

5.5.3 熏烟的产生

用于熏制食品的熏烟是由空气和木材不完全燃烧得到的产物——燃气、蒸汽、液体、固体颗粒所形成的气溶胶系统，包括固体颗粒、液体小滴和气相，颗粒大小一般在 50 ~ 800 μm，气相成分大约占熏烟成分的 10% 。

熏烟中含有高分子和低分子化合物，这些成分或多或少是水溶性的，水溶性的物质大都是有用的熏烟成分，而固体颗粒(煤灰)、多环烃(PAH)和焦油等水不溶性物质中有些具有致癌性，这对生产液体烟熏制剂具有重要的意义。熏烟成分可受温度和静电的影响。在烟气进入熏室内之前，通过冷却烟气可将焦油、多环烃等高沸点的成分减少到一定范围。将烟气通过静电处理，可以分离出熏烟中的固体颗粒。

木材在高温燃烧时产生熏烟的过程可以分为两步：第一步是木材的高温分解；第二步是高温分解产物形成环状或多环状化合物，发生聚合反应、缩合反应以及形成产物的进一步热分解。

熏制过程就是食品吸收熏烟成分的过程。因此，熏烟中的成分是决定烟熏制品质量的关键。据分析，熏烟成分中有 200 多种化合物，这些成分因木材种类、供氧量以及燃烧温度等不同而异。

熏制食品采用的木材含有 50% 左右的纤维素、25% 左右半纤维素和 25% 左右的木质素。软木和硬木的主要区别在于木质素结构的不同，软木中的木质素中甲氧基的含量比硬木少。此外，不同木材的树脂含量也不同，如果树脂含量高，熏烟中多环烃的污染也会增加。一般来说，硬木、竹类风味较佳，而软木、松叶类因树脂含量多，燃烧时产生大量黑烟，使烟熏制品表面发黑，风味较次。在烟熏时一般采用硬木，个别国家也采用玉米芯。

木材在缺氧条件下燃烧会产生热解作用。其中，半纤维素热解温度在 200 ~ 260℃，纤维素在 260 ~ 310℃，木质素在 310 ~ 500℃。因此，不同的燃烧温度其产生的熏烟的成分是不同的。

木材和木屑热解时表面和中心存在着外高内低的温度梯度，当表面正在氧化时内部却正在进行着氧化前的脱水，在脱水过程中外表面温度稍高于100℃，此时外逸的化合物有 CO、CO_2以及醋酸等挥发性短链有机酸。当木材和木屑中心的水分接近零时，温度就迅速上升到大约300~400℃。此时木材和木屑就会发生热分解并出现熏烟。实际上大多数木材在200~260℃温度范围就已有熏烟产生，温度达到260~310℃则产生焦木液和一些焦油，当温度高于310℃时则木质素热解产生酚及其衍生物。

木材燃烧产生熏烟的成分还受供氧量的影响。正常烟熏过程中木屑燃烧的温度在100~400℃，会产生200种以上的成分，此时燃烧和氧化同时进行。研究表明，木屑燃烧过程中供氧量增加时，酸和酚的量会增加，当供氧量超过完全氧化时需氧的8倍左右时，其形成量达到最高值。酸和酚的形成量同时受燃烧温度的影响，如果温度较低，酸的形成量就较大，如果燃烧温度升高到400℃以上，酸和酚的比值就下降。因此，以400℃温度为界限，高于或低于它时所产生熏烟成分有显著的区别。

燃烧温度在340~400℃以及氧化温度在200~250℃间所产生的熏烟质量最高。在实际操作条件下很难将燃烧过程和氧化过程完全分开，但是设计一种能良好控制熏烟发生的烟熏设备却是可能的。欧洲已使用了木屑流化床，它能较好地控制燃烧温度和速率。

虽然400℃燃烧温度最适宜产生最高量的酚，但这一温度也有利于苯并芘及其他烃的产生。考虑到减少苯并芘等致癌物的产生，实际燃烧温度以控制在343℃左右为宜。

5.5.4 熏烟在制品上的沉积

在烟熏过程中，熏烟会在制品的表面沉积。影响熏烟沉积量的因素有食品表面的含水量、熏烟的浓度、烟熏室内的空气流速和相对湿度等。一般来说食品表面越干燥，熏烟的沉积量就越少(用酚的量表示)。熏烟的浓度越大，熏烟的沉积量也越大。烟熏室内适当的空气流速有利于熏烟的沉积，空气流速越大，熏烟和食品表面接触的机会就越多，但如果气流速度太大，则难以形成高浓度的熏烟，反而不利于熏烟的沉积。因此，在实际操作中要求既能保证熏烟和食品的接触，又不致使浓度明显下降，一般采用7.5~15 m/min的空气流速。相对湿度高有利于加速熏烟的沉积，但不利于色泽的形成。

烟熏过程中，熏烟成分首先沉积在制品的表面，随后各种熏烟成分向制品的内部扩散、渗透，使制品呈现出特有的色、香、味，保质期延长。影响熏烟成分扩散、渗透的因素有很多，主要包括：熏烟的成分、浓度、相对湿度，产品的组织结构，脂肪和肌肉的比例，制品的水分含量，熏制的方法和时间等。

5.5.5 烟熏材料的选择与预处理

烟熏材料是影响熏烟成分的主要因素之一，也是影响熏烟成分的首要因素。烟熏食品可采用的燃料有很多种，如玉米芯、谷壳、木材等。各种燃料成分的差别很大，因而熏烟成分的差别也很大。

木材含有50%的纤维素、25%的半纤维素和25%的木质素。加热时纤维素裂解形成1，6-无水葡萄糖，再分解成醋酸、酚、水和丙酮等一类产物。半纤维素含有戊聚糖，热裂解时形成呋喃、糠醛和酸，而且戊聚糖在木材中是热稳定性最差的成分，会首先裂解，因此半纤维素产酸量比纤维素和木质素大得多。木质素热裂解时产生甲醇、丙酮、简单有机酸、酚类化合物以及一些非蒸汽挥发性的成分，其中，酚类化合物为木质素热裂解的主要产物。研究表明，木质素和纤维素在极高的发生温度条件下，特别是缺氧时会产生多环烃。

木材是烟熏中使用最多的燃料。不同来源的木材产生熏烟的质量差别也很大，如山毛榉、白桦、赤杨等阔叶树的木材产生的熏烟防腐物质多，烟味好，煤烟树脂少；松、柏、杉等松针树木材因树脂含量高，产生的熏烟中黑烟多，色泽差并且有苦味。

因木屑与木材相比使用方便并能产生大量熏烟，故工业生产大多数将木材预处理成木屑使用。研究还发现调节木屑的湿度能更好地控制温度和熏烟浓度，根据这一原理现在已经有使用木屑和强制通风以加强熏烟形成的特种熏烟发生器发明使用，木屑经过洒水回潮，既可利用湿气控制燃烧的温度，又有利于提高熏烟浓度。熏烟浓度一般可用 40 W电灯来测定，若离 7 m 时可见灯光则说明熏烟不浓，如果离 60 cm 见不到灯光则说明熏烟浓度很大。

一般来说胡桃木为优质烟熏肉等烟熏制品的标准燃料，但是要获得纯质的胡桃木木屑比较困难。因此，目前常用木炭和阔叶树木屑做烟熏材料。另外，也有以玉米芯、谷壳做烟熏材料的报道。

5.5.6 烟熏方法

1. 冷熏法

冷熏法是原料首先经过较长时间的腌渍，然后在低温(15～30℃)下进行较长时间(4～7 d)熏制的方法。该法熏前原料进行了腌渍，产品含水量低(40%左右)，故耐藏性好。缺点是加工时间长、肉色差、产品的重量损失大，在夏季由于气温高，温度很难控制，特别当发烟很少的情况下，容易发生酸败现象。因此，该法宜在冬季进行。冷熏法生产的食品虽然水分含量低，贮藏期较长，但是烟熏风味却不如温熏法。主要用于干制香肠、带骨火腿以及培根的熏制。

2. 温熏法

温熏法是原料经过适当的腌渍(有时还可以加调味料)后在 30～50℃的温度范围内进行的烟熏方法。该法常用于熏制脱骨火腿、通脊火腿及培根等，熏制时间通常为 2～3 d，熏材通常采用干燥的橡材、樱材、锯木。温熏法的优点是产品重量损失少、风味好。但耐贮藏性不如冷熏法。同时，因为烟熏温度范围超过了脂肪的熔点，所以脂肪很容易流失，而且部分蛋白质受热凝结，烟熏过的制品质地会稍硬。

3. 热熏法

热熏法采用的温度为 50～85℃，通常在 60℃左右，熏制时间为 4～6 h。因为熏制的温度较高，制品在短时间内就能形成较好的熏烟色泽，但是熏制的温度必须缓慢上升，不能升温过急，否则容易产生发色不均匀的现象。同时较高的熏制温度使蛋白质几乎全部凝固，经过烟熏的制品表面硬度较高，而内部含有较多的水分，产品富有弹性。热熏法应用较为广泛，常用于熏制灌肠制品。

4. 焙熏法(熏烤法)

焙熏法采用的温度为 90 ~ 120℃，熏制的时间较短，是一种特殊的熏烤方法。该法不能用于火腿、培根等的熏制。由于熏制的温度较高，熏制过程即可完成熟制，不需要重新加工即可食用。应用这种方法烟熏的肉缺乏贮藏性，应迅速食用。

5. 电熏法

电熏法是在烟熏室内配制电线，电线上吊挂原料后，给电线通 10 ~ 20 kV 高压直流电或交流电进行电晕放电，熏烟由于放电而带电荷，可以更深入地进入制品内，从而使烟熏制品风味提高，贮藏期延长的熏制方法。电熏法的优点是使烟熏制品贮藏期延长，不易生霉，还能缩短烟熏的时间，只需温熏法的 1/2。但用电熏法时熏烟在熏制品的尖端部分沉积较多，造成烟熏不均匀，再加上成本较高等原因，目前电熏法还未能普及。

6. 液熏法

液熏法是用液态烟熏制剂代替传统烟熏的方法，又称无烟熏法。目前在国内外已广泛使用，是烟熏技术的发展方向。该法优点很多，包括：使用烟熏液不需要使用熏烟发生器，因而可以减少大量的投资费用；液态烟熏制剂的成分比较稳定，便于实现熏制过程的机械化和连续化，可以大大缩短熏制时间；液态烟熏剂中固体颗粒已除净，无致癌的危险。

液态烟熏剂一般用硬木干馏制取，软木虽然也能用，但需用过滤法除去焦油小滴和多环烃。液体烟熏剂主要含有熏烟中的气相成分，其中含有酚、有机酸、醇和羰基化合物。

液态烟熏剂的使用方法主要有两种。一是用液态烟熏剂替代熏烟材料，采用加热的方法使其挥发，和传统方法一样使其有效成分包附在制品上。这种方法仍需要烟熏设备，但其设备容易保持清洁状态。而使用天然熏烟时常会有焦油或其他残渣沉积，以致需要经常清洗。二是采用浸渍法或喷洒法省去全部烟熏工序。采用浸渍法时，液态烟熏剂需加 3 倍水稀释，将需要烟熏的制品在其中浸渍 10 ~ 20 h，然后取出干燥，浸渍时间可根据制品的大小、形状而定。如果在浸渍时加入 0. 5% 左右的食盐风味更佳，有时在稀释后的烟熏液中加 5% 左右的柠檬酸或醋，便于形成外皮，这主要用于生产去肠衣的肠制品。

用液熏法生产的肉制品仍然需要蒸煮加热，同时烟熏溶液喷洒处理后立即蒸煮，还能使制品形成良好的烟熏色泽。因此，液态烟熏制剂处理宜在即将开始蒸煮前进行。

【复习思考题】

1. 食品腌制的基本原理是什么？
2. 常用的食品腌制的方法有哪些？
3. 腌制食品的色泽和风味的来源有哪些？
4. 食品烟熏的目的是什么？

5. 简述熏烟中的主要成分及作用。
6. 常用的食品烟熏的方法有哪些？

主要参考文献

高彦祥. 食品添加剂. 北京：中国轻工业出版社，2011.
罗云波，蔡同一. 园产品贮藏加工学·加工篇. 北京：中国农业大学出版社，2001.
马长伟. 食品工艺学导论. 北京：中国农业大学出版社，2002.
庞小峰. 生物物理学. 西安：电子科技大学出版社，2007.
夏文水. 食品工艺学. 北京：中国轻工业出版社，2009.
周光宏. 畜产品加工学(第二版). 北京：中国农业出版社，2011.

第6章　食品发酵

【内容提要】

本章主要讲述食品发酵的一般工艺流程，不同的食品发酵类型，不同发酵条件对发酵的影响及其控制，发酵产物的提取与精制以及发酵过程中杂菌的污染及其防治。

【教学目标】

1. 熟悉发酵的一般工艺流程；
2. 了解不同的发酵类型；
3. 掌握温度、pH、溶氧、泡沫等对发酵的影响及控制；
4. 了解发酵产物的提取与精制方法；
5. 掌握发酵过程中染菌的危害及防治措施。

【重要概念及名词】

发酵；菌种选育；固态发酵；液态发酵；分批发酵；连续发酵；补料分批发酵；固定化细胞发酵；发酵热；溶氧浓度；消泡

6.1　发酵的概念及一般工艺过程

6.1.1　发酵的概念

英语中发酵(fermentation)一词最初来自拉丁语“发泡、翻涌”(fervere)这个词，是指酵母菌在无氧条件下利用果汁或麦芽谷物进行酒精发酵产生 CO_2并引起翻动的现象。微生物鼻祖巴斯德在研究酒精发酵的生理学意义时指出：发酵是酵母菌在无氧状态下的呼吸过程，是“生物体获得能量的一种形式”。而现在人们认识到除了酵母外，还有一些其他的微生物参与发酵，发酵产物除了乙醇和二氧化碳，还有很多其他的有用代谢产物。因此，现在认为发酵泛指微生物在无氧或有氧条件下，通过分解代谢或合成代谢或次生代谢等微生物代谢活动，大量积累人类所需的微生物体或微生物酶或微生物代谢产物的所有过程，此即发酵的广义定义。

发酵有时也称酿造。在我国，人们习惯把通过微生物纯种或混种作用后，不经过单一成分的分离提取和精制，获得的成分复杂、有较高风味要求的食品的生产称为酿造，如啤酒、葡萄酒、黄酒、白酒等酒类发酵及酱油、食醋、酱品、豆豉、腐乳、盐渍菜、酸泡菜、酸奶等调味和发酵食品的生产，均称为酿造；而通常把经过微生物纯种作用后，再经分离提取和精制，获得的成分单纯、无风味要求的产品生产称为发酵，如有机溶剂(酒精、丙酮、丁醇等)生产、抗生素(青霉素、链霉素、庆大霉素等)生产、有机酸(柠檬酸、葡萄糖酸等)生产、酶制剂(淀粉酶、蛋白酶等)生产、氨基酸(谷氨酸、赖氨酸等)生产、核苷酸(鸟苷酸、肌苷酸等)生产、维生素(维生素 B_2、维生素 B_{12}等)生产、激素和生长素生产，等。本书中所说发酵为广义的发酵。

6.1.2 发酵的一般工艺过程

在发酵生产过程中，从原料到最终产品的生产过程包含了一系列相对独立的工序，其一般生产过程如图 6-1 所示。

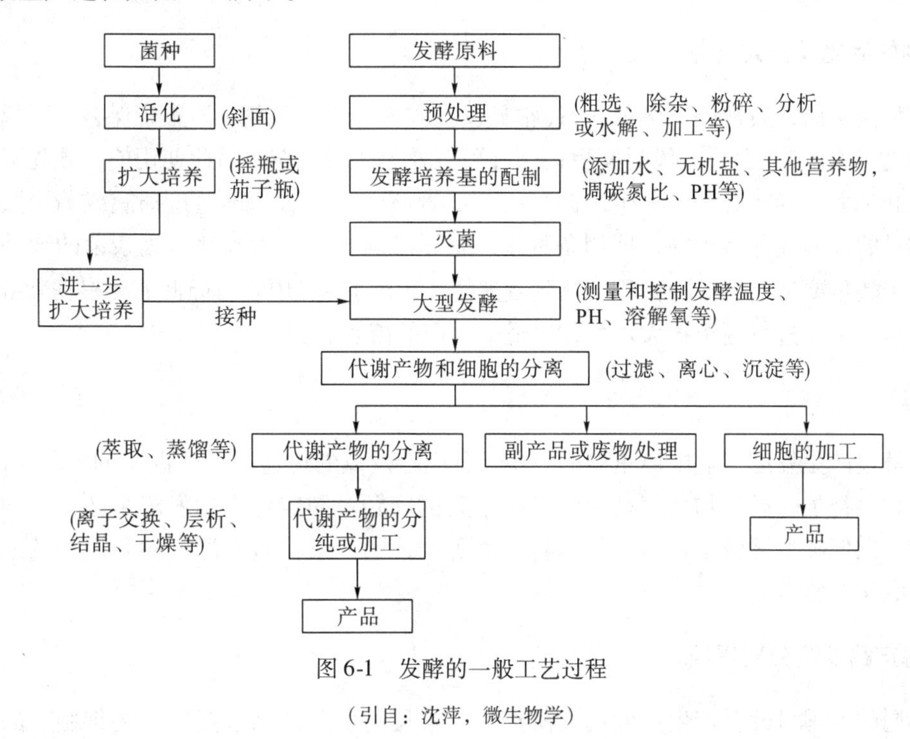

图 6-1 发酵的一般工艺过程

(引自：沈萍，微生物学)

1. 发酵原料及其预处理

发酵工业所用原料通常以糖质或淀粉质等碳水化合物为主，加入少量氮源，选用的原料多为玉米、薯干、谷物、米糠、豆粕等相对廉价的农产品，在使用前通常需要将这些原料进行粉碎、压榨等处理。而针对淀粉质含量较高的原料，如高粱、大米等在进行酒类酿造时，还需将淀粉进一步分解为可供酒曲直接利用的葡萄糖等低糖。

2. 发酵培养基的配制和灭菌

微生物的生长、繁殖需要不断地从外界吸收营养物质，以获得能量并合成新的物质。因此，培养基的配制需与相应的发酵微生物的需要相适应。培养基的成分通常包括碳源、氮源、磷源、硫源、无机离子、生长因子、水分等，此外还可根据需要添加促进剂或抑制剂。同时，培养基中碳氮比、pH 等也会对菌体的代谢产生影响，应加以控制。待培养基的组分及各组分的相关比例确定后，即可进行配置。

培养基配制好后，一个重要的工作就是对其进行灭菌，以杀灭杂菌，保证所接种的生产菌株的纯度。培养基的灭菌方法采用高压水蒸气直接对培养基进行加热灭菌，一般是121℃保温20～30 min，然后冷却。

除培养基需要灭菌外，发酵设备和通入的空气也需要灭菌。发酵设备的灭菌常采用实罐灭菌方法，即与发酵培养基一起灭菌，若发酵培养基采用连续灭菌时，则发酵设备先采用无菌蒸汽进行灭菌。空气的除菌则常采用高空采风或加强吸入空气的前过滤等预处理后，再对其进行除菌。空气的除菌方法包括辐射法、加热法、静电法、过滤法等，其中过滤法由于其经济性，是目前最常用的空气除菌方法。

3. 菌种的活化及扩大培养

菌种使用前，通常处于保藏状态(常见保藏方式为斜面保藏、沙土管保藏、石蜡油封存或为真空冻干)。保藏一段时间后，菌种可能处于休眠状态，因此使用前，须先对其进行活化和扩大培养。通常是将生产菌种接入试管斜面活化后，再通过摇瓶或茄子瓶制备一定数量的优质纯种微生物，即制备种子。种子必须是生命力旺盛、无杂菌的纯种培养物。种子数量要适当，接种体积要达到发酵罐体积的1%～10%。因此需要根据发酵容器的大小，对种子进行逐级扩大培养，以适应生产的需要。

4. 发酵

发酵生产是发酵工业中最重要的一步，其间涉及氧的传递、发酵温度的控制、pH的控制、物料补加、微生物发酵动力学等一系列的问题。制定合理的发酵工艺，并加以严格控制，以保障发酵微生物的高效运行，避免杂菌的污染，对发酵的顺利进行及发酵产物的最大化非常重要。

5. 发酵产品及其分离提纯

不同的发酵目的会产生不同的发酵产品，常见的发酵产品包括完整的细胞、酶制剂和各种代谢产物(包括有机酸、氨基酸、溶剂、抗生素、药用蛋白质、维生素等)。

发酵产物大多数经微生物代谢分泌到细胞外，但有些发酵产物在细胞培养过程中不能分泌到胞外的培养液中，而保留在细胞内，故需先进行细胞破碎，使胞内产物释放。具体破碎方法包括机械法(如压力法、研磨法、超声波法等)和非机械法(酶法、化学法、物理法等)。

发酵产物分离的方法则包括沉淀分离法、树脂分离法、离子交换法、萃取分离法、膜分离法。发酵产物分离后，还需要采用蒸发、结晶、干燥等技术进行进一步纯化。

6. 发酵副产物及废物处理

发酵工业从发酵液中提取产品后，其中仍残留未被利用的培养基成分、菌体蛋白及各种代谢产物等，若不加以处理而直接排放，则势必对环境造成影响。因此应对发酵废物进行无害化处理。目前利用发酵废物生产单细胞蛋白和利用发酵纤维质废物生产酒精的工艺已较成熟，而针对发酵工业废水则视其对氧的需求，分别采用活性污泥法或消化法等对其进行处理，待达到工业废水排放的相关国家标准方可排放到环境中。

6.2 菌 种 选 育

要进行发酵生产，必须要有适宜的生产菌种。不是所有的微生物都可以作为菌种，即使是同属于一个种的不同株的微生物，也不是所有的菌株都能用来进行发酵生产。例如碱性蛋白酶(洗涤剂的重要用酶)的生产菌种地衣芽孢杆菌，就不是该种菌中所有菌株都能用来作为菌种，而是经过精心选育，达到生产菌种的要求的菌株才可作为菌种。要成为发酵菌种，首先要符合一些基本的要求，同时针对生产的需要，还要进一步选育后才能用于生产。

6.2.1 生产菌种的要求和来源

6.2.1.1 对生产菌种的要求

(1)在廉价原料制成的培养基上迅速生长和繁殖，并产生所需要的大量代谢产物；

(2)在易于控制的培养条件下(培养基浓度、温度、pH、溶解氧、渗透压等)迅速生长和发酵，且产生的酶活性高；

(3)生长繁殖快，发酵周期短；

(4)根据代谢调控要求，选择单产高的营养缺陷型突变菌种或调节突变菌株或野生菌株；

(5)选择抗噬菌体能力强的菌株，使其不易感染噬菌体；

(6)种纯，不易变异退化，以保证发酵生产和产品质量的稳定性；

(7)菌体不是病原菌，不产生任何有害的生物活性物质和毒素(包括抗生素、激素、毒素等)，以保证安全；

(8)对放大设备的适应性强；

(9)对需要添加的前体物质有耐受能力，并且不能将这些前体物质作为一般碳源利用；

(10)在发酵过程中产生的泡沫要少，这对提高装料系数、提高单位产量和降低生产成本有重大意义。

6.2.1.2 生产菌种的来源

生产菌种主要有三种来源：自然选育、购买、人工育种。

1. 自然选育

自然环境包括土壤、水、动植物、空气、极端环境中都存在各种各样的微生物，可以说自然界是微生物资源的大本营。很多的生产菌种都是从自然环境中分离筛选出来的，适合生产需要的菌种，其筛选的主要过程，请参考本节6.2.2中自然选育相关内容。

2. 购买

目前，国内外有很多菌种生产和保藏单位，可以提供多种生产菌种。在进行生产前，可先确定所需菌种的具体要求，查阅各生产和保藏单位的相关菌种信息，若确定能符合自身生产需要，则可直接向这些单位购置所需菌种。目前，国内外著名的菌种保藏机构有中国微生物菌种保藏管理委员会(CCCCM)、美国典型菌种保藏中心(ATCC)、英国国家典型菌种保藏所(NCTC)等。

3. 人工育种

从自然界分离所得的野生菌种，或是通过购买所得的菌种，有些可以满足生产需要，但有些不能满足生产需要，或者有些生产对菌种有特殊要求，无法通过自然选育或购买途径获得。在这些情况下，需要对菌种采用人为干扰的方式，改善菌种的生物学特性或创造新品种，利用如诱变、杂交、原生质体融合、基因工程等手段进行人工育种。

6.2.2 菌种选育的方法

菌种选育的目的是改良或改变菌种的特性，使其符合工业生产或科研的要求。目前，菌种选育的方法主要包括自然选育、诱变育种、杂交育种、原生质体融合、基因工程。

6.2.2.1 自然选育

不经过人工诱变处理，而是根据微生物的自然突变进行微生物选育的过程，叫做自然选育或自然分离。自然突变是指某些微生物在没有人工参与下发生的突变。引起自然突变的原因主要包括两种：一种是自然环境中存在的低剂量宇宙射线、各种短波辐射、环境中的诱变物质和微生物自身代谢产生的诱变物质；另一种是在DNA复制过程中，碱基发生的错误配对，据统计，这种突变发生的几率为$10^{-9}\sim10^{-8}$。

自然选育的菌种主要来源于自然界，其基本的分离筛选流程为：样本采集→富集培养→纯种分离→菌种筛选→菌种鉴定。

1. 样本采集

微生物菌种样本的采集应该依据菌种筛选的目的、微生物的分布状态、微生物菌种的生理特性以及与外界环境关系等来确定取样时间、地点、样本材料等。例如淀粉酶、糖化酶生产菌种的分离，可以到面粉厂、食品厂、酒厂等环境去采样；蛋白酶、脂肪酶生产菌种的分离可以到肉类加工厂、饭店、污水等环境去采样。土壤是微生物的大本营，其中存在各种各样的微生物，但微生物的数量和种类常随土质的不同而不同。通常肥沃土壤中，微生物的数量最多，中性偏碱的土壤中以细菌和放线菌为主，酸性红土壤及森林土壤中霉菌较多，果园、菜园和野果生长区等富含碳水化合物的土壤和沼泽地中，霉菌和酵母较多，浅层土中比深层土中的微生物多，一般离表层5~25 cm深处的微生物数量最多。若要采集一些特殊代谢类型的微生物菌种，则需要选择极端环境(温泉、火山口、南极、北极等)作为采样点。此外，采样的季节性和时间也应充分考虑，以温度适中、雨量不多的秋初为好。

若在土壤中采样，待采土地点选好以后，用无菌刮铲将表层5 cm左右的浮土除去，取5~25 cm处的土样10~25 g，装入事先准备好的无菌塑料袋(牛皮袋或玻璃瓶)中扎好，记录采样时间、地点、土壤质地、植被名称以及其他环境条件，以备查考。

若已知所需菌种的明显特征，则可直接采样。例如分离能利用糖质原料、耐高渗的酵母菌，可以采集加工蜜饯、蜂蜜的环境土壤样本；分离啤酒酵母，则直接从酒厂的酒糟中采样等。

2. 富集培养

从自然界获得的样本，是很多种类微生物的混杂物。如果样品中所需要的菌类含量不多，就要设法增加所需菌种的数量，以增加分离的概率。用来增加该菌种的数量的方法称为富集培养法。

富集培养时，通常是根据目的菌的培养条件、生理特性来设计一些选择性培养基，创造有利于目的菌的生长条件或加入一定的抑制剂等，淘汰一些不需要的杂菌。主要依据微生物的碳源、氮源、pH、温度、氧气等生理因素来设计选择培养基或培养条件。例如，在高温下培养有助于分离出嗜热微生物，采用高糖或高盐培养基可分离出耐高渗透压的微生物或耐盐微生物，控制不同的pH条件可筛选到嗜酸或嗜碱的微生物；添加抗真菌抗生素有助于分离到细菌，添加抗细菌抗生素有助于分离到真菌。

3. 纯种分离

通过增殖培养，虽然目的微生物大量存在，但并不能获得微生物纯种，还需要进行分离和纯化。菌种纯化的方法可分为单菌落分离方法和单细胞分离方法这两类方法。单菌落分离方法更为常用一些。单菌落分离法主要有平板划线分离法和稀释涂布法。单细胞分离法主要有显微操作法和分离小室法。在纯种分离时，培养条件，如营养成分、培养基的酸碱度、抑制剂的使用、热处理、培养温度、通气条件等，对筛选结果影响也很大，应注意控制。

4. 菌种筛选

在菌种分离的基础上，需要通过进一步筛选，选择产物合成能力较高的菌株。某些菌可以利用在平皿培养时，产物与指示剂、显色剂或底物等反应直接定性鉴定(如透明圈、变色圈、抑菌圈、生长圈等)。但另一些菌种则需要通过常规的生产性能测定进行发酵筛选。

菌种筛选可分为初筛和复筛。初筛是从分离得到的大量微生物中将具有目的产物合成能力的微生物筛选出来的过程。由于菌株多，工作量大，发酵和测试的条件可粗放一些，多采用快速、简便又较为准确的方法，常用的方式为平板筛选和摇瓶发酵。摇瓶发酵时采用一个菌株做一个摇瓶的方法进行。复筛是在初筛的基础上进一步确定菌株生产能力的筛选过程。随着以后一次次的复筛，对发酵和测试的要求应逐步提高。复筛一般每个菌种3~5个摇瓶，如果生产能力继续保持优异，再重复几次复筛。复筛后，对有发展前途的优良菌株，可考察其稳定性、菌种特性和最适培养条件等。在复筛过程中，应结合各种培养条件如培养基、温度、pH、供氧量等进行，也可对同一菌株的各种培养条件加以组合进行试验。

5. 菌种鉴定

对筛选到的有价值的菌种要进行分类鉴定，通常要求鉴定到种或属。鉴定的方法包括经典的分类鉴定方法(形态学特征、生理生态特征、血清学试验等)，还包括现代的分类鉴定方法(DNA碱基组成、核酸分子杂交、rRNA序列分析等)。

此外，需要注意的是，自然界的一些微生物在一定条件下将产生毒素，为了保证食品的安全性，凡是与食品工业有关的菌种，除啤酒酵母、脆壁酵母、黑曲霉、米曲霉和枯草杆菌无须作毒性实验外，其他微生物均需通过两年以上的毒性试验。

6.2.2.2 诱变育种

诱变育种是通过各种诱变剂处理微生物细胞，提高基因的随机突变频率，扩大变异，扩大变异幅度，通过一定的筛选方法，获取所需优良菌株的过程。诱变育种和其他育种方法比较，具有速度快、收效大、方法简便等优点，是当前菌种选育的一种重要方法，在生产中应用得十分普遍。但是诱发突变缺乏定向性，因此诱发突变必须与大规模的筛选工作相配合才能收到良好的效果。

诱变育种的工作程序为：出发菌株→分离纯化、筛选→斜面→同步培养→离心洗涤→玻璃珠振荡打散→过滤→单细胞或孢子悬浮液→诱变处理→后培养→平板分离→斜面→初筛→复筛→分离、筛选→保藏及扩大试验。

1. 出发菌株的选择

出发菌株是指用于育种的起始菌株。出发菌株一般应具备特定生产性状的能力或潜力、对诱变剂的敏感性大、变异幅度广等条件。

出发菌株通常有三种：一种是自然选育的野生型菌株，这类菌株的特点是对诱变因素敏感，容易发生变异，而且容易向好的方向变异，即产生正突变；第二种是自发突变选育得到的高产菌株，这类菌株类似野生型菌株，是诱变育种中常采用的，容易得到好的结果；第三种是已经诱变过的菌株，这也是育种中常采用的菌株，但这类菌株情况较复杂。一般认为诱变获得的高产菌株，再诱变容易产生负突变，再度提高产量较难。但由于突变株的产量是数量遗传，只能逐步累加，一次性大幅度提高发酵水平不太高，因此，常选择每代诱变处理后具有一些表型改变的菌株，如发酵单位有一定程度的提高，形态上有过一次变异或发生过回复突变的菌株等，以利于突变率的增加。

2. 菌悬液的制备

在诱变育种中，所处理的细胞必须是单细胞且呈均匀的悬浮状态，这样不但能均匀地接触诱变剂，还可减少不纯菌落的出现。处理前，细胞应尽可能达到同步生长状态，处理的细胞悬浮液要经玻璃珠打散，并用脱脂棉或滤纸过滤，以达单细胞状态。由于一般霉菌菌丝是多核的，所以霉菌都要用孢子悬浮液进行诱变，对放线菌一般也采用孢子悬浮液诱变。孢子悬浮液也应打散，过滤成单孢子状态。菌悬液的浓度要求是霉菌孢子浓度约为10^6个/mL，放线菌孢子浓度约为$10^6 \sim 10^7$个/mL。菌悬液的孢子或细菌数可用平板计数、血球计数器计数或光密度法测定。制备菌悬液通常采用生理盐水。用化学诱变剂处理时，应采用相应的缓冲液配制，以防处理过程中 pH 变化而影响诱变效果。

3. 诱变剂及处理剂量和方法

各种诱变剂有其作用的特殊性，但由于目前对绝大多数微生物表现各种性状的相应基因还不够了解，所以目前要求在诱变中用某一诱变剂达到某一性状的改变还远远做不到。诱变剂的选择主要取决于诱变剂对基因作用的特异性和出发菌株的特性，实践证明并非所有的诱变剂对某个出发菌株都是有效的，不同微生物对同一种诱变剂的敏感性也有较大差异。因此，要成功地选育一种特定的生长菌株，需要做大量的实验。在微生物诱变育种中，诱变剂包括物理诱变剂、化学诱变剂、生物诱变剂（如噬菌体和基因诱变剂），其中前两种较常用。目前常用的诱变剂主要有紫外线（UV）、γ射线、硫酸二乙酯、N-甲基-N′-硝基-N-亚硝基胍（NTG 或 MNNG）和亚硝基甲基脲（NMU）等，后两种因有突出的诱变效果，被誉为“超诱变剂”。

诱变剂的处理方式包括单因子处理和复合因子处理。一般认为单因子不如复合因子处理效果好，但若一种诱变剂对于某个菌株确实是有效的诱变因子时，单因子处理同样能够引起基因突变，效果也不错。复合因子处理则包括两种以上诱变剂同时处理、不同诱变剂交替处理、同一种诱变剂连续重复多次处理、紫外线光复合交替处理等方式。

选择诱变剂和诱变方式时应考虑使用的方便性和有效性。若经过诱变，正突变株出现率较高，所用的诱变剂则为有效诱变剂。对于野生菌株，使用单一诱变因素有可能取得较好的效果。但是，对于已经诱变过的菌株，单一诱变因素重复使用的效果不佳，这时则可利用复合因子处理，以提高诱变效果。

不同的微生物的诱变突变所使用的诱变剂剂量不同。通常情况下，高剂量诱变剂处理后获得的负突变率较高，偏低的剂量处理后获得的正突变率较高。目前诱变剂处理剂量一般选择死亡率为70%～80%时的剂量。但是，对多核细胞仍然采用高剂量，因为在高剂量诱变时，除个别核发生突变外，其他核均被致死，可形成较纯的变异菌落，同时也使遗传物质形成巨大损伤，可减少回复突变。

4. 突变株的常规分离和筛选

诱变处理后，菌悬液的后培养遗传物质经诱变处理后发生的突变，必须经过复制才能表现。有研究指出，诱变后 1 h 内必须进行新的蛋白质合成，这种突变才有效。实验证明，后培养只有在含有足量的完全氨基酸（酪素水解物）或丰富营养物质（酵母浸出汁）的培养基中才表现出高的突变率。当然，不经后培养，直接接到完全培养基中进行平皿分离，突变率也很高。

通过诱变处理，在微生物群体中会出现各种突变体，但其中多数是负变体，需要对其进行筛选。菌种的筛选包括初筛和复筛两个阶段。初筛时菌株越多，优良菌株的漏筛机会就越少。一般初筛时，一个菌株做一个发酵。为了缩短初筛周期，往往还对初筛方法进行简化，如可以利用菌落形态、平皿的直接反应（如透明圈、浓度梯度等）等进行简化。进入复筛阶段，已经淘汰了约80%～90%的菌株，此时一个菌株一般同时做3～5个发酵，甚至连续做几批发酵也是有必要的。为了更有效地获得生产用菌株，在复筛时还可参照生产的工艺条件进行实验。

6.2.2.3 杂交育种

杂交育种一般指两个不同基因型的菌株通过接合或原生质体融合使遗传物质重新组合，再从中分离和筛选出具有新性状的菌株。杂交的本质是基因重组，真菌、放线菌和细菌均可进行杂交育种，但是不同类群微生物导致基因重组的过程不完全相同。真核微生物主要是利用有性生殖或准性生殖，原核微生物主要是利用接合、F因子转导、转导和转化等过程进行杂交。

杂交育种是选用已知性状的供体菌株和受体菌株作为亲本，把不同菌株的优良性状集中于组合体中。因此，杂交育种具有定向育种的性质。杂交后的菌种不仅能克服原有菌种生活力衰退的趋势，而且杂交使得遗传物质重新组合，动摇了菌种的遗传基础，使得菌种对诱变剂更为敏感。因此，杂交育种可以消除某一菌种经长期诱变处理后所出现的产量上升缓慢的现象。通过杂交还可以改变产品质量和产量，甚至形成新的品种。总之，杂交育种是一种重要的育种手段。但是，由于操作方法较复杂、技术条件要求较高，工作进度慢，其推广和应用受到一定程度的限制。杂交育种主要有常规的杂交育种和原生质体育种这两种方法。近年来，后一种方法较为多见。

1. 杂交育种的两大重要内容

1)亲本菌株的选择

亲本菌株主要包括两种。①原始亲本：原始亲本是微生物杂交育种中具有不同遗传背景的优质出发菌株，主要根据杂交的目的来选择。从育种角度出发，通常选择具有优良性状，如产量高、代谢快、产孢子能力强、无色素、泡沫少、黏性小等发酵性能好的菌株为原始亲本，可以来自生产用菌或诱变过程中的某些符合要求的菌株，也可以是自然分离的野生型菌株。②直接亲本：在杂交育种中具有遗传标记和亲和能力而直接用于杂交配对的菌株，称为直接亲本。它是由原始亲本菌株经诱变剂处理后选出的具有营养缺陷型标记或其他遗传标记，又通过亲和力测定的直接用于杂交的菌株。

2)杂交育种的遗传标记

由于杂交育种重组频率极低，一般为10^{-7}左右，为了提高效率，加快重组体筛选和检出，通常让杂交亲本带上不同的遗传标记。营养缺陷型或抗药性突变型是最常用的遗传标记，此外，有时也采用温度敏感性或其他性状(如孢子颜色、菌落形态结构、可溶性色素含量)作为遗传标记。

2. 原生质体育种

原生质体研究始于19世纪末，直到20世纪五六十年代才开始采用酶法大量制备植物和微生物原生质体。细胞壁被酶水解剥离，剩下由原生质膜包围着的原生质部分称为原生质体。原生质体无细胞壁，对外界环境影响更加敏感，对诱变剂的诱变效应也更为强烈，易于接受外来遗传物质，不仅能将不同种的微生物融合在一起，甚至不受亲缘关系的影响。实践证明，原生质体融合能使重组频率大大提高。20 世纪 70 年代以来，各种原生质体操作技术已成为工业微生物育种的重要手段，并取得了较大成就。以微生物原生质体为材料的常见的育种方法有原生质体再生育种、原生质体诱变育种、原生质体转化育种、原生质体融合育种及其他原生质体育种等。

所谓原生质体融合，就是将双亲株的微生物细胞分别通过酶解除去遗传物质转移的最大障碍——细胞壁，使之形成原生质体，然后在高渗的条件下混合，并加入物理的或者化学的或者生物的助融条件，使双亲株的原生质体间发生相互凝集，通过细胞质融合、核融合，而后发生基因组间的交换重组，进而可以在适宜的条件下再生出微生物的细胞壁，从而获得重组子的过程。原生质体融合过程主要包括以下五个部分。

1) 选择亲株

要求供融合用的两个亲株遗传性能稳定并带有可以识别的遗传标记，以利于高产优质融合子的选择。采用的遗传标记一般以营养缺陷型和抗药性突变等遗传性状为标记，可通过诱变剂对原种进行处理来获得这些遗传标记。

2) 原生质体制备

去除细胞壁是制备原生质体的关键，一般都采用酶法去壁。根据微生物细胞壁组成和结构的不同，需要采用不同的酶。对于细菌和放线菌，制备原生质体主要采用溶菌酶；对于酵母菌和霉菌，则一般采用蜗牛酶和纤维素酶。影响原生质体制备的因素有许多，如菌体的预处理条件、菌体的生理状态、菌体的培养时间、菌体的生长形态、菌体浓度、脱壁酶的浓度、酶解的温度、酶解的时间等。

3) 原生质体的融合

融合是把两个亲株的原生质体混合在一起。融合的方法主要包括物理法（离心沉淀、电脉冲、电融合、激光融合等）、化学法（盐类、葡萄糖、聚乙烯醇、合成磷脂、聚乙二醇（PEG）、二甲基亚砜）和生物法（病毒类聚合剂、生物制剂），其中生物法出现最早，但目前最常使用的是融合剂聚乙二醇。关于 PEG 诱导融合的机制，看法不一，有人认为是 PEG 中含有的醚键，使之显示出弱的负电荷，与蛋白质、水、糖类分子的正电基团形成氢键，从而使得原生质体连在一起而发生凝集，也有人认为是 PEG 降低了质膜表面的势能或者 PEG 本身是一种特殊的脱水剂或本身具有高黏性。

PEG 对细胞尤其是原生质体有一定的毒害作用，因此作用的时间不宜过长，一般只需与 PEG 接触 1 分钟，就应尽快加入缓冲液进行稀释。原生质体融合选用的 PEG 的分子量以 4000 ~ 6000 为好，融合时 PEG 的最终浓度为 25% ~ 40%，$CaCl_2$ 的浓度为 0.05 mol/L左右。为了提高融合频率，科学家研究了各种措施，例如采用电诱导原生质体融合，利用紫外线照射原生质体再进行融合等。此外，原生质体的纯净与否、细胞培养条件、酶解制备原生质体的条件、融合的温度、pH、离子种类和浓度都将影响原生质体融合，在进行融合时应加以综合考虑。

4) 原生质体再生

原生质体失去了细胞壁，也就失去了原有细胞形态的球状体，因此，尽管它们具有生物活性，但它们毕竟不是正常的细胞，在普通培养基平板上不能正常地生长、繁殖。原生质体再生就是使原生质体重新长出细胞壁，恢复完整的细胞形态结构。不同微生物的原生质体的最适再生条件不同，但最重要的一个共同点是都需要高渗透压。原生质体的再生必须使用再生培养基，再生培养基由渗透压稳定剂和各种营养成分组成。影响原生质再生的因素主要有菌种的特性、原生质体制备条件、再生培养基成分、再生培养条件等。

5)筛选优良性状融合重组子

原生质体融合后，来自两个亲代的遗传物质经过交换并发生重组而形成的子代称为融合重组子。融合子的选择主要依靠两个亲本的选择性遗传标记，在选择性培养基上，通过两个亲本的遗传标记互补而挑选出融合子。但是，由于原生质体融合后产生两种情况：一种是真正的融合，即产生杂合二倍体或单倍重组体；另一种是细胞质发生了融合，而细胞核没有融和，形成异核体。以上两种融合子均可以在选择培养基上生长，一般前者较稳定，而后者不稳定，会分离成亲本类型，有的甚至可以异核状态移接几代。因此，需要将检出的融合子多次传代进行稳定性测定，去伪存真，对检出的融合子作进一步的鉴定。鉴定工作一般从形态学、生理生化性质、生物量、遗传学(基因型、DNA含量、GC比等)和同工酶等几个方面进行。近年来，也有人通过DNA限制性内切酶酶切片段的比较、核苷酸序列分析、分子杂交、RAPD技术等分子生物学方法来鉴定融合子。

6.2.2.4 基因工程育种

基因工程技术又称基因操作、基因克隆、DNA重组等，是一种体外DNA重组技术。人们有目的地取得供体DNA上的目的基因，在体外将供体DNA和载体DNA重组，再将带有目的基因的重组载体转入受体细胞，使受体细胞表达出目的基因的产物。为了有利于目的基因产物的工业化生产，通常选择易于培养的微生物为受体细胞，这种为了目的基因产物的生产而用基因工程技术改造了遗传结构的微生物细胞称为工程菌。基因工程技术的应用，扩大了微生物发酵产品的范围，有巨大的市场潜力。

基因工程包括如下六个操作过程。

1. 目的基因的获得

在进行基因工程操作时，首先必须获得一定数量的目的基因用于重组。目的基因的来源：①表达目的基因的供体细胞中的DNA；②由目的基因的mRNA经逆转录酶合成的DNA；③用化学方法合成的特定目的基因的DNA；④从基因文库中筛选和扩增的，此法为目前取得所有目的基因最好和最有效的方法。

2. 载体DNA的制备

基因工程载体是一种特定的、具有自我复制能力的DNA分子。目前基因工程中所用的载体，适用于原核生物的主要有质粒载体、λ噬菌体载体、柯斯质粒载体、M13噬菌体载体和噬菌体质粒载体等，适用于真核生物的主要有酵母质粒载体和真核生物病毒载体。适合基因工程操作的载体应具有一些特性：①载体DNA应具有能在受体细胞中大量复制的能力，这一特性有助于带有目的基因的重组载体在受体细胞表达较多的基因产物；②载体DNA应有一个限制性核酸内切酶的切割位点，这样有助于载体DNA和供体DNA

的拼接；③载体 DNA 应具有选择性遗传标记，选择性遗传标记通常为抗药性突变或营养缺陷型，这样有助于筛选重组细胞；④其他，如容易从供体细胞中分离纯化，具有启动子、增强子、SD 序列、终止子等。

3. 重组载体的制备

外源 DNA 片段(目的基因)同载体分子体外连接的方法，即 DNA 体外重组技术。此过程主要依赖于限制性核酸内切酶的切割和 DNA 连接酶的连接。通常是将用同一种限制性核酸内切酶切割的供体 DNA 和载体 DNA 在试管内混合，在较低温度下“退火”，使它们通过黏性末端拼接，再通过连接酶作用形成一个完整的重组载体。

4. 将重组载体引入受体细胞

以转化或转染的方式，将重组载体转移入受体细胞。受体细胞一般选择具有如下特性的微生物细胞：①便于培养发酵生产；②为非致病菌；③遗传学上有较多的研究，便于基因工程操作。大肠埃希氏菌、枯草芽孢杆菌和酵母菌被称为基因工程的三大受体菌。

5. 受体细胞表达目的基因产物

重组载体进入受体细胞后还需要根据载体的遗传标记选择出具有重组载体的受体细胞，再通过大量筛选和对培养条件控制选出能大量表达目的基因产物、遗传上稳定的工程菌。

6. 重组体筛选和鉴定

根据载体的特征和目的基因的性状，从大量的杂合个体中筛选出具有所需目的基因性状的基因工程菌。重组体经鉴定后方能繁殖利用。目前重组体的鉴定通常有三类方法：重组体表型特征的鉴定、重组 DNA 分子结构特征的鉴定和外源基因表达产物的鉴定。

6.3 发酵类型

微生物发酵是一个错综复杂的过程，尤其是大规模工业发酵，要达到预定目标，更是需要采用和研究开发各式各样的发酵技术，发酵的方式就是最重要的发酵技术之一。目前常见的发酵方式为：按对氧的需要与否分为好氧发酵、厌氧发酵；按发酵培养基的状态分为固态发酵、液态发酵；按培养基的装载方式分为表面发酵、深层发酵；按发酵的投料方式分为分批发酵、补料分批发酵、连续发酵；按菌种是否被固定在载体上分为固定发酵、游离发酵；按菌种是单一还是混合的菌种分为单一纯种发酵、混合发酵。

实际上微生物工业生产中，都是各种发酵方式结合进行的，选择哪些方式结合起来进行发酵，取决于菌种特性、原料特点、产物特色、设备状况、技术可行性、成本核算等。现代发酵工业大多数是好氧、液态、深层、分批、游离、单一纯种发酵方式结合进行的。

6.3.1 固态发酵与液态发酵

1. 固态发酵

固态发酵是指微生物在固态培养基上的发酵过程。原料以不流动的固态形式存在，含水量在50%左右，而无游离水流出，此培养基通常是“手握成团，落地能散”，所以此发酵也可称为半固体发酵。其基本过程包括原料预处理、物料的输送、菌种扩培、固态发酵过程的控制、固态发酵产品的后处理。固态发酵在东方国家的传统食品生产过程中发挥重要作用。很多世纪以前，人们就利用固态发酵生产面包、麦芽、酒曲、酒精饮料、酱油、豆豉、蘑菇等食品或生产中间原料，一直至今。此外，固态发酵还可用于医药(如抗生素)、农用杀虫剂、有机酸、酶制剂、生物饲料、生物农药、食用菌、生物堆肥、生物冶金、中药等的发酵生产。

2. 液态发酵

液态发酵即培养基呈液态的微生物发酵过程，具体可分为浅层发酵(好氧发酵)和深层发酵(包括好氧发酵和厌氧发酵)。其基本生产过程包括：菌体的制备和无菌空气的制备、原料处理、发酵过程的控制和检测、产品的提取和纯化。液态发酵是微生物工程的重要发酵类型。许多微生物产品都可通过液态发酵来生产。其中，好氧发酵的产品主要有淀粉酶、糖化酶、蛋白酶、纤维素酶、植酸酶等酶制剂类，柠檬酸、乳酸、葡萄糖酸等有机酸类，青霉素、四环霉素、金霉素、土霉素、链霉素等抗生素类，谷氨酸、赖氨酸、苯丙氨酸等氨基酸类，还有单细胞蛋白等。而厌氧发酵的产品相对较少，如丙酮丁醇、甲烷以及生物制品中的外毒素等。

3. 固态发酵与液态发酵的优缺点对比

微生物工业的生产是选择固态发酵工艺还是液态发酵工艺取决于所用菌种、原料、设备以及所需产品、技术等，两种工艺中哪种可行性和经济效益高，就采用哪一种。现代微生物工业大多数都采用液态发酵，这是因为液态发酵适用面广，能精确地调控，总的效率高，并易于机械化和自动化。固态发酵与液态发酵彼此的优缺点见表6-1。

表6-1 固态发酵与液态发酵相比的优、缺点

优点	缺点
培养基含水量少，废水废渣少，环境污染少，容易处理	菌种限于耐低水活性的微生物，菌种选择性小
能源消耗量低，供能设备简易	发酵速度慢，周期较长
培养基原料多为天然基质或废渣，广泛易得，价格低廉	天然原料成分复杂，有时变化，则影响发酵产物的质和量
设备和技术较简易，投资较少	工艺参数难测准，较难控制
产物浓度高，后处理较方便	产品少，工艺操作消耗劳力多，强度大

资料来源：沈萍，微生物学。

6.3.2 分批发酵、连续发酵、补料分批发酵

根据物料的投料方式，发酵过程可分为分批发酵、连续发酵和补料分批发酵三种类型。

1. 分批发酵

分批发酵又称间歇性发酵(培养)，是指将营养物和菌种一次性加入发酵罐进行培养，接种后发酵一段时间，一次性排出发酵成熟液后结束发酵的培养方式。在整个发酵过程中，除了空气进入和尾气排出以及pH的调整及消泡而添加的酸碱及消泡剂外，发酵罐内的培养液与外界之间无物质的转移，基本上算一个密闭的发酵过程。其全过程包括空罐灭菌(或实罐灭菌)、加入灭过菌的培养基、接种、发酵、放罐和洗罐，所需时间的总和为一个发酵周期。

分批发酵过程中，发酵罐内的培养基浓度、产物浓度、微生物细胞数量等都随着发酵进程而不断变化，其中微生物生长变化可粗分为四期：延滞期(适应期)、指数(对数)生长期、静止期或稳定期、衰亡期。

培养基在接种后，在一段时间内细胞浓度的增加常不明显，这个阶段为延滞期，延滞期是细胞在新的培养环境中的适应阶段。延滞期后细胞开始大量繁殖，很快到达指数(对数)生长期。在指数生长期，由于培养基中的营养物质比较充足，细胞大量繁殖，代谢产物少，所以细胞的生长受限制小，细胞浓度随培养时间呈指数增长。随着细胞的大量繁殖，培养基中的营养物质迅速消耗，加上代谢物的大量积累，细胞的生长受到反馈抑制，最终细胞浓度不再增大，生长达到静止期。在静止期，细胞的浓度达到最大值，菌体代谢活跃，并合成许多次级代谢产物。最后由于环境恶化，细胞开始死亡，活细胞浓度不断下降，这一阶段为衰亡期。大多数分批发酵在到达衰亡期前就结束了。

分批发酵操作简单，周期短，染菌机会少，产品质量易于控制。但从细胞所处的环境来看，发酵初期营养物过多可能抑制微生物的生长，而发酵的中后期可能又因为营养物减少而降低培养效率。从细胞的增殖角度来说，初期细胞浓度低，增长慢，后期细胞浓度虽高，但营养物浓度过低也长不快，总的生产能力不是很高。另外，发酵周期中非生产时间较长，使得发酵产品成本提高。

2. 连续发酵

连续发酵是指以一定的速度向发酵罐内连续添加新鲜培养基并流出等量的培养液，以维持发酵罐内的液量及营养物质的恒定，使微生物在近似恒定状态下生长和生产。连续发酵相对于分批发酵属于开放系统，在发酵过程中，消耗的营养物质通过不断流入的新鲜培养液得以补充，增加的产物量通过不断流出的发酵液得以平衡，减轻了有毒代谢产物对细胞的影响，温度、pH、溶解氧等通过培养系统的实时监控调节，基本保持不变，使细胞能保持较恒定的生长速率和产物生成速率，有效延长了对数生长期和产物的生成阶段，高效、恒定地获得细胞或产物。

与分批发酵相比，连续发酵具有以下优点：①可以维持稳定的操作条件，有利于微

生物的生长代谢，从而使产率和产品质量也相应保持稳定；②能够更有效地实现机械化和自动化，降低劳动强度，减少操作人员与病原微生物和毒性产物接触的机会；③能减少设备清洗、准备和灭菌等非生产占用时间，提高设备利用率，节省劳动力和工时；④由于灭菌次数减少，使测量仪器探头的寿命得以延长；⑤容易对过程进行优化，有效地提高发酵产率。

当然，它也存在一些缺点：①由于是开放系统，加上发酵周期长，容易造成杂菌污染；②在长周期连续发酵中，微生物容易发生变异；③对设备、仪器及控制元器件的技术要求较高；④黏性丝状菌菌体容易附着在器壁上生长和在发酵液内结团，给连续发酵操作带来困难。

由于上述情况，目前连续发酵主要用于发酵动力学参数的测定、发酵条件的优化等研究中，在工业生产中的应用还不普遍，只在酒精、单细胞蛋白、面包酵母、丙酮丁醇、葡萄糖酸、醋酸等产品的生产及污水处理等方面应用。

3. 补料分批发酵

补料分批发酵又称半连续发酵，是指在微生物发酵过程中，间歇式或连续式补加一种或多种成分的新鲜培养基的培养技术。

补料分批发酵可以分为两种类型：单一补料分批发酵和反复补料分批发酵。单一补料分批发酵是指在开始时投入一定量的基础培养基，到发酵过程的适当时期，开始连续补加一种或多种成分的新鲜培养基，直到发酵液体积达到发酵罐最大操作容积后停止补料，最后将发酵液一次全部放出。反复补料分批发酵是在单一补料分批发酵的基础上，每隔一定时间按一定比例放出一部分发酵液，使发酵液体积始终不超过发酵罐的最大操作容积。反复补料分批发酵克服了单一补料分批发酵中有害代谢产物的积累对产物合成的阻遏和发酵周期短等问题，但也有旺盛菌体和未利用的养分丢失和放出的发酵液中目的产物浓度过低等不足之处。

补料分批发酵作为分批发酵向连续发酵的过渡，兼有两者之优点，而且克服了两者之缺点。补料分批发酵在较长时间内维持反应器中细胞对限制性基质的需求，又能使基质浓度维持在较低的水平，消除基质的底物抑制效应，有效地控制细胞在整个发酵过程中的生长及发酵速率，有利于细胞的生长及产品的积累。分批补料发酵基质浓度可控，染菌、菌种变异概率较低，因此分批发酵是目前应用较广的发酵方式，现已在氨基酸、抗生素、生长激素、维生素、有机酸、核苷酸及单细胞蛋白的工业生产中广泛应用。

6.3.3　固定化酶和固定化细胞发酵

酶是一类由生物细胞产生并具有催化活性的特殊蛋白质，其反应的专一性强，催化效率高(比一般催化剂的效率高出$10^{7}\sim10^{13}$倍)，反应条件温和，但其易失活，难回收，只能采用分批法进行生产等缺点，大大限制了酶的应用范围。20世纪50年代固定化酶技术发展起来，方法是将酶固定在惰性支持物上，使其既具有酶的催化特性，又具一般化学催化剂能回收、反复使用等优点。随着固定化技术的发展，固定化的范围发展到固定化辅酶、固定化细胞及固定化细胞器等。固定化酶是指在一定空间内呈闭锁状态存在的酶，能连续地进行反应，反应后的酶可以回收重复利用。同样可以将微生物细胞用载体固定，使反应物与其作用，制造产品或做其他用途，即固定化细胞。对应的未固定的酶或细胞则称为游离酶或细胞。固定化酶(细胞)用于发酵可称为固定化酶(细胞)发酵，或简称固定化发酵。固定化技术具有诸多优点，目前已应用于饮料、医药、化工、能源、环保等领域，而且其应用范围还在不断拓宽。

6.3.3.1 固定化的优缺点

固定化的酶或细胞同游离酶或细胞比较，具有许多优点：

(1)酶或细胞经固定化后，避免了反应过程中的流失，有利于工艺的连续化，并且可以用较简单的方法回收再利用。

(2)固定化酶和固定化细胞产品的分离、提纯等后处理比较容易。游离酶与产品混在一起难分离，发酵后的产品与大量的菌体和非需要的产物混在一起分离，纯化难度较大，而固定化酶和细胞的产品相对较少地含有非需要产物和菌体。

(3)固定化酶和固定化细胞一般都做成了球形颗粒或薄片状，使产品的生产工艺操作简化，易于机械化和自动化，设备和器材也较简易。

(4)酶和细胞经固定后，一般来说，增加了其稳定性，如抗酸、碱、温度变化的性能高，而对抑制的敏感性则下降。

(5)可以增加产物的收率，提高产物的质量。

(6)较能适应于多酶反应。

但固定化酶(细胞)也存在一些缺点，如针对好氧反应的固定化，固定化细胞的壁和膜所造成底物或产物的进、出的障碍和载体造成的通气困难，严重影响反应速率，造成产量低下；容易出现细胞自溶或污染，或固定化颗粒机械强度差，或酶、细胞从载体脱落，或酶、细胞的活性很快被抑制，使反复利用次数少，产品质量和数量不稳定；固定化酶和固定化细胞反应动力学及其有关机制、专用设备研究缺乏；比较适应水溶性底物和小分子底物，而不适应于大分子底物。

6.3.3.2 固定化的几种类型

目前，用于制备固定化生物催化剂的方法种类繁多，新方法也层出不穷，加之不同的研究者采用不同的分类方法，因此，固定化的类型目前还没有一个精确合理的分类。以下主要讲述几种常见的固定化方法。

1. 吸附固定化

吸附固定化方法包括物理吸附法和离子吸附法。主要是按照正、负电荷相吸的原理，酶或细胞吸附在载体的表面而被固定[图 6-2(a)]。物理吸附法主要利用瓷碎片、玻璃球、尼龙网、棉花、木屑、毛发等作载体。而离子吸附法则主要利用 DEAE-纤维素、DEAE-葡萄糖凝胶、Amberlite IRA-93、IRA-410、羧甲基纤维素、Amberlite CG-50 和 Dowex-50 等作为载体。

2. 包埋固定化

包埋法是将酶(细胞)包在凝胶微小格子内，或将酶(细胞)包裹在半透性聚合物膜内的固定化方法，包括凝胶包埋法和微囊固定法[图6-2(b)、(e)]。凝胶包埋法所用的聚合物主要为合成高分子物质和天然大分子物质，如琼脂、明胶、海藻酸钙、κ-角叉菜聚糖、聚丙烯酰胺凝胶。微囊固定法则是一种用半透性的高聚物薄膜包裹酶(细胞)的技术，常为球状体，直径从几微米到几百微米。

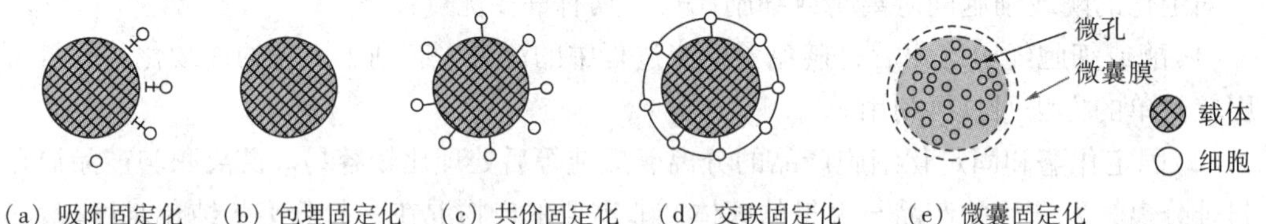

(a) 吸附固定化 (b) 包埋固定化 (c) 共价固定化 (d) 交联固定化 (e) 微囊固定化

图6-2 几种固定化类型原理示意图

(引自：沈萍，微生物学)

3. 共价固定化

酶或细胞与载体通过共价键作用而被固定[图6－28(c)]，这是研究中较活跃的一类固定化方法，主要是酶与载体以共价键结合，其原理是酶蛋白分子上的功能基团(最普遍的是-NH_2、-COOH、酪氨酸和组氨酸的芳环)和固相支持物表面上的反应基团之间形成共价键，因而将酶固定在支持物上。例如，酶或细胞溶液与含羧酸载体(R-COOH)或氨基载体(R-NH_2)，在缩合剂碳化二亚胺作用下，经搅拌等处理，而制成固定化酶或细胞。

4. 交联固定化

交联法的基本原理是酶分子与多功能试剂之间形成共价键得到三向的交联网架结构[图6-2(d)]。除酶分子之间发生交联外，还存在一定的分子内交联。根据使用条件和添加材料的不同，还能够产生不同物理性质的固定化酶。常用的交联试剂有戊二醛、联苯胺-2，2-双磺酸、1，5-二氟化-4-二硝基苯、己二酰亚胺酸二甲酯等，以戊二醛最常用。

5. 其他固定方法

除以上几种固定化方法外，还存在结晶法、热处理法、无载体固定、膜截留固定、微生物细胞的自聚集固定等方法。

各种固定化方法各有千秋，适用于某一菌体或酶的固定化方法不一定适用于其他菌体或酶。所以，对于固定化方法的评价目前还没有一个统一的客观标准，应用时需根据自己所选择的菌种(或酶)和使用情况，确定酶和细胞的固定化方法。

6.3.4 混合培养物发酵

用纯的单一菌种的发酵可称为纯种发酵，或纯培养。纯培养技术的发明，使微生物工业正式进入了理性发展阶段。人类开始有目的地生产微生物的初级代谢产物，使得传统的酿造工业，如啤酒工业、葡萄酒工业、面包酵母的生产、食醋工业等都逐步地由传统工艺转变为纯种发酵。纯种发酵的应用极大地推动了微生物发酵工业向前发展。

但实际生产中，许多微生物工业并非单一的菌种发酵，而是多种微生物混合在一起共用一种培养基进行发酵，如酒曲的制作，某些葡萄酒、白酒的酿制，湿法冶金，污水处理，沼气池的发酵，此种发酵称为混合培养物发酵(简称混合发酵)。在混合发酵中，菌种的种类和数量大都是未知的，人们主要是通过培养基组成和发酵条件来控制，达到生产目的。随着对微生物群落结构的相互作用的认识的发展，以及对混合发酵技术研究和开发的深入，现多采用已鉴定的两种以上分离纯化的微生物作为菌种，共用培养基进行发酵，也有人将此称为限定混合培养物发酵。

相比于单一的纯种发酵，混合培养物发酵具有一定的优势：

(1)可以充分利用培养基、设备、人员和时间，可以在共同的发酵容器中经过同一工艺过程，提高或获得两种或多种产品。

(2)可以获得一些独特的产品。例如国内外享有盛誉的茅台酒，就是众多的微生物混合发酵的产品，用气相色谱和质谱分析，它含有各种醇类、酯类、有机酸、缩醛等几十种化合物，其风味优异而独特。目前还不可能将茅台酒制作的混合微生物一株株分离，纯培养，分别发酵再将发酵产物配制成茅台酒。现代微生物发酵产品如果要实现混合发酵生产，需要对所有菌株特性深入研究，利用它们的互利关系，使所用混合菌种取长补短，发挥各自的优势，生产出成本低、质量优的产品或多种产品。

(3)混合的多种菌种，增加了发酵中许多基因的功能。通过不同代谢能力的组合，完成单个菌种难以完成的复杂代谢作用，可以代替某些基因重组工程菌株，进行复杂的多种代谢反应，或促进生长代谢，提高生产效率。例如，华根霉可发酵生产延胡索酸，当它与大肠埃希氏菌混合发酵，延胡索酸就能完全转化成琥珀酸。用膜醭毕赤酵母代替大肠杆菌混合发酵，延胡索酸就被转化为L-苹果酸。如果普通变形菌和少根根霉混合发酵，则可将延胡索酸转化为天冬氨酸。因此混合菌种可代替某些基因重组工程菌进行发酵生产。

6.4 发酵工艺过程控制

为了使发酵产品的生产达到预期的目的，获得较高的产品得率，采用不同的方法测定生物代谢过程中不同参数的变化，结合代谢调控理论，才能有效控制发酵过程。与微生物发酵有关的参数，可分为物理、化学和生物三类参数。物理参数有温度、压力、搅拌转速及功率、空气流量、黏度、浊度和料液流量等；化学参数有 pH、基质浓度、溶氧浓度、氧化还原电位、产物浓度、废气中氧浓度和 CO_2浓度等；生物参数有菌丝形态和菌体浓度等。在这些参数中菌体生长代谢过程中，pH 的变化是菌体生长代谢的综合表现。本节着重介绍温度、pH、溶氧、泡沫、补料等参数对发酵过程的影响及其控制。

6.4.1 温度的影响及其控制

6.4.1.1 温度对微生物生长的影响

在影响微生物生长繁殖的各种外界因素中，温度起着非常重要的作用。生物体的生命活动可以看做是相互连续进行的酶反应的表现，任何化学反应又都和温度有关，在一定温度范围内温度升高，酶的反应速度加快，从而微生物的生长速率增大。微生物都有其最适生长和发育的温度范围，在其最适温度范围内，生长速度随温度升高而增加，发酵温度升高，生长周期就缩短。环境温度与微生物生长的最适温度差值越大，对微生物生长的影响就越大，甚至造成微生物生长停滞或死亡。所以在食品加工过程中常采用高温杀菌、低温贮藏的方法来保藏食品。高温之所以能杀菌，是因为高温能使蛋白质变性或凝固，微生物菌体中蛋白质的含量很高，由于高温促使微生物的蛋白质变性，同时也破坏了酶的活性，从而杀死微生物。而低温条件下，微生物体内酶的活性降低，生命活动被抑制，且由于微生物体积小，在冷冻过程中其细胞内不能形成冰结晶体，细胞内的原生质不能被破坏，所以低温条件只能抑制微生物的生长，致死作用较差。

微生物生长繁殖分为四个不同的阶段：延滞期、对数生长期、稳定期和衰亡期。不同生长阶段的微生物对温度的反应有所不同，处于延滞期的细菌对温度十分敏感，温度的较大变化会使延滞期变长，不利于微生物的生长繁殖；对数生长期的细菌在最适生长温度的范围内，对温度变化不敏感，因此在最适温度范围内提高对数生长期的培养温度，既有利于菌体的生长，又能避免热作用的破坏；而处于生长后期的细菌，其生长速度主要取决于氧的含量，温度影响较小，因此在培养的后期最好提高一些通气量。

6.4.1.2 温度对发酵的影响

微生物发酵过程中所用的菌种绝大多数为中温菌，如霉菌、放线菌和一般细菌。最适生长温度在20～40℃。温度对发酵的影响非常大，主要体现在温度对酶反应速度、菌体生长和代谢产物形成等的影响。从酶反应动力学来看，温度升高，反应速度加大，生长代谢加快，产物生成提前。但是，酶是很易热失活的，当温度高达一定程度，温度愈高酶失活愈快。温度还能影响酶系组成及酶的特性。例如，凝结芽孢杆菌的α-淀粉酶热稳定性受培养温度的影响极为明显，55℃培养所产生的酶在90℃保持60 min，其剩留活性为88%～99%；在35℃培养所产生的酶，经相同条件处理，剩余活性仅有6%～10%。

6.4.1.3 影响发酵温度变化的因素

在发酵过程中，既有热能的产生也有热能的散失，因此容易引起发酵温度的波动。发酵过程中，产热的因素主要有发酵菌在生长繁殖过程中产生的热能(生物热)，以及机械搅拌作用产生的热量。而散能的因素主要有蒸发热、辐射热等。

1. 生物热($Q_{生物}$)

营养基质被菌体分解代谢产生大量的热能，部分用于合成ATP，供给合成代谢所需要的能量，多余的热量则以热能的形式释放出来，形成生物热。

生物热的大小随菌种和培养基成分不同而变化，菌株对营养物质利用的速度愈大，培养基成分愈丰富，生物热就愈大。而且发酵的不同阶段产生的能量也是不同的，在发酵初期，菌体处在适应期，生长代谢缓慢，产生热量少；当菌体处在对数生长期时，菌体繁殖旺盛，呼吸作用激烈，菌体数量多，所产生的热量多，温度升高快；发酵后期，菌体已基本停止繁殖，逐步衰老，主要是靠菌体内的酶进行发酵作用，产生的热量不多，温度变化不大，且逐渐减弱。因此，需要在菌体对数生长期对发酵温度进行控制。

2. 搅拌热($Q_{搅拌}$)

发酵罐搅拌器转动引起的液体之间和液体与设备之间的摩擦所产生的热量，即搅拌热。搅拌热与搅拌轴功率有关，可用下式计算：

$$Q_{搅拌}=P\times 3601 \tag{6-1}$$

式中，$Q_{搅拌}$——搅拌热，kJ/h；

P——搅拌功率，kW；

3601——机械能转变为热能的热功当量，kJ/(kW · h)。

3. 蒸发热($Q_{蒸发}$)

通气时，引起发酵液水分的蒸发，被空气和蒸发水分带走的热量，即为蒸发热(汽化热)：

$$Q_{蒸发}=G(I_{出}-I_{进}) \tag{6-2}$$

式中，G——通入空气的流量,kg 干空气/h；

$I_{出}$、$I_{进}$——发酵罐排气、进气的热焓，kJ/kg 干空气。

4. 辐射热($Q_{辐射}$)

由于罐外壁和大气间的温度差异而使发酵液中的部分热能通过罐体向大气辐射的热量，即为辐射热。辐射热的大小取决于罐内温度与外界气温的差值，差值愈大，散热愈多。

因此，发酵热为

$$Q_{发酵}=Q_{生物}+Q_{搅拌}-Q_{蒸发}-Q_{辐射} \tag{6-3}$$

由于$Q_{生物}$及$Q_{蒸发}$，特别是$Q_{生物}$在发酵过程中是随时间变化的，因而发酵过程中温度容易发生波动，因此可以通过向发酵罐夹层通入冷水或热水来调节发酵罐的温度。

6.4.1.4 温度的控制

在发酵过程中需要选择既适合菌体生长，又适合代谢产物合成的最适发酵温度。但是最适生长温度往往与最适生产温度不一致，一般把满足生物合成的最适温度放在首位。除此外，温度的选择还要参考其他发酵条件，灵活掌握。如通气条件较差的情况下，最合适的发酵温度也可能比正常良好通气条件下低一些。这是由于在较低的温度下，氧溶解度相应大些，菌的生长速率相应小些，从而弥补了因通气不足而造成的代谢异常。

在微生物培养过程中，各发酵阶段的最适合温度的选择需要根据各方面的情况进行综合考虑，通过生产上得到的发酵规律来对生产进行指导。在工业生产上，大多数发酵过程产热大于散热，因此大多需要通过热交换来降温，保持恒温发酵。冷却介质一般采用冷水，如果冷水温差较小可采用冷盐水来进行循环式降温，以迅速降到恒温。

6.4.2 pH 的影响及其控制

1. pH 对菌体生长代谢的影响

微生物的生长繁殖有其最适 pH 范围，不当的 pH 对微生物生长具有显著影响，同时也影响发酵过程中各种酶的活性。一般来说细菌的最适 pH 在 7.0 左右，霉菌在 5.0 左右，酵母为 4.0 左右。培养基 pH 与最适 pH 差异越大，对微生物生长繁殖和代谢产物的积累影响越大。除此外，微生物生长的最适 pH 和发酵的最适 pH 往往不一定相同，而且不同 pH，形成的发酵产物也不同。pH 对微生物生长繁殖和代谢产物形成的影响主要体现在以下几个方面：①影响了微生物细胞原生质膜所带电荷，改变细胞膜的通透性，从而影响微生物对培养基中营养物质吸收及代谢产物的排泄；②影响微生物体内酶的活性，当酶处于不适宜的 pH 条件下时，酶的活性将会受到抑制，从而影响微生物的生长代谢；③影响培养基中营养物质和中间代谢产物的离解，从而影响微生物对这些物质的利用；④造成微生物代谢过程的改变，从而使代谢产物的质量和比例发生改变，例如，黑曲霉在 pH 2~3 的情况下，发酵产生柠檬酸，而在 pH 接近中性时，则生成草酸。

2. 影响发酵过程 pH 变化的因素

发酵过程 pH 的变化主要取决于微生物种类、培养基的组成以及发酵条件。微生物代谢培养基内的物质所产生的代谢产物有可能会导致培养基 pH 的变化，如果代谢产物为酸性物质，或消耗碱性物质都会引起发酵液 pH 下降，如植物乳酸菌的代谢产酸，会使 MRS 培养液的 pH 从 6.8 下降到 4.0 左右；反之，利用酸性物质或生成碱性物质的菌株(如分解蛋白质产生氨的微生物)将会导致发酵液 pH 上升。培养基的组成对 pH 的影响主要体现在培养基的碳氮比上，碳氮化高，特别是葡萄糖过量，往往导致有机酸大量积累，使 pH 下降；碳氮化低，则过多的碳源容易导致氨基氮的形成，使 pH 上升。除此外，在菌体的自溶阶段，菌体在蛋白酶的作用下开始分解，导致培养基中氨基氮增加而使 pH 上升。

3. 发酵过程 pH 的调节和控制

由于微生物的代谢作用，发酵过程中发酵液的 pH 处于动态变化的过程。为了保持适宜的 pH，需要根据实际生产情况分析导致 pH 变化的原因以及变化规律，采用不同的方式对发酵液中 pH 进行调控。如调节培养基的初始 pH，加入缓冲剂(如磷酸盐)制成缓冲能力强、pH 改变不大的培养基，或在发酵过程中加弱酸或弱碱进行 pH 的调节。由于上述方法调节 pH 的能力有限，若达不到生产要求，可通过在发酵过程中直接补加酸(如硫酸)、碱(如氢氧化钠)或补料的方法来调节。目前已成功地采用补料的方法来调节 pH，如氨基酸的发酵可通过添加尿素进行补料。补料方法不仅可以调节培养液的 pH，还可补充基质养分，既增加培养基的浓度又可减少产物的反馈抑制，提高了发酵产物的产率，因此效果比较显著。

6.4.3 溶氧的影响及其控制

工业上发酵用的菌种多为好氧菌，因此生产上满足生产菌种对氧气的需求将有助于促进菌种生长代谢，从而提高产量，降低生产成本。

1. 溶解氧对发酵过程的影响

氧气是好氧微生物发酵必要的参数之一。氧气在水中的溶解度很小(在25℃，0.1 MPa 条件下，空气中的氧在水中的溶解度为 0.25 mmol/L)，在发酵液中的溶解度更小。而发酵液中大量的微生物耗氧迅速，一般为 25 ~ 100 mmol/(L · h)，因此氧气在液体中的溶解量常成为发酵过程中的限制性因素。虽然当溶氧不足时，代谢作用会受到阻碍，但是如果溶氧量过大，又会影响菌体次级代谢产物的合成。溶氧浓度不影响微生物的呼吸时的浓度称为临界氧浓度。临界氧浓度不仅取决于微生物本身的呼吸强度，还受到培养基的组分、菌龄、代谢物的积累、温度等条件的影响。为避免发酵时供氧不足，须考查每一种发酵产物的临界氧浓度和最适氧浓度，并使氧浓度在发酵过程中保持最适浓度范围。最适溶氧浓度的大小与菌体和产物合成代谢的特性有关，是由实验来确定的。

由于微生物不断消耗发酵液中的氧，而氧的溶解度很低，因此必须采用强制供氧。在丰富的培养基内，发酵旺盛期间，即使培养液完全被空气饱和，也只能维持菌正常呼吸约 15 ~ 30 s，之后就会因氧含量不足而导致呼吸受到抑制。因此大多数好氧型发酵需要有适当的通气条件才能维持一定的生产水平。

2. 发酵过程的溶氧变化

在确定的设备和正常条件下，每种微生物发酵都有其溶氧浓度的变化规律。一般来说，发酵初期，菌体大量增殖，氧气消耗大，此时需氧量超过供氧量，溶氧浓度明显降低；而发酵中后期，菌体已繁殖到一定浓度，菌体呼吸强度变化不大，如不补加基质，发酵液的摄氧率变化也不大；而发酵后期，由于菌体的衰亡，呼吸强度减弱，甚至停止，在供氧量不变的情况下，溶氧浓度呈上升变化。外界的补料，也会使溶氧浓度发生改变。变化的大小和持续时间的长短，则随补料时的菌龄、补入物质的种类和剂量不同而不同。如补加糖后，发酵液的摄氧率就会增加，引起溶氧浓度下降，经过一段时间后又逐步回升；若继续补糖，溶氧浓度又会继续下降，甚至降至临界氧浓度以下，而成为生产的限制因素。

在发酵过程中，如果出现溶氧浓度明显降低或升高的异常现象，则有可能是由以下几种原因引起的：

(1)污染了好氧型杂菌，大量的氧被消耗掉，致使溶氧在较短时间内下降到零附近；

(2)菌体受噬菌体污染，或有抑菌物质存在，使耗氧能力下降，从而使溶氧上升；

(3)菌体代谢发生异常现象，需氧增加，使溶氧下降；

(4)搅拌机出现故障，搅拌功率变化较大，也可能引起溶氧下降。

因此，对于好氧型微生物发酵，可通过溶氧的变化来判定微生物生长代谢是否正常、工艺控制是否合理、设备供氧能力是否充足等问题。从而可针对性解决生产中存在的问题。

3. 溶氧浓度的控制

发酵液的溶氧浓度，是由供氧和需氧两方面所决定的。也就是说，当发酵的供氧量大于需氧量，溶氧浓度就上升，直到饱和；反之就下降。因此要控制好发酵液中的溶氧浓度，需从供氧和耗氧两方面着手。在供氧方面，主要是设法提高氧传递的推动力和液相体积氧传递系数值，如调节搅拌转速或通气速率来控制供氧。但供氧量的大小还必须与需氧量相协调，也就是说要有适当的工艺条件来控制需氧量，使产生菌的生长和产物形成对氧的需求量不超过设备的供氧能力，使产生菌发挥出最大的生产能力。而发酵液的需氧量，受菌体浓度、基质的种类和浓度以及培养条件等因素的影响，其中菌体浓度的影响最大。摄氧率随菌体浓度增加而按比例增加，但与此同时，氧的传递速率又随着菌液浓度的增大而减少。

6.4.4 泡沫的影响及其控制

6.4.4.1 泡沫的形成及其对发酵的影响

在好气性发酵过程中，由于培养基中蛋白类表面活性剂等物质的存在，在通气及搅拌条件下，培养液中就会生成泡沫。泡沫是气体被分散在少量液体中的胶体体系。泡沫的类型分为发酵液液面上的泡沫和发酵液中的泡沫两种，后者分散在发酵液中，比较稳定。发酵过程中泡沫的形成在所难免：一方面，由外界引进的气流被机械地分散形成；另一方面，由发酵过程中产生的气体凝结生成。当泡沫形成过多就会对发酵产生影响，主要表现在以下几点：

(1)在装填量较大的情况下，泡沫过多会引起发酵液外溢，从而容易造成污染和浪费；

(2)泡沫过多，必须减少发酵罐的装填量，从而降低了设备利用率；

(3)当泡沫不易消除时，影响菌体代谢产生的气体的排出，从而影响菌体的生长和代谢，甚至导致死亡。

6.4.4.2 发酵过程泡沫变化

好气性发酵过程中泡沫的多少，一方面与通气、搅拌的剧烈程度有关，另一方面培养基所用的原材料、灭菌的温度和时间也会影响发泡能力。研究表明，泡沫变化有如下规律：

(1)通气量越大，搅拌越剧烈，产生的泡沫越多。搅拌比通气对泡沫的形成影响更大。

(2)培养基中蛋白胨、玉米浆、黄豆粉等蛋白质含量较高的物料具有较高的表面张力，容易形成泡沫，随着蛋白质含量增加，泡沫增多。虽然糖类起泡能力很差，但高浓度糖液增加了培养基的黏度，增加了泡沫的稳定性。

(3)培养基灭菌时间越长，培养基的泡沫寿命越长。

(4)发酵过程的不同阶段，也会影响泡沫的变化。一般发酵初期，培养基浓度大，黏度高，营养丰富，在高的表面黏度和低的表面张力作用下，泡沫较稳定；发酵旺盛时期，泡沫形成最多；随着发酵的进行，蛋白质等物质被不断降解，培养基表面黏度逐渐下降，表面张力不断上升，泡沫寿命逐渐缩短；在发酵后期，菌体自溶导致发酵液中可溶性蛋白质增加，有利于泡沫的产生。

6.4.4.3 泡沫的消除

为了减少泡沫对发酵过程的影响，常采用物理、化学和机械的方法消除发酵过程中产生的泡沫。近年来，开始从微生物本身的特性着手，筛选生长期不产生泡沫的微生物突变株，来消除产生气泡的内在因素。

1. 物理消泡

物理消泡主要是改变温度和压力，以及通过机械外力打碎泡沫等方法使泡沫减少。

低温和高温下的泡沫衰变过程不同：①低温条件下，泡沫排液使泡膜达到一定厚度时，就呈现亚稳定状态，其衰变过程主要是气体扩散；②高温条件下，泡沫破灭由顶端开始，泡沫体积随时间延长而有规律地减小。其原因是最上面的泡膜上侧总是向上凸的，由于表面膜性质下降，这种弯曲膜对蒸发作用很敏感，温度越高蒸发越快，膜变薄到一定程度，就自行破灭，因此，多数泡沫在高温下是不稳定的。也可通过施加一定的压力来消除泡沫的表面张力，从而使泡沫破裂。

在物理方法中较常用的消泡方法是机械消泡。该方法利用机械强烈振动或压力变化而使泡沫破裂。机械消泡的特点在于不需要加入其他物质，从而减少了染菌机会和对下游工艺的影响。缺点是消泡效果不理想，不能从根本上消除引起泡沫稳定的原因，因此仅作为辅助方法使用。同时，机械消泡还需要特定的设备和动力消耗，其装置主要有耙式消泡器、刮板式消泡器、离心式消泡器等。

2. 化学消泡

化学消泡是一种使用消泡剂来消除泡沫的方法。其优点在于消泡效果好，作用迅速可靠，尤其是合成消泡剂效率高、用量少，不需要改造现有设备，不仅适用于大规模发酵生产，而且也适用于小规模发酵试验。消泡剂的作用机理主要有以下几点：

(1)降低泡沫局部表面张力，导致泡沫破灭。

(2)消泡剂能破坏膜弹性而导致气泡破灭。消泡剂添加到泡沫体系中，会向气液界面扩散，使具有稳泡作用的表面活性剂难以发生恢复膜弹性的能力。

(3)消泡剂能促使液膜排液，从而导致气泡破灭。泡沫排液的速率可以反映泡沫的稳定性，添加一种加速泡沫排液的物质，也可以起到消泡作用。

(4)添加疏水固体颗粒而导致气泡破灭。在气泡表面疏水固体颗粒会吸引表面活性剂的疏水端，使疏水颗粒产生亲水性并进入水相，从而起到消泡的作用。

(5)使表面活性剂增溶而导致气泡破灭。某些能与溶液充分混合的低分子物质，可以使表面活性剂被增溶、使其有效浓度降低。

(6)电解质瓦解表面活性剂双电层而导致气泡破灭。

在食品工业中使用的消泡剂需要具备下列条件：①亲水性，应该在气-液界面上具有足够大的铺展系数，才能迅速发挥消泡作用；②高效性，应该在低浓度时具有消泡活性；③持久性，应该具有持久的消泡或抑泡性能，以防止形成新的泡沫；④无毒，应该对微生物、人类和动物无毒性；⑤无副作用，对产物的提取不产生任何影响，且不影响氧的传递。除此外，能够耐受灭菌温度、来源广泛、成本低也是必备条件。

常用的消泡剂主要有以下几种：

(1)天然油脂。如豆油、玉米油等，此类消泡剂来源容易，价格低，使用简单，但是具有不易贮存，易变质，使酸值增高等缺点。

(2)聚醚类消泡剂。如GP、GPE、GPES等。GP型消泡剂亲水性差，在发泡介质中的溶解度小。其抑泡能力比消泡能力优越，适宜在基础培养基中加入，以抑制整个发酵过程的泡沫产生。GPE型消泡剂即泡敌，亲水性较好，在发泡介质中易铺展，消泡能力强，但溶解度也较大，消泡活性维持时间短，因此用在粘稠发酵液中效果较好。GPES型消泡剂是一种新的聚醚类消泡剂，具有表面活性强，消泡效率高的特点。

(3)高碳醇。高碳醇是强疏水弱亲水的线型分子，在水体系里是有效的消泡剂。C7～C9的醇是最有效的消泡剂。

由于不同发酵过程中所用微生物、基质、环境条件的不同，因此需要根据不同的条件选择合适的消泡剂，从而起到更好的效果。

6.4.5　补料的控制

目前，补料工艺已是工业发酵领域中研究最多、应用最广的技术之一。

补料发酵是指在分批发酵过程中间歇或连续地补加含有限制性营养成分的新鲜培养基。早期的补料方式完全是凭经验进行的，即发酵到一定时间，经验性地添加一定量的营养物。这种补料方式简单易行，但往往无法有效控制发酵。在现代大规模发酵工业中，补料方式已从简单一级补料发展到多级重复补料，从简单地补加一种营养物发展到补加几种营养物。

6.4.5.1　补料对发酵的影响

补料的目的主要是补充某些微生物生长代谢所需的养料。补充的养料主要包括微生物利用的碳源、氮源、微量元素或无机盐等。

补料工艺之所以成为发酵工业应用和研究的热点，主要因为它有如下特点：

(1)补料有利于菌体的高密度培养。若将所有的补料一次加到培养基中，过高浓度的营养物势必造成菌体代谢的紊乱，表现为迟滞期延长，生长速率降低，得率下降。要使微生物始终处于适宜生长的环境条件和达到高菌体浓度，必须采用恰当的补料方式。

(2)补料能解除高浓度营养物和分解代谢物引起的阻遏作用。葡萄糖分解代谢物可阻遏包括纤维素酶、蛋白酶、淀粉酶、转化酶以及氨基酸合成酶等酶的合成。通过补料来控制菌体生长速率以使酶的合成明显去阻遏；通过补料还可以减小分解代谢产生的乙醇、乳酸等副产物对菌体生长的不利影响。

(3)补料能维持有利的发酵条件。发酵过程中常常发生 pH 的变化，直接加酸或加碱可以快速调整酸碱度，而通过补加碳源或氮源，可以缓慢而根本地调整 pH；对于好氧发酵，一次性投糖过多会造成细胞生长过快，溶氧量会迅速下降，常规的通风搅拌无法满足供氧需求，而补料可以缓解该矛盾；此外，补料还可调整发酵液黏度、氧传递系数等物性参数，改善发酵环境，有利于细胞生长和产物合成。

6.4.5.2 补料的控制

发酵过程是生化过程中一种常见的复杂反应过程，它具有高度的非线性、时变性和不确定性等特点。补料过量或不足都会影响菌体生长和产物的形成，甚至导致发酵失败。补料分批发酵的操作控制系统有反馈控制和无反馈控制两类。

1. 无反馈控制的补料

这种控制方式所加入营养物的流量是预先设定的。因此，反映系统状态的数学模型的准确程度是其成败的关键。目前无反馈控制补料方式根据补料速度的不同可分为三种：恒速补料、变速补料和指数补料。

2. 反馈控制补料

实际发酵过程常与预设过程有偏差，如果能及时地纠正偏差，就可使反应朝预定方向进行，否则将很难达到预期的目标。反馈控制补料就是在发酵过程中对反应器内的营养物浓度、产物浓度以及细胞浓度等参数进行实时或在线检测和控制。中间补料的前提就是了解发酵参数与微生物代谢、营养物质利用以及产物形成之间的关系，以便选择恰当的反馈控制参数。可控制的参数可分为直接测量参数和间接测量参数：直接测量参数为温度、pH、溶解氧浓度、光密度、营养物浓度、压力和尾气成分等，它们均可用仪器设备直接测量；间接测量参数包括比生长速率、菌体细胞浓度、摄氧率、氧气转移率、二氧化碳增长率和呼吸商等。

6.5 发酵产物提取与精制

微生物发酵食品非常多，我们日常接触的酸奶、泡菜、白酒、面包等都是微生物发酵的产物。通常，微生物发酵产物大致可以分为三类：

(1)菌体细胞。如乳酸菌、酵母菌。

(2)酶。如用链霉菌、曲霉深层发酵生产中性蛋白酶和曲霉酸性蛋白酶，可用于制药、食品工业；用毛霉属的一些菌进行半固体发酵生产凝乳酶，在制造干酪中取代原来从牛犊胃提取的凝乳酶。

(3)代谢产物。如酵母发酵产生的乙醇，乳酸菌发酵产生的乳酸等。

微生物发酵的产物通常以复杂的混合物的状态，以相当低的浓度存在于发酵液中，因此为获得微生物的发酵产物，通常采用分离、提取和精制的方法使发酵液中的产品被纯化处理。图6-3是微生物发酵产物提取与精制流程图。由于不同微生物产品所用原料、菌种、工艺过程等的不同，发酵液特性也不同，所以预处理和提取、精制方法也各有不同，需要根据具体情况选择合理的方法。下面将从发酵液的预处理、发酵产物的提取和精制三个方面来详细叙述发酵产物的提取与精制的过程。

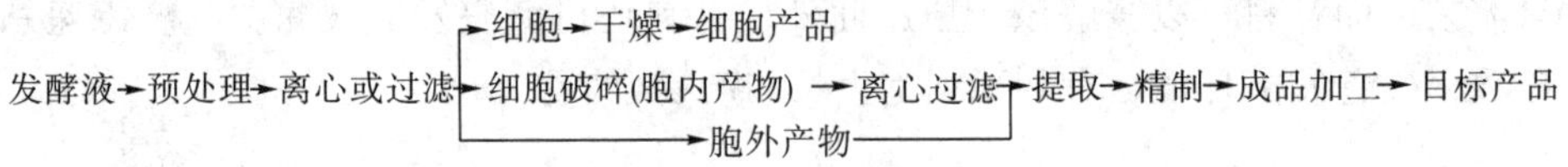

细胞→干燥→细胞产品
发酵液→预处理→离心或过滤→细胞破碎(胞内产物)→离心过滤→提取→精制→成品加工→目标产品
胞外产物

图6-3 微生物发酵产物提取与精制流程图

（参考：王向东、赵良忠，食品生物技术）

6.5.1 发酵液的预处理

发酵液成分复杂，要想获得较纯的发酵产物，对发酵液进行加热、絮凝等预处理，有助于目的产物与其他杂质分离，便于后续操作的进行。

发酵液预处理的目的有三个方面：①改变发酵液的物理性质，促进从悬浮液中分离固形物的速度，实现工业规模的过滤；②尽可能使产物转入便于以后处理的相中(多数是液相)；③去除发酵液中部分杂质，以利于后续各步操作。

根据分离物质的性质，可通过加热处理、调节pH、离心过滤等方法对发酵液进行预处理。

(1)加热处理：降低悬浮液的黏度，除去某些杂蛋白，降低悬浮物的最终体积，破坏凝胶状结构，增加滤饼的空隙度，但是不适用于热敏性的物质。在柠檬酸的生产过程就是利用75~90℃的温度对发酵醪进行预处理，以达到以下目的：杀灭生产菌和杂菌；终止发酵，防止产物被代谢分解；使蛋白质发生絮凝，降低料液黏度，利于过滤；使菌体中的产物部分释放。

(2)离心过滤：多用于颗粒较细的悬浮液和乳浊液的分离。为提高过滤速度和分离效率，常配合助滤剂、絮凝剂、调pH、加热等方式处理。

(3)调节pH：使发酵液的pH达到蛋白质的等电点从而沉淀出来。除此外，一些酸化剂还可除去对后续提炼操作影响较大的金属离子，如草酸可除去钙离子，三聚磷酸钠可除去镁离子等。

6.5.2 发酵产物的提取

发酵产物的提取主要指发酵液中代谢产物和胞内产物的提取。胞内产物大多数是酶，目前已知的有数千种。要提取胞内产物还需要将收集的细胞进行破碎处理，使代谢产物转入液相之中，去除细胞碎片后再提取。根据产物的性质可采用以下方法进行提取。

1. 沉淀法

沉淀法提取技术是主要通过改变溶液特性，使目的物以固体的形式从溶液中分离出来的技术。常用的沉淀方法有有机溶剂沉淀、等电点沉淀、盐析沉淀、加热沉淀等。根据分离物性质选择使用不同的沉淀方法，比如对于两性电解质的氨基酸，用等电点沉淀较好，而对于各种酶制剂等，可采用盐析法，降低溶解度后沉淀而析出。沉淀法的优点是设备简单、成本低、原材料易得，在产物浓度越高的溶液中沉淀越有利，收率越高；缺点是过滤困难，产品质量较低，需重新精制。

2. 萃取法

萃取是指利用化合物在两种互不相溶(或微溶)的溶剂中溶解度或分配系数的不同，使化合物从一种溶剂转移到另外一种溶剂中的过程。萃取的原理是将萃取剂加入到发酵液混合物中，根据混合物中不同组分在萃取剂中的溶解度不同，使不同物质得以分离。萃取法具有传质速度快、生产周期短、便于连续操作、容易实现自动控制、分离效率高、生产能力大等一系列优点，所以应用相当普遍。常用的萃取方法有溶媒萃取法、双水相萃取法、反胶束萃取法、超临界流体萃取法等。

3. 蒸馏法

蒸馏是分离液体混合物的一种有效方法。蒸馏法利用液体混合物中各组分挥发性的差别，使液体混合物部分汽化并随之冷凝，从而实现其所含组分的分离。在食品发酵生产过程中，往往要将液体混合物进行分离，或者进一步提纯或从溶液中回收某种溶剂，此时常常采用蒸馏方法。例如白酒生产过程中采用蒸馏技术使酒分离出来，在酶制剂生产过程中，可通过蒸馏从溶液中回收某种溶剂。

4. 吸附法

吸附法是利用固体吸附剂对液体中某一组分具有选择吸附的能力，使其富集在固体吸附剂表面的方法。该方法可用于将发酵液中的发酵产品吸附并浓缩于吸附剂上，也可用于除去发酵液中杂质或色素、有毒物质等。该方法具有操作容易、设备简单、价廉、安全等优点，但是具有性能不稳定、选择性不高等缺点。

6.5.3 发酵产物的精制

当目的产物被提取后，还需要进一步纯化、精制，使其中的杂质被进一步去除，纯度进一步提高。常用于精制的方法有色谱分离、凝胶层析、电泳和膜分离技术等。

1. 色谱分离技术

色谱分离技术主要是基于流动相流经固体相，由于物质在两相间的分配系数不同，导致易分配于固定相中的物质移动速度慢，而易分配于流动相的物质移动速度快，最后在不同时间离开色谱柱，从而达到纯化的目的。

其优点是从粗提液中经过一次简单的处理便可得到所需的高纯度活性物质，对设备要求不高，操作简单，使用范围广，特异性强，分离条件温和，可分离含量极微的物质和性质十分相似的生化物质。其缺点是亲和吸附剂通用性差，洗脱条件苛刻。

2. 凝胶层析技术

凝胶层析技术是将样品混合物通过一定孔径的凝胶固定相，由于流经体积的差异，使不同分子量的组分得以分离的层析方法。常用的凝胶有葡聚糖凝胶、聚丙烯酰胺凝胶、琼脂糖凝胶等。

3. 电泳分离技术

电泳分离技术是根据带电物质在电场作用下，因其电荷性质、电荷数、分子量大小等的不同而产生的泳动方向和速度的差异，从而使物质得以分离的方法。

通过精制后的半成品需要再通过浓缩、结晶和干燥的方法去除水分，最终得到能够长期保存而不变质，同时体积和重量减少，方便包装和运输的产品。由于生化制品大多数是热敏性物质，故干燥过程应尽可能降低温度、短时快速，且要求操作过程洁净甚至无菌。常用的干燥方法有喷雾干燥，真空干燥，冷冻干燥等。

6.6 污染防止与挽救

发酵过程大多为纯种培养过程，一旦被杂菌污染，轻则对产品的收率和质量产生影响，重则引起倒罐。但是由于发酵生产的环节比较多，尤其是好氧发酵生产过程，需要连续搅拌和通入空气，还需要通入消泡剂等，在补料加工工艺中还需要在发酵过程中补加培养基，取样分析等，因此对防止发酵过程染菌带来了很大的困难。为了预防染菌的发生，必须树立“防胜于治”的观念，了解在发酵过程中导致发酵染菌的原因、染菌的种类，并对其进行分析，从而对发酵染菌进行控制。

6.6.1 工业发酵染菌的危害

染菌对发酵工业生产影响非常大，发酵产品、发酵时间、染菌的种类和性质等的不同，会造成不一样的危害。

6.6.1.1 染菌对不同产品发酵过程的影响

由于不同的发酵产品所用的菌种、培养基、发酵条件、产物等不同，因此染菌对产品的发酵过程以及产品的质量的影响也有所不同。在柠檬酸和乳酸等有机酸的发酵过程中，在发酵中后期因为发酵液中pH降低，很多杂菌由于不耐酸，在其中不能生长，因此这类发酵的防控主要在发酵前期。在啤酒发酵过程中，染菌后，虽然在发酵前期酵母菌数量多，发酵旺盛，繁殖快，杂菌的生长受到抑制，但是到发酵后期，发酵液糖度降低，悬浮的酵母沉降到发酵罐底部，杂菌便开始利用发酵液中残存的糖分和其他营养成分进行增殖，最终导致啤酒变浑浊、变酸、产生异味等。因此对啤酒发酵的防控在发酵的后期。而对于核苷和核苷酸的发酵过程，由于使用的生产菌种为营养缺陷性微生物，生长能力差，所需营养丰富，一旦染菌，杂菌将会迅速生长占据优势，使生产菌生长代谢受抑制，严重影响产物的形成和质量，因此这类产品必须严格控制。

6.6.1.2 不同污染时期对发酵的影响

从染菌的时期来看，可分为种子培养期、发酵前期、发酵中期、发酵后期染菌。

1. 种子培养期染菌

种子培养主要是使菌种活化、生长并繁殖的过程。此阶段菌体浓度低，培养基营养丰富，比较容易染菌。而且当种子培养期染菌后，杂菌数会逐级呈对数增长，一旦带进发酵罐中危害极大，因此，必须严格防止种子受到污染。当发现种子受污染后，应灭菌后弃去，并对种子罐、管道进行检查和彻底灭菌，避免再次污染。

2. 发酵前期染菌

发酵前期，微生物处于生长繁殖阶段，代谢产物很少，这个时期生产菌没有竞争优势，抵御杂菌能力弱，因此容易染菌，污染后杂菌迅速繁殖，与生产菌争夺营养成分和氧分，严重干扰生产菌的生长繁殖和产物的生成，因此也要特别防止发酵前期染菌。发酵前期染菌，可通过降低培养温度，调节酸度，缩短培养周期等予以补救。如果营养成分消耗不多，可迅速重新灭菌，补充必要的营养成分，重新接种进行发酵。

3. 发酵中期染菌

发酵中期染菌将严重干扰生产菌的代谢，影响产物的生成。杂菌产酸会使培养液 pH 下降，导致蛋白质沉淀等，代谢产物使发酵液发粘，产生泡沫，使发酵液发臭等。发酵中期染菌，由于营养成分大量消耗，一般挽救处理困难，如果发酵已经达到一定的水平，可提前放罐或通过降温、较少补料的方法予以挽救。发酵中期染菌危害性很大，应尽力做到早发现，快处理。

4. 发酵后期染菌

发酵后期产物积累较多，糖等营养物质几乎耗尽。如果染菌量不太多，可继续进行发酵；如污染严重，破坏性较大，可以提前放罐。发酵后期染菌对不同产物的影响不同，如柠檬酸发酵后期染菌影响不大，肌苷、肌苷酸和谷氨酸、赖氨酸等发酵后期染菌会影响产物的品质。啤酒染菌会对风味形成影响。

6.6.1.3 感染不同种类和性质的杂菌对发酵的影响

噬菌体感染力很强，传播蔓延迅速，也较难防止，故危害极大，一旦污染噬菌体，可使发酵产量大幅度下降，严重的还会造成断种，被迫停产；有些芽孢杆菌会使发酵液发臭、发酸，使产品的品质严重下降，而且芽孢杆菌的芽孢非常耐热，不易杀灭，容易造成反复污染；霉菌感染发酵食品后会形成霉味，导致食品腐败变质；酵母菌感染后，可形成酒精味，使食品失去原有的滋味。

不同的产品及菌种，可污染不同种类的微生物。柠檬酸发酵最怕污染皱褶青霉菌，该菌会导致生产菌黑曲霉的死亡；肌苷、肌苷酸发酵最怕污染芽孢杆菌，一旦感染很难除去；谷氨酸、酶制剂发酵最怕污染噬菌体，感染后难以防治，容易造成连续污染。酒类生产过程中最怕污染野生酵母、醋酸菌、乳酸菌等，由于代谢产物的不同，感染后会对酒的风味成分产生较大的影响。

6.6.1.4 染菌程度对发酵的影响

染菌的程度越严重对发酵影响越大。当染菌程度较小时，如果发生在种子培养和发酵前期，对发酵影响较大，如果发生在发酵中后期，在生产菌占绝对优势的时候，对发酵不会造成太大影响。

6.6.1.5 染菌对产物提取和产品质量的影响

丝状菌发酵被污染后，会有大量菌丝自溶，导致发酵液发粘，造成过滤时间长，影响设备使用周期，降低产物收率等问题。染菌的发酵液含有更多的水溶性蛋白质，易发生乳化，使水相和溶剂相难以分开，从而影响有机溶剂的萃取。使用离子交换工艺时会因杂菌粘附在离子交换树脂表面或被离子交换树脂吸附，降低离子交换树脂的交换量，并且难以洗脱。染菌后，发酵液中会产生其他的不期望的代谢产物，对产物的纯度等也会产生影响。

6.6.2 染菌的检查、原因分析和防治措施

6.6.2.1 染菌的检查

在发酵过程中，需要对发酵情况随时监控，对杂菌的污染要及早发现、及时处理，才能有效防止染菌造成的严重损失。对染菌的检测和判断，目前常有以下几种方法。

1. 显微镜检查

一般可通过简单染色后，对微生物的形态特征进行观察。将观察到的菌体形态与生产菌的菌体形态进行对照，判断是否染菌。若发现染菌，对染菌的数目、形态进行记录，必要时可通过芽孢和鞭毛染色等进一步确认，便于分析染菌的类型、原因，并进行及时防治。

显微镜检查简便、快速，能及时检查出杂菌。但是对于固形物较多的发酵液检查较困难，而且当杂菌含量少时不易得出正确结论。

2. 平板划线培养或斜面培养检查法

将待检样品在无菌平板或斜面上划线，分别于27℃和37℃条件下培养24 h，观察低温微生物和中温微生物的生长情况。培养一定时间后观察，若发现菌落形态有差异，则有染菌的可能，再进一步作镜检观察。有时为了提高检测的灵敏度，还可将样品接种于液体培养基中增殖后，再划线培养。

该方法适用于固形物含量多的发酵液，形象直观，肉眼可辨，不需仪器。但是由于所需时间较长，无法区分菌落形态与生产菌相似的杂菌，须配合其他生理生化试验进行

确认，且检查过程须严格执行无菌操作。

3. 肉汤培养检查法

此法常用于空气过滤系统和液体培养基的无菌检查，也可用于噬菌体的检测。将待检查样品接入无菌葡萄糖酚红肉汤培养基中，放入37℃和27℃分别培养24 h，进行观察，若肉汤由红色变为黄色或产生浑浊，即判断为染菌并取样镜检。

4. 根据发酵过程中的异常现象判断是否染菌

当发酵过程中染菌时，通常会出现发酵异常现象，比如降糖速度、酸度、溶解氧、光密度、产物含量等的异常变化。一旦异常变化发生，就有可能感染杂菌，此时可配合其他检查方法进一步检测。

6.6.2.2 染菌原因分析和防治措施

一旦发酵染菌，根据染菌的种类、数量等马上对染菌原因进行分析，及时采取必要措施，将杂菌消灭，最大程度降低因杂菌污染对发酵的影响。一般来说，除了种子带杂菌，发酵染菌的原因主要是灭菌不彻底造成的，包括培养基、设备以及空气等灭菌不彻底。

1. 种子染菌

虽然种子染菌发生的几率较小，但是一旦染菌，对发酵的影响非常大，因此对种子染菌的检查和防治极为重要。

(1)无菌操作场所的污染。无菌操作场所应采用紫外灯、臭氧等措施进行灭菌处理。若发现无菌室已污染较多细菌，可采用石碳酸和土霉素等进行灭菌；若发现较多的霉菌，则可采用制霉菌素等进行灭菌；若污染噬菌体，则常用甲醛、双氧水等灭菌剂进行处理。

(2)培养基及用具灭菌不彻底。当培养基和用具灭菌不彻底，培养基中就会含有一定量的杂菌，造成菌种的污染。可通过将灭菌的培养基在适当温度下培养24 h后，观察无液体浑浊或沉淀发生时再使用。

(3)菌种在移接过程中受污染。菌种移接操作不当，可能引起污染，比如培养液不慎溅到棉花塞上，放入培养箱培养时就容易被外界的微生物污染；操作人员双手带菌操作也会造成污染。因此必须严格按无菌操作规程进行接种。

(4)培养过程或保藏过程中受污染。菌种在培养和保藏过程中，由于外界空气进入，也会使杂菌进入而被污染。为了防止污染，试管的棉花塞应有一定的紧密度，不宜太松，且有一定长度，培养和保藏温度不宜变化太大。

(5)每一级种子培养物均应经过严格检查，确认未受污染后才能使用。

2. 培养基和设备灭菌不彻底

(1)培养基性状对灭菌的影响。一般稀薄的培养基容易灭菌彻底，而淀粉质原料易结块，团块中心包埋有活菌时，不易彻底消除，因此易被污染。这类物料以采用实罐灭菌为好，在升温时先搅拌混合均匀，或先液化处理后再灭菌。

（2）培养基成分对灭菌的影响。培养基中的蛋白质在加热时会凝固在菌体外部形成一层膜，从而增强了菌体对外界不良条件的抵抗力，使杂菌不容易被杀灭。所以要严格控制灭菌时间和温度。

（3）灭菌时冷空气排除不彻底也会引起灭菌温度达不到灭菌要求，导致灭菌不彻底。因此操作时应注意排气管是否通畅，尽量将冷空气排尽。

（4）设备、管道存在“死角”，引起蒸汽不能有效到达或不能充分到达预定应该到达的局部灭菌部位，从而不能达到对培养基彻底灭菌。

3. 空气带菌

无菌空气带菌是发酵染菌的主要原因之一。因空气带菌而造成的染菌占染菌总数的30%以上。引起空气带菌的原因主要有以下几点：

（1）空气冷却器的列管穿孔泄露，冷却水渗入空气中，造成染菌；

（2）棉花-活性炭过滤器长期使用后，棉花和活性炭的体积被压缩而松动，如果上下端棉花铺得厚薄不均，厚的一边阻力大，空气不畅通，薄的一边空气容易通过，久而久之，薄的一边长期受空气顶吹而使棉花-活性炭改变位置，造成过滤器失效；

（3）过滤器用蒸汽灭菌时，若被蒸汽冷凝水润湿就会降低或丧失过滤效能，灭菌完毕应立即缓慢通入压缩空气，将水分吹干。

杜绝无菌空气带菌，必须从空气净化流程和设备的设计、过滤介质的选用和装填、过滤介质的灭菌和管理等方面完善空气净化系统。

4. 设备渗漏

发酵设备、管道、阀门的长期使用，或由于腐蚀、磨擦和振动等原因形成微小漏孔，从而造成渗漏，这些漏孔很小，特别是不锈钢材料形成的漏孔更小，有时肉眼不能直接觉察，需要通过一定的试漏方法才能发现。另外，设备的表面或焊缝处如有砂眼，由于腐蚀逐渐加深，最终会导致穿孔。设备一旦渗漏，就会给杂菌创造机会进入发酵罐中，从而导致杂菌的污染。除此外，阀门渗漏也会使带菌的空气或水进入发酵罐而造成染菌。为了避免设备渗漏，应选用优质的材料，并经常进行检查。

5. 操作失误

在发酵过程中，操作的失误也会造成染菌的发生。比如移种时或发酵过程中，罐内压力跌零，使外界空气进入而染菌；发酵过程泡沫产生过多造成顶盖或外溢而染菌；压缩空气压力突然下降，使发酵液倒流入空气过滤器而染菌等等。防止操作失误引起染菌，要加强对技术工人的技术培训和责任心教育，提高工人素质，强化管理措施。

【复习思考题】

1. 发酵工艺流程包括哪些程序？
2. 用于发酵的生产菌种应具备哪些条件？

3. 菌种选育包括哪些方法?
4. 固态发酵与液态发酵的优缺点分别有哪些?
5. 分批发酵、连续发酵、补料分批发酵的特点分别是什么?
6. 温度、pH、溶氧等发酵条件对发酵的影响及其控制方法有哪些?
7. 发酵产物的分类及其常用的提取和精制的方法有哪些?
8. 工业发酵染菌的危害及其防治措施有哪些?

主要参考文献

岑沛霖，蔡谨．工业微生物学．第2版．北京：化学工业出版社，2008.
党建章．发酵工艺教程．北京：中国轻工业出版社，2003.
何国庆．食品发酵与酿造工艺学．北京：中国农业出版社，2001.
何建勇．发酵工艺学．北京：中国医药科技出版社，2009.
李艳．发酵工程原理与技术．北京：高等教育出版社，2007.
刘冬，张学仁．发酵工程．北京：高等教育出版社，2007.
邱树毅．生物工艺学．北京：化学工业出版社，2009.
沈萍，陈向东．微生物学．北京：高等教育出版社，2009.
施巧琴，吴松刚．工业微生物育种学．北京：科学出版社，2009.
陶兴无．发酵产品工艺学．北京：化学工业出版社，2008.
田洪涛．现代发酵工艺原理与技术．北京：化学工业出版社，2007.
王立群．微生物工程．北京：中国农业出版社，2007.
王向东．食品生物技术．南京：东南大学出版社，2007.
王宜磊．微生物学．北京：化学工业出版社，2010.
熊宗贵．发酵工艺原理．北京：中国医药科技出版社，2000.
许赣荣，胡文锋．固态发酵原理、设备与应用．北京：化学工业出版社，2009.
余龙江．发酵工艺原理与技术应用．北京：化学工业出版社，2006.
于淑萍．应用微生物技术．第2版．北京：化学工业出版社，2010.
周长林．微生物学．北京：中国医药科技出版社，2009.
周东波，平文祥．微生物原生质体融合与基因组重排．北京：中国科学技术出版社，2010.
朱乐敏．食品微生物学．北京：化学工业出版社，2010.
朱启忠．生物固定化技术及应用．北京：化学工业出版社，2009.

第7章　食品的化学保藏

【内容提要】

本章主要介绍化学保藏中常用防腐剂、抗氧化剂的作用机理、种类、性能、安全性及使用注意事项，以及主要防腐剂和抗氧化剂对食品的影响和安全性。

【教学目标】

1. 熟悉食品防腐剂和抗氧化剂的概念；
2. 了解食品防腐剂和抗氧化剂的作用机理；
3. 掌握常用食品防腐剂和抗氧化剂的性能、应用以及使用注意事项。

【重要概念及名词】

防腐剂；抗氧化剂

7.1　概　　述

7.1.1　化学保藏的历史沿革

食品化学保藏有着悠久的历史。人类早期用来保存食品的方法主要是烟熏和盐腌。在我国古代，人们很早就开始用二氧化硫作为熏蒸消毒剂来保存食物。而有些食品防腐剂如亚硝酸盐作为肉类的防腐剂，其使用已有数千年的历史。食品化学保藏就是在食品生产和储运过程中使用人工或天然化学制品来提高食品的耐藏性和达到某种加工目的，它的主要作用是保持或提高食品品质和延长食品保藏期。化学保藏始于20世纪初期，随着化学工业和食品科学的发展，天然提取的和化学合成的食品保藏剂逐渐增多，食品化学保藏技术也获得了新的进展，成为食品保藏不可或缺的技术。

食品化学保藏和其他食品保藏方法相比，具有方便、经济、对品质影响小的特点。不过化学保藏方法只能在有限的时间内保持食品原有的品质状态，它属于一种暂时性的或辅助性的保藏方法。过去，化学保藏仅局限于防止或延缓由于微生物引起的食品腐败变质。随着食品科学技术的发展，化学保藏不仅已满足了单纯抑制微生物的活动，还包括了防止或延缓因氧化作用、酶作用等引起的食品变质。目前，化学保藏中使用的食品化学保藏剂种类繁多，它们的理化性质和保藏的原理也各不相同。有的化学保藏剂作为食品添加剂直接参与食品的组成，有的化学保藏剂则是以改变或控制食品外环境因素而对食品起保藏作用。化学保藏剂有人工化学合成的，也有从天然物体内提取的，一般来说，按照化学保藏剂的保藏原理的不同有防腐剂和抗氧化剂两种。

7.1.2　食品防腐剂和抗氧化剂的使用问题

7.1.2.1　防腐剂的使用

1. 防腐剂的抑菌范围

使用防腐剂，首先要了解所有防腐剂的抗菌谱、最低抑菌浓度和食品所带的腐败性菌类，做到有的放矢。每种防腐剂往往只对一种或某几种微生物有抑制作用，由于不同的食品染菌的情况不一样，需使用的防腐剂也不一样。如醋酸抗酵母菌和细菌的效果好，常用于蛋黄酱、醋泡蔬菜的保藏中。苯甲酸抗酵母和霉菌的能力强，常用于酸性食品、饮料及水果制品的保藏中。丙酸对酵母菌基本无效，对其他菌有一定的抑制作用，所以主要用于焙烤食品的保藏。

2. 不同防腐剂有效的 pH 作用范围

酸型防腐剂的抑菌效果主要取决于其在食品中未解离的酸分子，如常用的山梨酸及其盐、苯甲酸及其盐、丙酸及其盐等，其效力随 pH 而定，酸性越强防腐效果越好，而在碱性食品中则几乎无效。一般来说，苯甲酸及其盐适用的 pH 为 4.5 ~5，山梨酸及其盐适用的 pH 为 5 ~6。酯型防腐剂如对羟基苯甲酸酯类则在 pH 4 ~8 均有效。

3. 防腐剂的溶解和分散

有些食品的腐败开始只发生在食品的表面(如水果)，那么只需使用较少的防腐剂，将防腐剂均匀地分布于食品表面即可，甚至不需要完全溶解。而对于饮料、罐头、焙烤等食品就要求将防腐剂均匀分散其中，所以，这时要注意防腐剂的溶解分散特性。对于易溶于水的防腐剂，可将其水溶液加入食品中；如果防腐剂不溶或难溶，就要用其他有机溶剂首先使其溶解或分散。另外，要注意食品中不同相中防腐剂的分散特性。如在油与水中的分配系数，这点对高比例油水体系的防腐很重要。例如，微生物开始出现于水相，而使用的防腐剂却大量分配于油相，这样防腐剂很可能效果不佳。在这种情况下，应选择分配系数小的防腐剂，并采用适当的工艺从而得到最佳的效果。

在选择溶剂时要注意，有的食品不能有酒味，就不能用乙醇作溶剂或者乙醇的浓度要控制在一定的浓度之内，一般超过 4% 就会明显地感觉到酒味；有的食品不能过酸，就不能用太多的酸来溶解。另外，要防止防腐剂局部浓度过高，局部浓度过高会导致防腐剂的析出。如醇溶解的对羟基苯甲酸酯类，加入水相后，若不及时均质，则会很快析出，浮于水相的表面，不光降低防腐剂的有效浓度，还影响食品的外观。苯甲酸盐和山梨酸盐加到酸性食品中，若某一局部太多，也会析出苯甲酸盐或山梨酸盐的块状物。

4. 防腐剂与食品的热处理

一般情况下，加热可显著增强防腐剂的防腐效果。例如，在实验条件下已经证实山梨酸与加热方法合用可使酵母菌失活的时间缩短 30% ~80%。在 56℃条件下使酵母菌数量减少1/50要90 min，若在加热前加入0.01%的对羟基苯甲酸丁酯，只需48 min；加入0.05%的对羟基苯甲酸丁酯，只需4 min。同样，山梨酸对假单胞菌也有同样的作用。但是防腐剂与加热方法只是同用，而不能代替巴氏杀菌或其他杀菌方法，它们之间的配合也要符合食品工艺的要求。

5. 防腐剂的并用

如前所述，每种防腐剂都有一定的抑菌谱，没有一种防腐剂能抑制或杀灭食品中可能存在的所有腐败微生物，而且许多微生物还会产生抗药性。因此，生产上可将不同的防腐剂混合使用。在混合使用不同的防腐剂时，有三种可能的效应会使这种组合的抗菌作用发生变化：①增效和协同作用，指两种或两种以上的防腐剂混合使用时，其作用的效力远远超过其各自单独使用时同浓度防腐剂的防腐效果；②相加效应，指两种或两种以上的防腐剂混合使用时，其作用的效力等于其各自防腐效果的简单相加；③拮抗作用，指两种或两种以上的防腐剂混合使用时，其作用的效力甚至不及各防腐剂单独使用的效果。前两种效应是我们所期望的，后一种拮抗作用是我们必须避免的。在混合防腐剂的使用中，一般是同类型的防腐剂并用，如酸型防腐剂与其盐、同种酸的几种酯。不同类型防腐剂并用成功的例子并不太多，这方面有待进一步探索。

7.1.2.2 抗氧化剂的使用

1. 充分了解抗氧化剂的性能

由于不同的抗氧化剂对食品的抗氧化效果不同，当我们确定需要添加抗氧化剂时，应该在充分了解抗氧化剂性能的基础上，选择适宜的抗氧化剂品种。最好是通过试验来确定。

2. 正确掌握抗氧化剂的添加时机

抗氧化剂只能阻碍氧化作用，延缓食品开始氧化败坏的时间，并不能改变已经败坏的食品，因此，在使用抗氧化剂时，应当在食品处于新鲜状态和未发生氧化变质之前使用，才能充分发挥抗氧化剂的作用。这一点对于油脂尤其重要。

油脂的氧化酸败是一种自发的链式反应，在链式反应的诱发期之前添加抗氧化剂，即能阻断过氧化物的产生，切断反应链，发挥抗氧化剂的功效，达到阻止氧化的目的。若在油脂已经发生氧化反应生成过氧化物后添加，即使添加较多量的抗氧化剂，也不能有效地阻断油脂的氧化链式反应，而且可能起到相反的作用。因为抗氧化剂本身极易被氧化，被氧化了的抗氧化剂反而可能促进油脂的氧化。

3. 抗氧化剂及增效剂的复配使用

在油溶性抗氧化剂的使用时，往往是两种或两种以上的抗氧化剂复配使用，或者是抗氧化剂与柠檬酸、抗坏血酸等增效剂复配使用，这样会大大增加抗氧化效果。

在使用酚类抗氧化剂的同时复配使用某酸性物质，能够显著提高抗氧化剂的作用效果，因为这些酸性物质对金属离子有螯合作用，使能够促进油脂氧化的金属离子钝化，从而降低氧化作用。也有一种理论认为，酸性增效剂(SH)能够与抗氧化剂产物基团(A·)发生作用，使抗氧化剂(AH)获得再生。一般酚型抗氧化剂，可以使用抗氧化剂用量的1/4～1/2的柠檬酸、抗坏血酸或其他有机酸作为增效剂。

另外，使用抗氧化剂时若能与食品稳定剂同时使用也会取得良好的效果。含脂率低的食品使用油溶性抗氧化剂时，配合使用必要的乳化剂，也是发挥其抗氧化作用的一种措施。

4. 选择合适的添加量

抗氧化剂的浓度要适当。虽然抗氧化剂浓度较大时，抗氧化效果较好，但浓度与抗氧化效果之间并不成正比。由于抗氧化剂的溶解度、毒性等问题，油溶性抗氧化剂的使用浓度一般不超过0.02%，如果浓度过大，除了造成浪费外，还会引起不良作用。水溶性抗氧化剂的使用浓度相对较高，一般不超过0.1%。

5. 控制影响抗氧化剂作用效果的因素

要使抗氧化剂充分发挥作用，就要控制影响其作用效果的因素。影响抗氧化剂作用效果的因素主要有光、热、氧、金属离子及抗氧化剂在食品中的分散性。

光(紫外线)、热能促进抗氧化剂分解挥发而失效。如油溶性抗氧化剂BHA、BHT和PG经加热，特别是在油炸等高温下很容易分解，它们在大豆油中加热至170℃，其完全分解的时间分别是90 min，60 min和30 min。BHA在70℃，BHT在100℃以上加热会迅速升华。

氧气是导致食品氧化变质的最主要的因素，也是导致抗氧化剂失效的主要因素。在食品内部或食品周围氧浓度大，就会使抗氧化剂迅速氧化而失去作用。因此，在使用抗氧化剂的同时，还应采取充氮或真空密封包装，以降低氧的浓度和隔绝环境中的氧，使抗氧化剂更好地发挥作用。

铜、铁等重金属离子是促进氧化的催化剂，它们的存在会促进抗氧化剂迅速被氧化而失去作用。另外，某些油溶性抗氧化剂如BHA、BHT、PG等遇到金属离子，特别是在高温下，颜色会变深。所以，在食品加工中应尽量避免这些金属离子混入食品，或同时使用螯合金属离子的增效剂。

抗氧化剂使用的剂量一般都很少。所以，在使用时必须使之十分均匀地分散在食品中，才能充分发挥其抗氧化作用。

7.2 食品防腐剂

7.2.1 食品防腐剂应具备的条件

食品防腐剂包括化学合成的和天然提取的防腐剂两大类。只要是作为食品防腐剂，那就要符合食品添加剂的基本要求，同时也应满足食品防腐剂需具备的条件：

(1)性质稳定，加入食品后在一定时期内有效，中和分解后无毒；

(2)在低浓度下仍有抑菌作用；

(3)本身不应具有刺激性气味和异味；

(4)价格合理，使用方便。

7.2.2 常用化学防腐剂及其作用机理

7.2.2.1 食品防腐剂的作用机理

防腐剂作为防止食品或食品原、配料腐败变质的食品添加剂，其防腐作用主要是通过延缓或抑制微生物增殖作用来实现的。引起食品腐败变质的微生物细胞都有细胞壁、细胞膜、与代谢有关的酶、蛋白质合成系统及遗传物质等亚结构。防腐剂的加入只要对与微生物生长相关的众多细胞亚结构中的某一个有影响，便可达到抑菌的目的。因此，食品防腐剂可通过多种作用机制发挥作用。从细胞水平上分析，防腐剂可从任一个细胞亚结构中找到其作用的突破口。

(1)作用于微生物的细胞壁或细胞膜。通过对微生物细胞壁或细胞膜的作用，影响其细胞壁的合成或细胞膜中巯基的活性，可使三磷酸腺苷等细胞物质渗出，甚至导致细胞溶解。

(2)作用于微生物的细胞原生质。通过对部分遗传机制的作用，抑制或干扰细菌等微生物的正常生长，甚至令其失活，从而使细胞凋亡。

(3)作用于微生物细胞中的蛋白质。通过使蛋白质中的二硫键断裂，从而使微生物中蛋白质产生变性。

(4)作用于微生物细胞中的酶。通过影响酶中二硫键、敏感基团和与之相连的辅酶，抑制或干扰酶的活性，进而使敏感微组织中的中间代谢机制丧失活性。

7.2.2.2 常用化学防腐剂

1. 有机酸及其盐类防腐剂

1)苯甲酸及其钠盐

(1)苯甲酸：别名安息香酸，分子式为 $C_7H_6O_2$，相对分子质量为122.12。苯甲酸是最早在工业上应用的一种防腐剂。1885年就有人描述其杀菌作用，1900年开始大规模生产应用。苯甲酸的结构式为

COOH

理化性质：苯甲酸为白色的鳞片状或针状结晶，具有光泽，无臭或略带安息香或苯甲醛的气味，在酸性条件下可随蒸汽挥发，约100℃开始升华。性质稳定，但有吸湿性，相对密度为1.2659，熔点为122.4℃，沸点为249.2℃，酸性离解常数为 $pKa = 6.46 \times 10^{-5}$(25℃)。1 g苯甲酸可溶于275 mL水(25℃)，20 mL沸水，0.3 mL乙醇，5 mL氯，3 mL乙醚，溶于固定油和挥发油，少量溶于乙烷，水溶液pH为2.8。苯甲酸采用甲苯液

相空气氧化法或邻苯二甲酸酐脱羧法制备。

防腐机理：苯甲酸可非选择性地干扰细胞中的酶，尤其是阻碍三羧酸循环中 a-酮戊二酸和琥珀酸脱氢酶的反应，对细菌、霉菌、酵母菌醋酸代谢和氧化磷酸化作用的酶也有抑制作用。苯甲酸对霉菌和酵母菌抑菌作用强，对细菌的抑制作用差，而对乳酸菌则不起作用。此外，苯甲酸钠亲油性较强，易穿透细胞膜进人细胞体内，干扰细胞膜的通透性，抑制细胞膜对氨基酸的吸收，进入细胞体内经电离酸化后，破坏细胞内的碱基，并抑制细胞的呼吸酶系的活性，阻止乙酰辅酶 A 的缩合反应，从而对食品起到防腐的作用。

毒性：苯甲酸属于低毒性物质。分别以含苯甲酸为 0、0.5% 和 1% 的食品喂养雄性大鼠和雌性大鼠连续 8 周，通过对其子代(第二、三、四代)的观察和形态解剖测定其慢性毒性，结果表明，小鼠子代的生长、繁殖和形态上没有异常的改变。其他一些试验也表明苯甲酸无蓄积性、致癌、致突变和抗原作用。苯甲酸的 ADI 值为 0~5 mg/kg，LD_{50} 为 2530 mg/kg(大鼠，经口)。苯甲酸在动物体内会很快降解，75%~80% 的苯甲酸可在 6 h 内排出，10~14 h 内完全排出体外。苯甲酸的大部分(90%)主要与甘氨酸结合形成马尿酸，其余的则与葡萄糖醛酸结合形成 1-苯甲酰葡萄醛酸。

应用与限量：苯甲酸常温下难溶于水，使用时需加热，或在乙醇中充分搅拌溶解。苯甲酸防腐剂适用于苹果汁、软饮料、番茄酱等高酸度食品的防腐保鲜，这些食品的酸性本身足以抑制细菌的生长，苯甲酸的加入主要是抑制霉菌和酵母菌的生长。苯甲酸最适抑菌 pH 为 2.5~4.0。苯甲酸在酱油、清凉饮料中可与对-羟基苯甲酸酯类一起使用而增效。《食品安全国家标准　食品添加剂使用标准》(GB 2760-2011)中规定：碳酸饮料、配制酒，最大使用量为 0.2 g/kg；低盐酱菜、酱类、蜜饯，0.5 g/kg；葡萄酒、果酒、软糖，0.8 g/kg；酱油、食醋、果酱(不包括罐头)、果汁(味)型饮料，1.0 g/kg；食品工业用塑料桶装浓缩果蔬汁，2 g/kg；预调酒，0.2 g/kg；果汁(果味)冰，1.0 g/kg(混用或单独使用)。

(2)苯甲酸钠：别名安息香酸钠，分子式为 $C_7H_5NaO_2$，相对分子质量为 144.11，结构式为

COONa

理化性质：苯甲酸钠为白色颗粒或结晶性粉末。无臭或微带安息香气味，味微甜，有收敛性。易溶于水，常温下 100 mL 水能溶解约 53 g 苯甲酸钠，形成的溶液的 pH 在 8 左右；溶于乙醇，常温下苯甲酸钠在乙醇中的溶解度为 1.4 g/100 mL。在空气中稳定。苯甲酸钠可由苯甲酸和碳酸钠(或碳酸氢钠)在水溶液中进行反应制得。反应式如下：

$$2C_6H_5COOH + Na_2CO_3 = 2C_6H_5COONa + CO_2 + H_2O$$

防腐机理：同苯甲酸。

毒性：LD_{50} 为 2700 mg/kg(大鼠，经口)。FAO/WHO(1985)规定，苯甲酸钠的 ADI 为 0~5 mg/kg。苯甲酸钠在人体内的代谢途径与苯甲酸相同。苯甲酸和苯甲酸钠同时使用时，以苯甲酸计总量不得超过最大使用量。

应用与限量：苯甲酸钠易溶于水，较苯甲酸使用方便。苯甲酸钠也是酸性防腐剂，在碱性介质中无抑菌作用。其防腐最佳pH是2.5～4.0，在pH5.0时5%的溶液抑菌效果也不是很好。

2）山梨酸及其钾盐

（1）山梨酸：别名花楸酸，为2，4-己二烯酸，分子式为$C_6H_8O_2$，相对分子质量为112.13，其化学结构式为

$$CH_3—CH═CH—CH═CH—COOH$$

理化性质：山梨酸为无色针状晶体或白色晶体粉末，无臭或微带刺激性臭味，沸点为228℃，熔点为132～135℃，耐光、耐热性好，在140℃下加热3 h仍稳定，不会发生分解，但长期暴露在空气中则易被氧化而变色。山梨酸难溶于水，可溶于乙醇、乙醚、丙二醇、甘油、冰醋酸和丙酮。山梨酸可由丁烯醛与乙烯酮在三氟化硼催化下反应制得。

防腐机理：山梨酸与微生物酶系统中的巯基结合，破坏微生物的许多重要的酶，从而产生抑制微生物生长的功能。此外，它还能干扰传递机能，如干扰细胞色素C对氧的传递，以及细胞膜表面的能量传递，从而抑制微生物的增殖，达到防腐的目的。

毒性：大鼠经口LD_{50}为10.5 g/kg，大鼠MNL为2.5 g/kg。FAO/WHO（1994）规定，ADI为0～0.025 g/kg。山梨酸在人体代谢过程中经口在肠内吸收，大部分以CO_2的形式从呼气中排出，有一部分用于合成新的脂肪酸而留在动物的器官和肌肉中，一般认为是安全的。

应用与限量：山梨酸是使用最多的一种防腐剂。由于山梨酸难溶于水，使用时应先将其溶于乙醇或者碳酸氢钠、碳酸氢钾的溶液中。溶解山梨酸时不能与铜、铁接触。为防止山梨酸挥发，在食品生产中应先加热食品，再加山梨酸。山梨酸为酸性防腐剂，在酸性介质中对微生物有良好的抑制作用，随pH增大防腐效果减小，pH8.0时丧失防腐作用，适于pH5.5以下的食品防腐。使用山梨酸作防腐剂时，若食品已被微生物严重污染，山梨酸则不能产生防腐效果，反而成为微生物的营养源，从而加速食品腐败。山梨酸与其他防腐剂复配使用时可产生协同作用，提高防腐效果。山梨酸可用于肉类和蛋类制品、果蔬、饮料、调味品、蜜饯、果冻、氢化植物油、糕点等食品的防腐，其最大使用量不得超过我国《食品安全国家标准　食品添加剂使用标准》（GB 2760-2011）的规定。

（2）山梨酸钾：山梨酸钾为山梨酸的钾盐，分子式为$C_6H_7KO_2$，相对分子质量为150.22，其化学结构式为

$$CH_3—CH═CH—CH═CH—COOK$$

理化性质：山梨酸钾为白色至浅黄色鳞片状结晶或晶体颗粒或晶体粉末，无臭或微有臭味，长期暴露在空气中易吸潮、被氧化分解而变色。相对密度为1.363，熔点为270℃。山梨酸钾易溶于水、5%食盐水和25%糖水，可溶于乙醇、丙二醇。1%山梨酸钾水溶液pH为7.0～8.0。山梨酸钾由碳酸钾或氢氧化钾中和山梨酸制得。

防腐机理：同山梨酸。

毒性：大鼠经口LD_{50}为4.2～6.2 g/kg。FAO/WHO（1985）规定，ADI为0～0.025 g/kg（以山梨酸计）。山梨酸钾在人体中的代谢过程同山梨酸。

应用与限量：山梨酸钾有很强的抑制腐败菌和霉菌的作用，其毒性远低于其他防腐

剂，因此，是使用最广泛的一种防腐剂。在酸性介质中山梨酸钾能充分发挥防腐作用，在中性条件下防腐作用小。山梨酸钾较山梨酸易溶于水，且溶解状态稳定，使用方便，其1%水溶液的pH为7～8，故在使用时可能引起食品的碱度升高，需加以注意。1 g山梨酸钾相当于0.746 g山梨酸。山梨酸钾主要用于乳制品（0.05%～0.30%）、焙烤食品、蔬菜、水果制品、饮料等中抑制真菌的生长繁殖。在果汁、果酱、果浆、果子罐头等中都用山梨酸及其盐类作防腐剂。在肉类中添加山梨酸钾，不仅可以抑制真菌，而且可抑制肉毒杆菌及一些病原菌（沙门氏菌、金黄色葡萄球菌、产气荚膜杆菌）。

此外，山梨酸钙也是一种良好的防腐剂，具有抑制腐败菌和霉菌的作用，其作用机理和应用同山梨酸钾。

3）丙酸盐

（1）丙酸钠：分子式为 $C_3H_5NaO_2$，相对分子质量为96.063，化学结构式为

$$CH_3—CH_2—COONa$$

理化性质：丙酸钠为白色结晶或白色晶体粉末或颗粒，无臭或微带特殊臭味，易溶于水，可溶于乙醇，微溶于丙酮。对光、热稳定，在空气中吸潮。丙酸钠由丙酸与碳酸钠或氢氧化钠反应制得。反应式如下：

$$C_2H_5COOH + NaOH = C_2H_5COONa + H_2O$$

防腐机理：丙酸钠是酸型防腐剂，起防腐作用的主要是未离解的丙酸。丙酸是一元羧酸，它以抑制微生物合成β-丙氨酸而起抗菌作用。

毒性：小鼠经口 LD_{50}为5.1 g/kg。FAO/WHO（1985）规定，对其ADI不作限制性规定。丙酸对大鼠的生长、繁殖和主要内脏器官无影响。丙酸是人体正常代谢的中间产物，安全无毒。

应用与限量：丙酸钠具有良好的防霉作用，对细菌抑制作用较小，如对枯草杆菌、八叠球菌、变形杆菌等只能延缓其生长，对酵母无抑制作用。丙酸钠可用于面包发酵过程中抑制杂菌生长，还用于乳酪制品的防霉。在面包里使用丙酸钠会减弱酵母的功能，导致面包发泡稍差。

（2）丙酸钙：丙酸钙分子式为 $C_6H_{10}CaO_4 \cdot nH_2O$（$n=0, 1$），相对分子质量为186.22（无水）。

理化性质：丙酸钙为白色结晶或白色晶体粉末或颗粒，无臭或微带丙酸气味。易溶于水，不溶于乙醇、醚。对光、热稳定，在空气中吸潮。用做食品添加剂的丙酸钙一般为一水盐。丙酸钙10%的水溶液的pH为8～10。丙酸钙可由丙酸与碳酸钙或氢氧化钙中和反应制得。

防腐机理：同丙酸钠。

毒性：小鼠经口 LD_{50}为3.3 g/kg。FAO/WHO（1985）规定，对其ADI不作限制性规定。丙酸钙对大鼠的生长、血液和主要内脏器官无影响。丙酸钙在人体中的代谢同丙酸钠。

应用与限量：丙酸钙的防腐性能与丙酸钠相近，其抑制霉菌的有效剂量比丙酸钠小。在糕点、面包和乳酪中使用丙酸钙作防腐剂可补充食品中的钙质。丙酸钙在面团发酵时使用，可抑制枯草杆菌的繁殖，pH为5.0时最小抑菌浓度为0.01%，pH为5.8时最小

抑菌浓度为0.188%，最适pH应低于5.5。

4)脱氢醋酸与双乙酸钠

(1)脱氢醋酸与其钠盐：脱氢醋酸(DHA)，或称脱氢乙酸，分子式为$C_8H_7O_4$，相对分子质量为168.15。脱氢醋酸钠是脱氢醋酸的钠盐，分子式为$C_8H_7NaO_4$，相对分子质量为208.15。化学结构式分别为

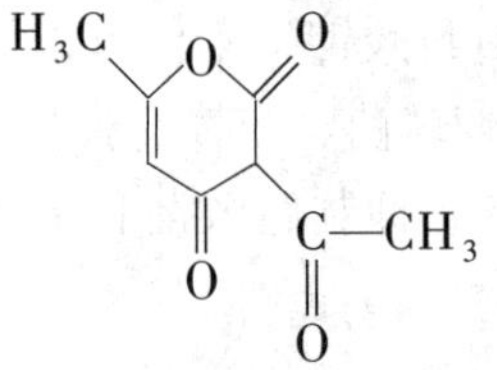

脱氢醋酸 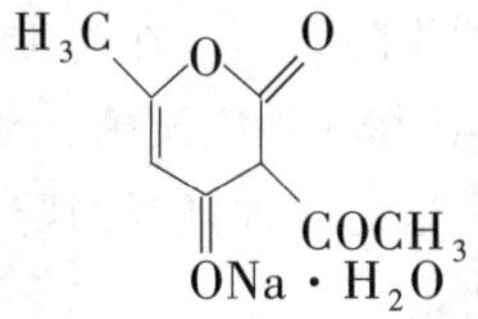　　　　脱氢醋酸钠

理化性质：脱氢醋酸为无色至白色针状或片状结晶，或为白色晶体粉末，无臭，几乎无味，无刺激性。熔点为109～112℃。脱氢醋酸难溶于水，溶于苛性碱的水溶液、乙醇和苯，其饱和水溶液的pH为4.0。无吸湿性，加热能随水蒸气挥发，对热稳定，在光的直射下微变黄。脱氢醋酸钠易溶于水、甘油、丙二醇，微溶于乙醇和丙醇，其水溶液呈现中性或微碱性。脱氢醋酸可通过化学方法(丙酮热解法、乙酰乙酸乙酯法)或微生物发酵法生产。脱氢醋酸钠可由氢氧化钠中和脱氢乙酸制得。

防腐机理：同有机酸类防腐剂，主要是通过破坏微生物细胞的亚结构及相关的酶而抑制微生物的生长。

毒性：大鼠经口LD_{50}为1.0 g/kg。脱氢醋酸钠在新陈代谢过程中逐渐降解为乙酸，对人体无毒，使用时不影响食品的口味。脱氢醋酸钠LD_{50}为0.157 g/kg(大鼠，经口)、1.175 g/kg(小鼠，经口)，为FAO/WHO批准使用的安全的防腐保鲜剂，在欧美等国已应用多年。

应用与限量：脱氢醋酸及其钠盐具有广谱的抗菌能力，对霉菌和酵母的抗菌能力尤强，浓度为0.1%的脱氢醋酸即可有效地抑制霉菌，抑制细菌的有效浓度为0.4%。脱氢醋酸及其钠盐对易引起食品腐败的酵母菌、霉菌作用极强，抑制有效浓度为0.05%～0.1%，一般用量为0.03%～0.05%。在pH5以下的环境中，对酵母菌的抑制作用比苯甲酸钠大2倍，对灰绿色青霉素菌和黑曲霉菌的抑制作用则比苯甲酸钠大2.5倍。脱氢醋酸钠的防腐作用与脱氢醋酸相当，其最大特点是在酸性或碱性条件下仍然有效，耐光、耐热性较好，在水中煮沸或加热烘烤食品时不破坏，不变质，不挥发。主要用于腐乳、酱菜、原汁橘酱(最大用量为0.3 g/kg)、汤料、糕点(最大用量为0.5 g/kg)和干酪、奶油和人造奶油等的防腐。

(2)双乙酸钠：其分子式为$C_4H_7NaO_4 \cdot H_2O$，相对分子质量为142.09(无水物)，化学结构式为

$$(CH_3COO)_2HNa \cdot H_2O$$

理化性质：双乙酸钠为白色晶体，带有乙酸气味，具有吸湿性。极易溶于水，释放出乙酸。10%水溶液的pH为4.5～5.0。加热到150℃以上分解，可燃烧，由乙酸-碳酸钠法和乙酸-氢氧化钠法等制得。

防腐机理：双乙酸钠的抑菌作用源于乙酸，乙酸分子与类酯化合物的相容性好，当乙酸渗透进微生物细胞壁，可干扰细胞内各种酶体系的生长，或使微生物细胞内蛋白质变性，从而可以高效抑制常见的十余种霉菌和四种细菌的孳生和蔓延，其防霉效果优于防霉剂丙酸钙，且与山梨酸复配使用具有良好的协同效应。

毒性：双乙酸钠的毒性很低，小鼠经口 LD_{50} 为3.31 g/kg，大鼠经口 LD_{50} 为4.96 g/kg，ADI为0～15 mg/kg。双乙酸钠在生物体内的最终代谢产物为水和 CO_2，不会残留在人体内，对人畜、生态环境没有破坏作用或副作用。

应用与限量：双乙酸钠是一种安全可靠的新型高效的广谱抗菌防霉剂。FAO/WHO批准其为食品、谷物、饲料的防霉和防腐保鲜剂。双乙酸钠用于谷物防霉时，应注意控制温度和湿度。我国《食品安全国家标准　食品添加剂使用标准》(GB 2760-2011)规定双乙酸钠可用于谷物、即食豆、油炸薯片，最大使用量为1.0 g/kg；用于膨化食品调味料，8.0 g/kg；复合调味料，10.0 g/kg；此外，双乙酸钠也用做螯合剂屏蔽食品中引起氧化作用的金属离子。

2. 无机物及无机盐类防腐剂

1)二氧化硫

二氧化硫：二氧化硫为亚硫酐，分子式为 SO_2，相对分子质量为64.07。

性状与性能：二氧化硫为无色有刺激臭味的气体，无自燃和助燃性。在1个大气压和0℃时，其蒸汽密度为空气的2.26倍。其液体相对密度约为1.436，熔点为-76.1℃，沸点为-10℃。二氧化硫易溶于水和乙醇，溶于水后形成亚硫酸，20℃时的溶解量为10 g SO_2/100 g溶液。二氧化硫能与半胱氨酸结合形成硫酯，因此，可认为它能降解硫胺素和辅酶Ⅱ(NAD+)，从而抑制醋化醋杆菌的代谢。此外，它还能抑制某些酵母的代谢。但近年来发现许多酵母菌属对二氧化硫能产生耐药性，此外许多霉菌对二氧化硫都有耐受性，在低浓度下某些霉菌仍能生长，高浓度下才能完全抑制其生长。

毒性：FAO/WHO(2001)规定，ADI为0～0.7 mg/kg。兔经口 LD_{50} 为0.6～0.7g/kg。二氧化硫有毒，吸入 SO_2 含量多于0.2%，会使嗓子变哑、喘息，可因声门痉挛窒息而死亡。我国标准最高浓度为20 mg/m^3。

应用：对于二氧化硫的使用，我国传统的特产食品，如果干和果脯的加工中，包括一些脱水蔬菜的加工过程中多数采用浸硫或熏硫的方法对原料或半成品进行漂白，以防褐变。所谓熏硫其实就是通过硫磺产生二氧化硫而作用于食品的。硫磺是不能直接加入食品的，只准用于熏蒸。我国规定车间空气中最高允许浓度为20 mg/m^3。

2)焦亚硫酸钠

焦亚硫酸钠：亦称偏重亚硫酸钠，分子式为 $Na_2S_2O_5$，相对分子质量为190.13。

性状与性能：焦亚硫酸钠为白色结晶或白至黄色晶体粉末，有二氧化硫气味，在空气中能分解，放出二氧化硫。它易溶于水，30 g/100 g(常温)，50 g/100 g(100℃)，微溶于乙醇。焦亚硫酸钠水溶液呈酸性，1%水溶液的pH为4.0～5.5。焦亚硫酸钠具有强还原性，能消耗食物组织中的氧，抑制好氧菌的活性及微生物体内的酶的活性，进而达到防腐的目的。

毒性：按 FAO/WHO(2001)规定，ADI 为 0 ~ 7 mg/kg，兔经口 LD_{50} 为 0.6 ~ 0.7 g/kg(以 SO_2 计)。

应用：目前，我国在浅色蔬菜，如蘑菇、莲藕、马蹄、白芦笋、山药等产品的加工和保鲜过程中，多使用焦亚硫酸钠溶液进行护色。

3) 脱氢醋酸

脱氢醋酸：分子式为 $C_8H_8O_4$，相对分子质量为 168.15，结构式为

H_3C O O

H $HCOCH_3$

O

性状与性能：脱氢醋酸为无色至白色针状结晶，或为白色晶体粉末，无臭，几乎无味，无刺激性，熔点为 109 ~ 112℃。其饱和水溶液(0.1%)的 pH 为 4，难溶于水；溶于苛性碱的水溶液；溶于乙醇，2.86 g/100 mL；苯，16.67 g/mL。它无吸湿性，加热能随水蒸气挥发，在光的直射下微变黄。在脱氢醋酸的乙醇溶液中加水和醋酸铜溶液，生成带白紫色的沉淀。脱氢醋酸有较强的抗细菌能力，对霉菌和酵母的抗菌能力尤强，0.1%的浓度即可有效地抑制霉菌，抑制细菌的有效浓度为 0.4%。脱氢醋酸对热稳定，在 120℃下加热 20 min 抗菌作用无变化。

毒性：大鼠经口 LD_{50} 为 0.5 g/kg。分别给猴每日以 0.05 g/kg 和 0.1 g/kg 的剂量投药，喂养 1 年未发现异变。在大鼠的饲料中分别加入 0.02%、0.05% 和 0.1% 的量，连续喂养 2 年，未发现大鼠有任何异变。

应用：我国《食品安全国家标准　食品添加剂使用标准》(GB2760-2011)规定，脱氢醋酸可用于黄油和浓缩黄油、酱渍的蔬菜、盐渍的蔬菜、发酵豆制品、果蔬汁(浆)，最大使用量为 0.34 g/kg；面包、糕点、焙烤食品馅料、复合调味料，0.5 g/kg。

3. 酯类防腐剂

酯类防腐剂主要涉及对羟基苯甲酸酯类(也称尼泊金酯类)，包括对羟基苯甲酸甲酯、对羟基苯甲酸乙酯、对羟基苯甲酸丙酯、对羟基苯甲酸丁酯和对羟基苯甲酸异丁酯。它们均对食品具有防腐作用，其中以对羟基苯甲酸丁酯的防腐作用最好，在日本使用最多。我国主要使用对羟基苯甲酸乙酯和对羟基苯甲酸丙酯。

对羟基苯甲酸酯类的主体化学结构式为

HO—⟨苯环⟩—COOR

其结构式中 R 基可分别为$—CH_3$、$—CH_2—CH_3$、$—CH_2—CH_2—CH_3$、$—CH_2—CH_2—CH_2—CH_3$，分别代表对羟基苯甲酸甲酯、对羟基苯甲酸乙酯、对羟基苯甲酸丙酯、对羟基苯甲酸丁酯。

1) 对羟基苯甲酸乙酯

对羟基苯甲酸乙酯：别名尼泊金乙酯，分子式为 $C_9H_{10}O_3$，相对分子质量为 166.18，通过对羟基苯甲酸与乙醇在硫酸存在下酯化反应制得。

理化性质：对羟基苯甲酸乙酯为无色细小结晶或白色晶体粉末，几乎无味，稍有麻

舌感的涩味，耐光和热，熔点为116～118℃，沸点为297～298℃，不亲水，无吸湿性，微溶于水，易溶于乙醇、丙二醇和花生油。

防腐机理：对羟基苯甲酸乙酯对霉菌、酵母有较强的抑制作用，对细菌特别是革兰氏阴性杆菌和乳酸菌的抑制作用较弱。其抑菌机理是通过抑制微生物细胞的呼吸酶系与电子传递酶系的活性，以及破坏微生物的细胞膜结构。在有淀粉存在时，对羟基苯甲酸乙酯的抗菌力减弱。对羟基苯甲酸酯类对真菌的抑菌效果最好，对细菌的抑制作用也较苯甲酸和山梨酸强，对革兰氏阳性菌有致死作用。

毒性：ADI为0～10 mg/kg(FAO/WHO，1994)，LD_{50}为小鼠经口5000 mg/kg。对羟基苯甲酸酯类在人肠中很快被吸收，与苯甲酸类抗菌剂一样，在肝、肾中酯键水解，产生对羟基苯甲酸，直接由尿排出或再转变成羟基马尿酸、葡萄糖醛酸酯后排出，在体内不累积，安全。

应用与限量：我国《食品添加剂使用卫生标准》(GB 2760-2011)规定，对羟基苯甲酸乙酯可用于果汁(果味)型饮料、果酱、酱油、酱料等防腐，其最大使用量为0.25 g/kg;碳酸饮料0.2 g/kg；醋0.1 g/kg；水果及蔬菜的表面0.012 g/kg。并且规定，对羟基苯甲酸的酯类可以混合使用，按对羟基苯甲酸的总量计算用量。对羟基苯甲酸酯类的抗菌能力主要是分子态分子起作用，分子内羟基已经酯化，不再电离，所以抗菌作用在pH为4～8范围内均有良好效果，对细菌最适pH为7.0。

2)对羟基苯甲酸丙酯

对羟基苯甲酸丙酯：别名尼泊金丙酯，分子式为$C_{10}H_{12}O_3$，相对分子质量为180.20。对羟基苯甲酸丙酯可通过对羟基苯甲酸与正丙醇在硫酸存在下，进行酯化反应制得。

理化性质：对羟基苯甲酸丙酯为无色细小结晶或白色晶体粉末，无臭无味，微有涩味，耐光和热，熔点为95～98℃，微溶于水，易溶于乙酸、乙醇、丙二醇、丙酮，溶于甘油和花生油，其水溶液呈中性。

防腐性能：对羟基苯甲酸丙酯的防腐性能优于对羟基苯甲酸乙酯，对苹果青霉、黑根霉、啤酒酵母、耐渗压酵母等有良好的抑杀能力。其防腐机理同对羟基苯甲酸乙酯。

毒性：ADI为0～10 mg/kg(FAO/WHO，1994)，LD_{50}为小鼠经口6700 mg/kg。对羟基苯甲酸丙酯对大白鼠所做的试验表明，MNL为1.0 g/kg。

应用与限量：按FAO/WHO(1984)规定，对羟基苯甲酸丙酯可用于果酱和果冻，最大用量为1.0 g/kg(单用或与其他苯甲酸盐类、山梨酸和山梨酸钾合用)。《我国食品添加剂使用卫生标准》(GB 2760-2011)规定对羟基苯甲酸丙酯的应用及最大用量为：焙烤食品馅料(仅限糕点馅)，0.5 g/kg；果酱(除罐头外)、酱油、酱及酱制品、果蔬汁(肉)饮料、风味饮料(包括果味饮料、乳味、茶味及其他味饮料)，0.25 g/kg；热凝固蛋制品(如蛋黄酪、松花蛋肠)、碳酸饮料，0.2 g/kg；醋，0.1 g/kg；经表面处理的鲜水果和新鲜蔬菜，0.012 g/kg。对羟基苯甲酸酯及其盐含量测定均以对羟基苯甲酸计。

7.2.3 天然防腐剂及其应用

1. 乳酸链球菌素

乳酸链球菌素：别名乳链球菌素、乳链菌肽，是由乳酸链球菌产生的小肽，分子式为$C_{143}H_{230}N_{42}O_{37}S_7$，相对分子质量为3354。1928年，L. A. Rogers等美国研究人员发现金黄色葡萄球菌的代谢物能抑制乳酸菌的生长；1933年，Withead提出这种抑菌物的本质是一种多肽；1947年，英国的Mattic-k A. T. R从乳酸链球菌的发酵物中制备出了这种多肽，命名为Nisin；1951年，Hiish等首先将其用于食品防腐，成功地控制了由肉毒梭菌引起的奶酪膨胀腐败；1953年，一种名为Nisapin的商品化产品在英国面世；1969年，FAO/WHO确认乳酸链球菌素为食品防腐剂。这是第一个被批准用于食品中的细菌素，至1990年，已有中国、美国和英国等50多个国家和地区批准其为一种天然型的食品防腐剂。

理化性质：乳酸链球菌素为白色或略带黄色的结晶性粉末或颗粒，略带咸味，使用时需溶于水或液体中。不同pH下溶解度不同，pH为2.5时溶解度为12%，pH为8.0时溶解度为4%，在0.02 mol/L HCl中溶解度为118.0 mg/L。乳酸链球菌素的分子结构复杂，它是一种多肽类细菌素，成熟分子中含有34个氨基酸残基，其单体含有几种稀有氨基酸：氨基丁酸(ABA)、脱氢丙氨酸(DHA)、羊毛硫氨酸(ALA-S-ALA)、β-甲基羊毛硫氨酸(ALA-S-ABA)，通过硫醚键形成五元环。乳酸链球菌素在天然状态下主要有两种形式，分别为Nisin A和Nisin Z，由乳酸链球菌发酵培养精制而成。

防腐机理：乳酸链球菌素对微生物的作用首先是分子对细胞膜的吸附，在此过程中，分子能否穿过细胞壁是一个关键因素。同时，pH、Mg^{2+}、乳酸浓度、氮源种类等均可影响它对细胞的吸附作用。带有正电荷的乳酸链球菌素吸在细胞膜上后，利用离子间的相互作用及其分子的C末端、N末端对膜结构产生作用，形成穿膜孔道，从而引起细胞内物质泄漏，导致细胞解体死亡。

毒性：乳酸链球菌素是肽类物质，食用后可被体内蛋白酶消化分解成氨基酸，无微生物毒性或致病作用，因此其安全性较高。大鼠经口LD_{50}为7 g/kg，ADI为0~0.875 mg/kg。

应用与限量：乳酸链球菌素具有很好的应用前景，它是一种高效无毒的天然防腐剂，能抑制大部分革兰氏阳性菌及其芽孢，包括产芽孢杆菌、耐热腐败菌、产孢梭菌等的生长和繁殖，而对酵母菌和霉菌等无作用。它还可和某些络合剂(如EDTA或柠檬酸)等一起作用，可使部分细菌对之敏感。它可与化学防腐剂结合使用，从而减少化学防腐剂的用量。Nisin主要用于蛋白质含量高的食品，如肉类、豆制品等的防腐，不能用于蛋白质含量低的食品中，否则，反而被微生物作为氮源利用。乳酸链球菌素在牛奶及其加工产品和罐头食品中的应用意义特别大，因为这些食品加工中，往往需采用巴氏消毒法进行消毒，由于杀菌温度较低，虽能杀菌，但往往残留耐热性孢子，而Nisin具有很强的杀芽孢能力，在牛奶中加入10 IU/mL的Nisin，使用较低的温度处理后，便可久放而不变质。我国《食品添加剂使用卫生标准》(GB 2760-2011)规定：可用于罐头、植物蛋白饮料，最大使用量为0.2 g/kg；用于乳制品、肉制品，最大使用量为0.5 g/kg；用于乳制品，如干酪、消毒牛奶和风味牛奶等，用量为1～10 mg/kg；用于罐头食品，如菠萝、樱桃、苹果、桃子、青豆罐头等，用量为2～2.5 mg/kg；用于熟食品，如布丁罐头、鸡炒面、通心粉、玉米油、菜汤、肉汤等，用量为1～5 mg/kg。乳酸链球菌素用于酒精饮料，如直接加入啤酒发酵液中，可控制乳酸杆菌、片球菌等杂菌生长，用于葡萄酒等含醇饮料，可抑制不需要的乳酸菌。

2. 纳他霉素

纳他霉素：别名匹马菌素、游链霉素，其商品名称为霉克（natamaxin™），分子式为$C_{33}H_{47}NO_{13}$，相对分子质量为665.75。它是一种重要的多烯类抗菌素，可以由纳塔尔链霉菌、恰塔努加链霉菌和褐黄孢链霉菌等多种链霉菌发酵产生。1982年6月，美国FDA正式批准纳他霉素可以用做食品防腐剂，还将其归类为GRAS产品之列。我国1996年食品添加剂委员会对纳他霉素进行评价并建议批准使用，现已列入食品添加剂使用标准。

理化性质：纳他霉素为白色至乳白色粉末，熔点为280℃，不溶于水，微溶于甲醇，溶于稀酸、稀碱，难溶于大部分有机溶剂。纳他霉素是两性物质，分子当中含有一个碱性基团和一个酸性基团，其电离常数pK值为8135和416，相应的等电点为6.15，熔点为280℃。纳他霉素通常以两种结构形式存在：烯醇式结构和酮式结构，前者居多。

防腐机理：纳他霉素是一种高效、广谱的霉菌及酵母菌、某些原生动物和某些藻类的抑制剂，能与固醇化合物相互作用且具有高度的亲和性，对真菌有抑制作用，其抗菌机理在于它能与细胞膜上的固醇化合物反应，由此引发细胞膜结构改变而破裂，使细胞内容物渗漏，导致细胞死亡。但它没有抗细菌活性的作用，这是由于真菌的细胞膜含有麦角固醇，而细菌细胞膜中不含这种物质。纳他霉素能有选择地和固醇结合，结合的程度与膜的固醇含量成正比，结合后形成多烯化合物，引起细胞膜结构的改变，导致细胞膜渗透性的改变，造成细胞内物质的泄漏。另外，纳他霉素对于抑制正在繁殖的活细胞效果很好，而对于破坏休眠细胞则需要较高的浓度，同时，对真菌孢子也有一定的抑制作用。

毒性：根据《食品添加剂使用卫生标准》（GB 2760-2011），食物中最大残留量为10 mg/kg。而纳他霉素在实际中的使用量为10^{-6}数量级，因此，它是一种高效安全的新型生物防腐剂。

应用与限量：纳他霉素用于干酪皮防止其表面发霉，它不会渗透到干酪内部，仅仅停留在酪皮外层，而这一部分一般不会被取食，干酪放置5～10周后，纳他霉素基本消失，此时酪皮变硬不易受到霉菌侵染。另外，把纳他霉素直接添加到酸奶等发酵制品中，能抑制霉菌和酵母菌，而不杀死有益的细菌（双歧杆菌），其他防腐剂尚不具备这一功能。纳他霉素用于水果贮存中，可有效防止真菌引起的有氧降解。在葡萄汁中添加20 mg/kg纳他霉素可防止因酵母污染而导致的果汁发酵。在苹果汁中加入纳他霉素30 mg/kg,6周之内可防止果汁发酵，并保持果汁的原有风味不变。在酱油、食醋等调味品中，使用一定量的纳他霉素可有效地抑制酵母菌的生长和繁殖，防止白花的出现，且对酱油的口感和风味无任何影响。在肉类保鲜方面，可采用纳他霉素浸泡或喷涂肉类食品，来达到防止霉菌生长的目的。

3. 壳聚糖

壳聚糖：也称脱乙酰甲壳素。甲壳素广泛存在于虾、蟹、昆虫等节肢动物的外壳和真菌、藻类等一些低等植物细胞壁中，是年产量仅次于纤维素的第二大天然高分子化合物，也是迄今发现的唯一天然碱性氨基多糖。多糖的聚合度的大小及其脱乙酰化程度的不同造成其在分子质量上的很大差别。壳聚糖的学名为(1-4)-2-氨基-2-脱氧-β-D-葡聚糖，是以2-氨基-2-脱氧葡萄糖为单体，通过β-(1-4)糖苷键连接起来的直链多糖。

理化性质：壳聚糖呈白色或灰黄色粉末状，微溶于水，溶于酸。有很好的生物相容性和多种生物活性，能抑制鲜活食品的生理变化，对微生物，特别是对细菌有良好的抑制作用。较短链的壳聚糖，特别是7～9个单体所组成的低聚壳聚糖具有较高的生物活性。

防腐机理：壳聚糖对细菌、霉菌和酵母菌都具有抑菌特性，特别是对广泛的腐败菌和致病菌都有抑制作用。其抑菌能力的大小与壳聚糖的脱乙酰度、分子质量、环境的pH以及金属离子和表面活性剂等杂质的干扰有关。研究发现，浓度为0.4%的壳聚糖便足以抑制金黄色葡萄球菌、蜡状芽孢杆菌、大肠杆菌与普通变形杆菌；壳聚糖乳酸盐作用于革兰氏阳性菌和革兰氏阴性菌1 h后可使菌数减少1～5个数量级；1%壳聚糖与2%醋酸混合液对乳酸杆菌、葡萄球菌、微球菌、肠球菌、梭状芽孢杆菌、肠杆菌、霉菌、酵母菌等腐败菌及鼠伤寒沙门氏菌、李斯特单核增生菌等致病菌都有良好的抑制作用。壳聚糖乳酸盐对啤酒酵母和红酵母也有抑菌效果。壳聚糖对霉菌一般要在较高的浓度下才有满意的抑制效果。还有试验报道指出，壳聚糖对灰霉病菌、软腐病菌和褐霉病菌的孢子萌发和菌丝生长也有抑制作用。

壳聚糖抑菌作用主要是通过干扰微生物细胞表面上的负电荷和结合DNA从而抑制mRNA和蛋白质的合成这两条途径进行的。

毒性：壳聚糖为可食用的天然产物，一般认为无毒无害，它能被生物降解，不会造成二次污染。因壳聚糖是碱性氨基多糖，故也能减少胃酸，抑制溃疡。大量的动物试验表明，壳聚糖在抑制病变细胞的同时，对正常组织却几乎没有影响，甚至起维护、促进作用。如壳聚糖水解生成的D-葡氨糖在体内对某些恶性肿瘤有抑制作用，但对正常组织无碍；能选择性凝集白血病细胞；能防止消化系统对甘油三酯、胆固醇及其他醇的吸收，并促使其排出体外；能促进婴儿肠道双歧乳杆菌的生长等。

应用与限量：壳聚糖具有优良的抗菌活性和成膜特性，其应用目前主要还只停留在果蔬的涂膜保鲜，如柑橘、苹果的保藏，延长草莓、猕猴桃的货架期，青椒、黄瓜、西红柿的保鲜等。

利用壳聚糖的抑制腐败菌的特性对肉、鱼、禽、蛋及其制品的保鲜应用也已有报道。如用壳聚糖的衍生物N-羧甲基壳聚糖的稀溶液以5 mg/kg的剂量注入屠宰场的生肉中，或掺入烹调的肉糜中，或喷洒在炖肉上，可使煮好的肉在冷藏一周内不发生酸败和变味；添加0.05%壳聚糖于鱼糕中可使不腐败的存放时间由4 d延长至9 d。壳聚糖还有许多方面的应用潜力，有待进一步开发。

4. 溶菌酶

溶菌酶：溶菌酶是一种细菌素，是由细菌产生的通常只作用于与产生菌同种或亲缘关系相近的种的其他菌株的一种蛋白类抗菌物质。溶菌酶是广泛存在于哺乳动物的体液、乳汁和禽类的蛋清中以及部分植物与微生物体内的一种较稳定的碱性蛋白。蛋清中的溶菌酶含量最丰富，达3.5%，但其活性却远不如浦乳动物的乳汁、唾液和泪液。从鸡蛋清中提取的商品名为Lysozme的溶菌酶含有129个氨基酸的多肽链，分子质量约为14500 u。目前发现的溶菌酶主要有：破坏细菌细胞壁肽聚糖中β-1，4糖苷键的内N-乙酰己糖胺酶；能切断细菌细胞壁肽聚糖中N-乙酰己糖胺酶-L-丙氨酸键的酰胺酶；能使多肽内的肽键断裂的内肽酶；分解酵母细胞壁的β-1，3、β-1，6葡聚糖酶和甘露聚糖酶；分解霉菌细胞壁的壳聚糖酶。

理化性质：溶菌酶为白色或微黄色的粉末或晶体，无臭，味甜，易溶于水，不溶于丙酮和乙醚。溶菌酶在酸性条件下较稳定，在pH 3和温度100℃的条件下，溶菌酶能耐受45 min不失活。而在pH 7的中性条件下，在温度100℃下加热10 min，或80℃加热30 min便会失去活性。溶菌酶在碱性条件下不稳定，易分解破坏。在一般条件下，溶菌酶不会被消化酶所破坏，在干燥条件下能长期在室温下保存活性。溶菌酶的有效pH范围为5~9，最佳的作用条件为pH 7.5，温度37℃。

防腐机理：不同来源的溶菌酶有不同的溶菌特性，微生物来源的溶菌酶大多数可溶解金黄色葡萄球菌和其他革兰氏阳性菌；蛋清溶菌酶对革兰氏阳性菌、好氧型孢子形成菌、枯草杆菌、地衣形芽孢杆菌、藤黄八叠球菌等都有良好的溶菌特性。大部分溶菌酶是通过分解细菌细胞壁中肽聚糖起灭菌作用的。溶菌酶将细胞壁主要成分肽聚糖链中的β-1，4糖苷键水解，形成的细胞壁新多糖使细菌细胞壁因渗透压不平衡而破裂，从而抑制细菌生长。

毒性：溶菌酶是一种无毒球蛋白。多数商品溶菌酶是从鸡蛋清中提取的蛋清溶菌酶，是天然安全的食品防腐剂。溶菌酶对微生物的细胞壁的溶解作用具有专一性，对无细胞壁的人体细胞则不会有作用，因此不会对人体产生不良的影响。

应用及限量：溶菌酶能选择性地分解微生物的细胞壁，抑制微生物的繁殖，可应用于鲜奶、低度酒、香肠、糕点、奶油、干酪等食品的防腐。如在干酪生产过程中添加少量的溶菌酶可防止因微生物污染引起的酪酸发酵，保证奶酪的质量；在清酒中加入15 mg/kg的溶菌酶可抑制乳酸菌的生长引起的变质和变味；在水产品上喷洒溶菌酶溶液可起到防腐保鲜作用；在生面条等食品中添加溶菌酶也能取得良好的保鲜效果。

在应用溶菌酶作为防腐剂时，应考虑其专一性、稳定性及其使用有效期。

7.3 食品抗氧化剂

食品抗氧化剂是为了防止或延缓食品氧化变质的一类物质。油脂或含油脂的食品在贮藏、运输过程中由于氧化发生酸败或油烧现象，不仅降低了食品营养，使风味和颜色劣变，而且会产生有害物质危及人体健康。为了防止食品氧化变质，除了可对食品原料、加工和贮运环节采取低温、避光、真空、隔氧或充氮包装等措施以外，添加适量的抗氧化剂能有效地改善食品贮藏效果。

7.3.1 食品抗氧化剂的作用机理

食品抗氧化剂的种类繁多，抗氧化的作用机理也不尽相同。虽然如此，它们的抗氧化作用却都是以其还原性为基础的。例如，有的抗氧化剂通过被氧化，消耗食品内部和环境中的氧而保护食品品质；有的抗氧化剂则是通过抑制氧化酶的活性而防止食品氧化变质等，所有这些抗氧化作用都与抗氧化剂的还原性密切相关。

7.3.2 防止食品酸败的抗氧化剂

食品抗氧化剂按其来源可分为合成的和天然的两类，按照溶解特性又可分为脂溶性抗氧化剂和水溶性抗氧化剂两类。脂溶性抗氧化剂易溶于油脂，主要用于防止食品油脂的氧化酸败及油烧现象，常用的种类有丁基羟基茴香醚、二丁基羟基甲苯、叔丁基对苯二酚、没食子酸酯类及生育酚等。此外，已有研究和使用的脂溶性抗氧化剂还有愈疮树脂、正二氢愈疮酸、没食子酸及其酯类(十二酯、辛酯、异戊酯)、叔丁基对苯二酚、2，4，5-三羟基苯丁酮、乙氧基喹、3，5-二叔丁基-4-茴香醚以及天然抗氧化剂如芝麻酚、米糠素、栎精、棉花素、芸香苷、胚芽油、褐变产物和红辣椒抗氧化物质等。

1. 丁基羟基茴香醚

丁基羟基茴香醚又称为叔丁基-4-羟基茴香醚，简称BHA，由3-BHA和2-BHA两种异构体混合组成，分子式为$C_{11}H_{16}O_2$，结构式分别为

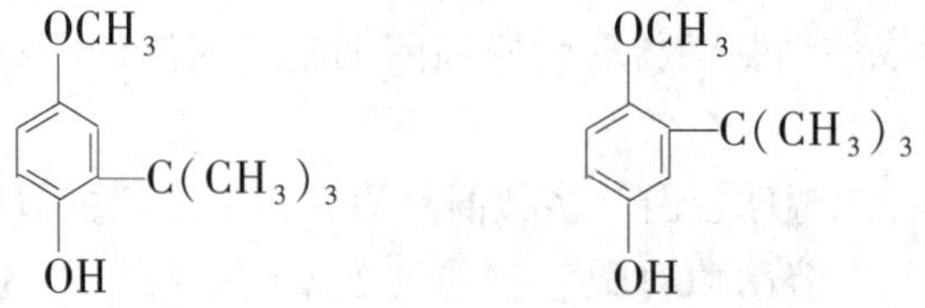

OCH_3 / $C(CH_3)_3$ / OH

3-BHA

OCH_3 / $C(CH_3)_3$ / OH

2-BHA

BHA为白色或黄色蜡状粉末晶体，有酚类的刺激性臭味，不溶于水，而溶于油脂及丙二醇、丙酮、乙醇等溶剂，热稳定性强，可用于焙烤食品的抗氧化剂。BHA吸湿性微弱，具有较强的杀菌作用。异构体中3-BHA比2-BHA抗氧化效果强1.5~2倍，两者合用以及与其他抗氧化剂并用可以增强抗氧化效果。近年来的研究表明，BHA使用过量时会致癌。1989年，FAO/WHO对其进行评价时，发现大剂量(20 g/kg)时才会对大鼠前胃致癌，而1.0 g/kg时未发现有癌细胞增生现象，故正式制定其ADI值为0~0.5 mg/kg(FAO/WHO，1994)。欧盟儿童保护集团(HACSG)规定，BHA不得用于婴幼儿食品，除非同时增加维生素A。

2. 二丁基羟基甲苯

二丁基羟基甲苯又称为2，6-二叔丁基对羟基甲苯，简称BHT，分子式为$C_{15}H_{24}O$，结构式为

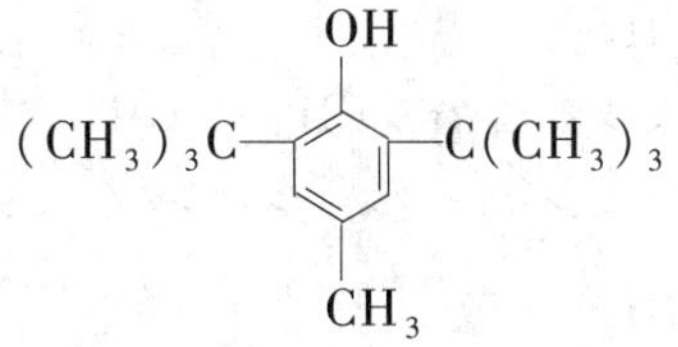

OH
$(CH_3)_3C$—　—$C(CH_3)_3$
CH_3

BHT 为白色结晶，无臭，无味，溶于乙醇、豆油、棉籽油、猪油，不溶于水和甘油，热稳定性强，对长期贮藏的食品和油脂有良好的抗氧化效果，基本无毒性，其 ADI 值暂定为 0 ~0.3 mg/kg(FAO/WHO，1995)。

3. 没食子酸酯类

没食子酸酯类(PG)抗氧化剂包括没食子酸丙酯、辛酯、异戊酯和十二酯，其中普遍使用的是丙酯。没食子酸丙酯分子式为 $C_{10}H_{12}O_5$，结构式为

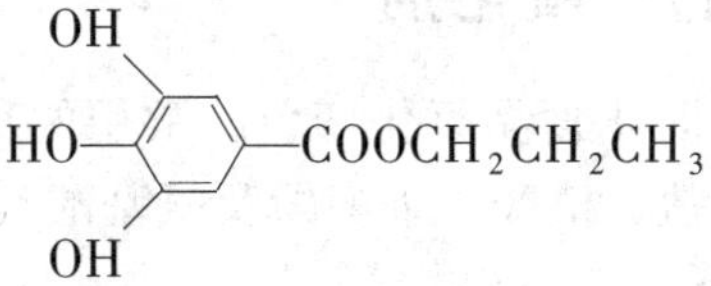

OH
HO—　—$COOCH_2CH_2CH_3$
OH

PG 为白色至淡黄褐色结晶性粉末或乳白色针状结晶，无臭，略带苦味，易溶于醇、丙酮、乙醚，而在脂肪和水中较难溶解。PG 熔程为 146 ~150℃，易与铁、铜离子作用生成紫色或暗紫色化合物。PG 有一定的吸湿性，遇光能分解。PG 与其他抗氧化剂并用可增强效果。PG 不耐高温，不宜用于焙烤食品。PG 摄入人体可随尿排出，比较安全，其 ADI 值为 0 ~1.4 mg/kg(FAO/WHO，1994)。

4. 叔丁基对苯二酚

叔丁基对苯二酚又称为叔丁基氢醌，简称 TBHQ，分子式为 $C_{10}H_{14}O_2$，结构式为

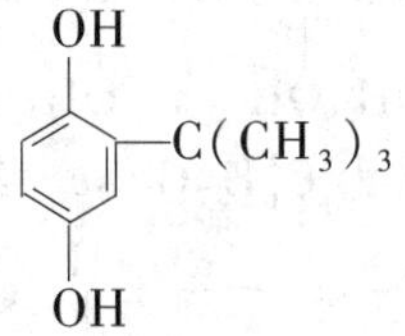

OH
—$C(CH_3)_3$
OH

TBHQ 为白色至淡灰色结晶或结晶性粉末，有极轻微的特殊气味，溶于乙醇、乙酸、乙酯、异丙醇、乙醚及植物油、猪油等，几乎不溶于水(25℃，<1%；95℃，5%)。

TBHQ 是一种酚类抗氧化剂，在许多情况下，对大多数油脂，尤其是对植物油具有较其他抗氧化剂更为有效的抗氧化稳定性。此外，它不会因遇到铜、铁之类而发生颜色和风味方面的变化，只有在有碱存在时才会转变成粉红色。它对炸煮食品具有良好的、持久的抗氧化能力，因此适用于土豆片之类的生产。但它在焙烤食品中的持久力不强，除非与 BHA 合用。我国《食品添加剂使用卫生标准》(GB 2760-91)已批准使用。其 ADI 值为 0 ~0.2 mg/kg(FAO/WHO，1991)。

5. 生育酚

生育酚又称为维生素 E，分子式为 $C_{29}H_{50}O_2$，相对分子质量为 430.71，结构式为

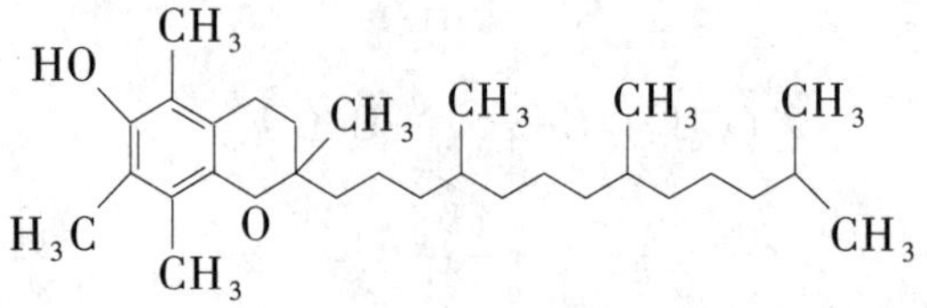

HO CH3 CH3 CH3 CH3 CH3 H3C O CH3 CH3

该抗氧化剂为黄色至褐色无臭透明黏稠液，密度为0.932～0.955 g/cm^{-3}，溶于乙醇，不溶于水，能与油脂完全混溶，热稳定性强，耐光、耐紫外线和耐辐射性也较强，所以除用于一般的油脂食品外，还是透明包装食品的理想抗氧化剂，也是目前国际上应用广泛的天然抗氧化剂。我国《食品添加剂使用卫生标准》中规定其使用范围和添加量为：油炸小食品中为0.20 g/kg(以油脂计)；食用油脂和即食汤料中按生产需要适量使用；即食谷物中为0.085 g/kg。其ADI值为0～2 mg/kg，对人体无毒害。

7.3.3 防止食品褐变的抗氧化剂

水溶性抗氧化剂主要用于防止食品氧化变色，常用的种类是抗坏血酸类抗氧化剂。此外，还有异抗坏血酸及其钠盐、植酸、茶多酚及氨基酸类、肽类、香辛料和糖苷、糖醇类抗氧化剂等。

1. 抗坏血酸类

抗坏血酸类抗氧化剂包括D-抗坏血酸(异抗坏血酸)及其钠盐、抗坏血酸钙、抗坏血酸(维生素C)及其钠盐和抗坏血酸棕榈酸酯。其中，抗坏血酸(维生素C)及其钠盐的分子式及结构式如下。

抗坏血酸(维生素C)分子式为$C_6H_8O_6$，结构式为

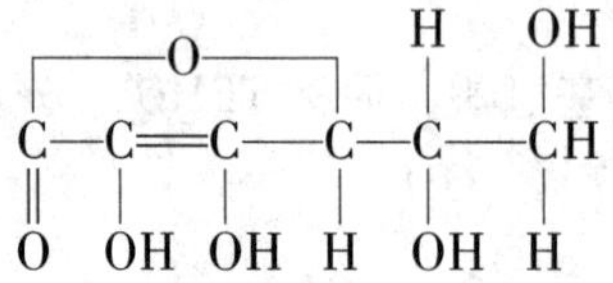

```
                        H    OH
 ┌──────O──────┐        |    |
 C───C═══C─────C───C────CH
 ‖   |   |     |   |    |
 O   OH  OH    H   OH   H
```

抗坏血酸钠(维生素C钠)分子式为$C_6H_7O_6Na$，结构式为

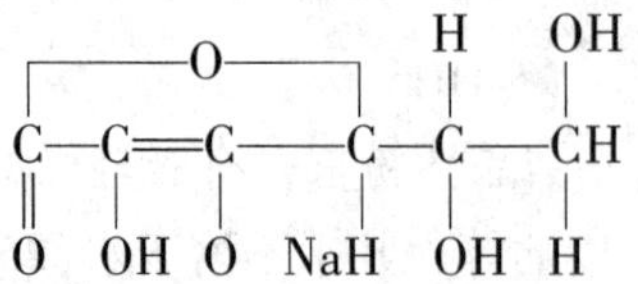

```
                         H    OH
 ┌──────O───────┐        |    |
 C───C═══C──────C───C────CH
 ‖   |   |      |   |    |
 O   OH  O  NaH     OH   H
```

抗坏血酸(维生素C)及其钠盐为白色或微黄色结晶、细粒、粉末，无臭，抗坏血酸带酸味，其钠盐有咸味，干燥品性质稳定，但热稳定性差，抗坏血酸在空气中氧化变黄色，易溶于水和乙醇，可作为啤酒、无酒精饮料、果汁的抗氧化剂，能防止褐变及品质风味劣变现象。此外，还可作为a-生育酚的增效剂，防止动物油脂的氧化酸败。抗坏血酸及其钠盐在肉制品中起助色剂作用，并能阻止亚硝胺的生成，是一种防癌物质，其添加量约为0.5%左右。抗坏血酸及其钠盐对人体无害，其ADI值为0～15 mg/kg。

2. 植酸

植酸，亦称肌醇六磷酸，简称pH，分子式为$C_6H_{18}O_{24}P_6$，相对分子质量为660.08，

结构式为

植酸为浅黄色或褐色黏稠状液体，广泛分布于高等植物内，易溶于水、95%乙醇、丙二醇和甘油，微溶于无水乙醇、苯、乙烷和氯仿，对热较稳定。植酸分子有12个羟基，能与金属螯合成白色不溶性金属化合物，1 g植酸可以螯合铁离子500 mg。其水溶液的pH：浓度1.3%时为0.40，0.7%时为1.70，0.13%时为2.26，0.013%时为3.20，具有调节pH及缓冲作用。植酸在国外已被广泛用于水产品、酒类、果汁、油脂食品，作为抗氧化剂、稳定剂和保鲜剂。它可以延缓含油脂食品的酸败；可以防止水产品的变色、变黑；可以清除饮料中的铜、铁、钙、镁等离子；延长鱼、肉、速煮面、面包、蛋糕、色拉等的贮藏期。毒性为小鼠经口LD_{50}为4.192 g/kg。

我国《食品添加剂使用卫生标准》(GB 2760-2011)规定：植酸可用于基本不含水的脂肪和油，加工水果，加工蔬菜，腌腊肉制品类(如咸肉、腊肉、板鸭、中式火腿、腊肠等)，酱卤肉制品类，熏、烧、烤肉类，油炸肉类，西式火腿(熏烤、烟熏、蒸煮火腿)类，肉灌肠类，发酵肉制品类，果蔬汁(肉)饮料，最大使用量为0.2 g/kg。鲜水产(仅限虾类)，按生产需要适量使用，残留量≤20 mg/kg。

植酸在食品加工中应用主要有两个方面。一方面是油脂的抗氧化剂，在植物油中添加0.01%，即可以明显地防止植物油的酸败。其抗氧化效果因植物油的种类不同而异，对于花生油效果最好，大豆油次之，棉籽油较差。另一方面是用于水产品。①防止磷酸铵镁的生成。在大马哈鱼、鳟鱼、虾、金枪鱼、墨斗鱼等罐头中，经常发现有玻璃状结晶的磷酸铵镁($Mg \cdot NH_4 \cdot PO_4 \cdot 6H_2O$)，添加0.1%～0.2%的植酸以后就不再产生玻璃状结晶。②防止贝类罐头变黑。贝类罐头的加热杀菌可产生硫化氢等，与肉中的铁、铜以及金属罐表面溶出的铁、锡等结合产生硫化而变黑，添加0.1%～0.5%的植酸可以防止变黑。③防止蟹肉罐头出现蓝斑。蟹是足节动物，其血液中含有一种含铜的血蓝蛋白，在加热杀菌时所产生的硫化氢与铜反应，容易发生蓝变现象，添加0.1%的植酸和1%的柠檬酸钠可以防止出现蓝斑。④防止鲜虾变黑。为了防止鲜虾变黑，使用0.7%亚硫酸钠很有效，但是二氧化硫的残留量过高，若添加0.01%～0.05%的植酸与0.3%亚硫酸钠效果甚好，并且可以避免二氧化硫的残留量过高。我国《食品添加剂使用卫生标准》规定：植酸可用于对虾保鲜，使用时控制残留量在20 mg/kg以下。

7.3.3.3 茶多酚

茶多酚亦称维多酚，是一类多酚化合物的总称，主要包括儿茶素(表没食子儿茶素、表没食子儿茶素没食子酸酯、表儿茶素没食子酸酯以及儿茶素)、黄酮、花青素、酚酸等化合物，其中儿茶素约占茶多酚总量的60%～80%。茶多酚是利用绿茶为原料经过萃取法、沉淀法制取的。

茶多酚是从茶中提取的抗氧化剂，为浅黄色或浅绿色的粉末，有茶叶味，易溶于水、乙醇、醋酸乙酯，在酸性和中性条件下稳定，最适宜pH范围为4～8。茶多酚类物质是一些含有两个以上羟基的多元酚，具有很强的供氢能力，能与脂肪酸自由基结合，使自由基转化为惰性化合物，终止自由基的连锁反应。茶多酚抗氧化作用的主要成分是儿茶素。儿茶素抗氧化能力最强的有以下四种：表儿茶素(EC)、表没食子儿茶素(EGC)、表儿茶没食子酸酯(ECG)和表没食子儿茶素没食子酸酯(EGCG)，它们在同等浓度(以摩尔计)下的抗氧化能力由强到弱的顺序为：EGCG > EGC > ECG > EC。

茶多酚与柠檬酸、苹果酸、酒石酸有良好的协同效应，与柠檬酸的协同效应最好，与抗坏血酸、生育酚也有很好的协同效应。茶多酚对猪油的抗氧化性能优于生育酚混合浓缩物和BHA、BHT；由于植物油中含有生育酚，所以茶多酚用于植物油中可以更加显示出其很强的抗氧化能力。茶多酚作为食用油脂抗氧化剂使用时，有在高温下炒、煎、炸过程中不变化、不析出、不破乳等优点。

茶多酚不仅具有抗氧化能力，还可以防止食品褪色，并且能杀菌消炎，强心降压，还具有与维生素P相类似的作用，能增强人体血管的抗压能力。茶多酚对促进人体维生素C的积累也有积极作用，对尼古丁、吗啡等有害生物碱还有解毒作用。茶多酚无毒，对人体无害。

我国《食品添加剂使用卫生标准》(GB 2760-2011)规定：茶多酚可以用于基本不含水的脂肪和油，糕点，含油脂的糕点馅料，腌腊肉制品(如咸肉、腊肉、板鸭、中式火腿、腊肠等)，最大用量为0.4 g/kg；酱卤肉制品类，熏、烧、烤肉类，油炸肉类，西式火腿(熏烤、烟熏、蒸煮火腿)类，肉灌肠类，发酵肉制品类，预制水产品(半成品)，熟制水产品(可直接食用)，水产品罐头，0.3 g/kg；油炸食品，方便米面制品，0.2 g/kg；复合调味料，0.1 g/kg(以油脂中儿茶素计)。即食谷物，包括碾轧燕麦(片)中的最大使用量为0.2 g/kg(2008年扩大使用范围及使用量的食品添加剂)。

使用方法是先将茶多酚溶于乙醇，加入一定量的柠檬酸配制成溶液，然后以喷涂或添加的形式用于食品。

7.3.4 其他抗氧化物质

除了上述抗氧化剂外，还原糖、甘草抗氧化物、迷迭香提取物、竹叶抗氧化物、柚皮苷、大豆抗氧化肽、植物黄酮及异黄酮类物质、单糖-氨基酸复合物(美拉德反应产物)、二氢杨梅素、一些植物提取物等都具有抗氧化效果，其中有一些正处在试验和研究之中，另外一些如甘草抗氧化物、迷迭香提取物和竹叶抗氧化物则已投入实际应用，列入食品抗氧化剂。

1. 甘草抗氧化物

甘草抗氧化物呈黄褐色至红褐色粉末状，有甘草特有气味，耐光，耐氧，耐热，与维生素 E、维生素 C 合用有相乘效果，能防止胡萝卜素类的退色，及酪氨酸和多酚类的氧化，有一定的抗菌效果，不溶于水和甘油，溶于乙醇、丙酮、氯仿，偏碱时稳定性下降。

甘草抗氧化物是由甘草等同属种植物的根茎用水提取甘草浸膏后的残渣，用微温乙醇、丙酮或己烷提取而得。其主要成分是甘草黄酮、甘草异黄酮、甘草黄酮醇等。我国《食品添加剂使用卫生标准》(GB 2760-2011)中规定：食用油脂、油炸食品、腌制鱼、肉制品、饼干、方便面、含油脂食品中的最大允许使用量为 0.2 g/kg(以甘草酸计)。

2. 迷迭香提取物

迷迭香提取物呈黄褐色粉末状或褐色膏状、液体，不溶于水，溶于乙醇和油脂，有特殊香气，耐热性、耐紫外线性良好，能有效防止油脂的氧化。它比 BHA 有更好的抗氧化能力，一般与维生素 E 等配成制剂出售，有相乘效用。

迷迭香提取物由迷迭香的花和叶用二氧化碳或乙醇或热的含水乙醇提取而得；或用温热甲醇、含水甲醇提取后除去溶剂而得。其主要成分是迷迭香酚和异迷迭香酚等。我国《食品添加剂使用卫生标准》(GB 2760-2011)中规定：动物油脂、肉类食品、油炸食品中最大允许用量为 0.3 g/kg；植物油脂中最大允许用量为 0.7 g/kg。

【复习思考题】

1. 食品防腐剂应具备什么条件?
2. 我国有哪些常用食品防腐剂? 它们在使用时应注意哪些问题?
3. 影响抗氧化剂作用效果的主要因素有哪些?
4. 食品抗氧化剂的种类及作用特点有哪些?

主要参考文献

陈正行，狄济乐．食品添加剂新产品与新技术．南京：江苏科学技术出版社，2002.
杜荣标，谭伟棠．食品添加剂使用手册．北京：中国轻工业出版社，2003.
韩长日，宋小平．食品添加剂生产与应用技术．北京：中国石化出版社，2006.
郝利平，等．食品添加剂．北京：中国农业大学出版社，2009.
凌关庭．天然食品添加剂手册．北京：化学工业出版社，2000.
凌关庭，等．食品添加剂手册．第 2 版．北京：化学工业出版社，1997.
刘建学，纵伟．食品保藏原理．南京：东南大学出版社，2006.
刘树兴，李宏梁，黄峻榕．食品添加剂．北京：中国石化出版社，2001.
孙平．食品添加剂．北京：中国轻工业出版社，2009.
孙平．食品添加剂使用手册．北京：化学工业出版社，2004.
温辉梁，黄绍华，刘崇波．食品添加剂生产技术与应用配方．南昌：江西科学技术出版社，2002.
袁惠新，等．食品加工与保藏技术．北京：化学工业出版社，2000.

曾庆孝．食品加工与保藏原理．北京：化学工业出版社，2007.
周家华，等．食品添加剂．北京：化学工业出版社，2001.
周汝忠．食品添加剂实用大全．北京：北京工业大学出版社，1994.

第 8 章　食品的辐照保藏

【内容提要】

本章从食品辐照保藏的定义、特点及国内外发展现状入手，介绍辐照保藏的基本原理，辐照保藏的物理学、化学及生物学效应以及辐照保藏在食品加工中的应用。

【教学目标】

1. 掌握辐照保藏的基本原理；
2. 了解辐照保藏的物理学、化学及生物学效应；
3. 了解辐照保藏在食品加工中的应用情况。

【重要概念及名词】

食品辐照保藏；*G* 值；放射性强度；吸收剂量

8.1　概　　述

食品辐照技术是 20 世纪发展起来的一种灭菌保鲜技术，它以辐照加工技术为基础，利用 γ 射线、X 射线和电子束等电离辐射与物质的相互作用，产生物理、化学和生物效应，达到杀虫、杀菌、抑制生理过程、提高食品卫生质量、保持营养品质及风味、延长货架期的目的。食品辐照是人类和平利用核能的重要领域。半个多世纪以来的研究及应用实践已经证明，食品辐照技术在提高食品卫生质量和保障食品安全方面，是一种绿色安全、科学有效的方法。食品辐照技术在国内外已被广泛应用，现已进入了商业化阶段。经过辐照处理的食品，已经走上了人们的餐桌。

8.1.1　食品辐照保藏的定义与特点

8.1.1.1　定义

食品辐照保藏是利用原子能射线的辐射能量照射食品或原材料，进行杀菌、杀虫、消毒、防霉等加工处理，抑制根类食物的发芽和延迟新鲜食物生理过程，以达到延长食品保藏期的方法和技术。这种技术又称为食品辐照技术。

辐照食品是经辐照技术处理后的食品。我国《辐照食品卫生管理办法》附则中定义辐照食品：是指用钴-60、铯-137 产生的 γ 射线或电子加速器产生的低于 10 MeV 电子束照射加工保藏的食品。

8.1.1.2　较其他方法的优越性

食品辐照技术具有以下五个方面的优点。①射线能量较高，穿透力强。食品辐照采用的射线能量能够瞬间、均匀深入地到达物体内部，在不打开食品包装材料的情况下，可彻底杀灭病菌和害虫，具有独特的技术优势。②处理方法简便，辐照过程不受温度、物态影响。不论食品是固体、液体、冻结状态，干货还是鲜货，大包、小包还是散包，均可包装或捆包好了进行杀菌处理。③加工效率高，杀灭菌效果好。可按目的进行剂量调整，辐照过程可以精确控制，整个工序可连续化、自动化。低剂量(0.5 Mrad)辐照的食品并不引起感官上的变化，即使是高剂量(>1.0 Mrad)辐照，食品中的化学变化也很小。因是冷加工处理，食品内部温度不会升高，因而不会引起食品在色、香、味方面的重大变化，外观好，营养价值不降低，保鲜效果优于其他方法。④食品辐照能耗低。据统计，辐照灭菌每吨耗能约为2.7×106 J，与加热和冷藏处理相比，可节约70% ~90%的耗能，且装置投产后可日夜连续作业，能有效降低加工成本。⑤食品辐照加工后无残留和无二次污染。辐照食品利用射线的能量实现食品保藏，不会出现任何有害残留，比化学防腐剂保存食品要安全得多。在允许的射线能量范围内，辐照不会使辐照食品产生感生放射线，不会使食品和环境产生放射性物质的污染。

辐照食品能长期保持原味，更能保持其原有口感。应用辐照技术代替原有的化学防腐方式，开发符合未来消费潮流的无防腐剂制品，并制定相关技术标准加以规范管理，对提升农产品加工产业技术水平，保持农产品加工产业可持续发展都将起到重要的促进作用，并产生巨大的经济和社会效益。

8.1.1.3　缺点与局限性

食品辐照并不是万能的。细菌的芽孢比植物细胞对辐照的抵抗力要强，要求的辐照剂量高。病毒比细菌对辐照的抵抗力强，细菌比霉菌强，因而食品辐照时要充分考虑受污染的微生物种类，从而选择适宜的辐照剂量。通常，灭活病毒所需要的辐照剂量比用于控制植物病害(如除去或杀灭植物产品中的昆虫)或巴斯德杀菌的剂量要高。灭活病毒对在食用之前不用烹调或用其他方式处理的食物(如生食产品)非常重要，而标准的商业剂量照射不能除去毒素。食物的辐照也不能预防食品生产操作人员或消费者所造成的继发污染。辐照对食物的颜色、气味和质地的影响根据剂量、温度、氧气水平和包装等的不同而变化，对辐照食物的感官评价显示，某些辐照食物的味道、颜色或气味发生变化，而其他辐照食物与未辐照食物相比，其味道、颜色或气味变化较小或不发生变化。随着食品辐照技术的进步，辐照加工对感官的影响可以减少或去除。某些水果、蔬菜和乳制品在辐照后的保存期限和质量降低，因此不适宜辐照。食品辐照的主要缺陷及局限性表现在以下几方面：

(1)投资大，需专门设备来产生辐射(辐射源)。

(2)需要提供安全防护措施，以保证辐射线不泄露；对不同产品及不同辐照目的要选择并控制好合适的辐照剂量，才能获得最佳的经济效应和社会效益。

(3)高剂量下辐照食物的感观性状变化。

(4)由于各国的历史、生活习惯及法规差异，目前世界各国允许辐照的食品种类仍差别较大，多数国家要求辐照食品在标签上要加以特别标注。

8.1.2 国内外食品辐照技术的发展历史与应用现状

1896年，亨利·贝克莱在研究各种物质的磷光现象时，发现了放射性。同年，伦琴发现了X射线，并对这种射线的特性作了完整而准确的计算。1898年，斯密特和居里夫妇观察到钍化合物发射类似的射线。同时，居里夫妇从铀盐中分离出了一个新元素，取名镭(由拉丁词 radius 而来，意为射线)。1921年，Schraty 获得 X 射线杀菌专利。自1943年美国研究人员首次用射线处理汉堡包食品以来，食品辐照技术得到了长足的发展。日本、荷兰、英国、法国、加拿大、比利时、意大利及东欧一些国家从20世纪50年代初开始辐照抑制发芽、灭菌和杀虫的研究。20世纪60年代后期，许多发展中国家也开始对食品辐照进行研究。进入20世纪70年代，世界辐照加工装置的数量和容量、辐照食品的种类和产值以及国际学术交流活动的频繁程度都有较大的发展。到1980年，联合国粮农组织(FAO)、世界卫生组织(WHO)和国际原子能机构(IAEA)辐照食品联合专家委员会总结了世界各国辐照食品的研究成果，制定了“国际安全线”，即“总体平均吸收剂量不超过10 kGy照射的任何食品不存在毒理学的危险，不会产生特别的营养和微生物学的问题”。这一结论推动了世界各国对辐照食品的研究，加速了辐照食品的批准和商业化应用的进程。由于卫生安全性研究工作的突破性进展，20世纪80年代后，辐照技术的重点转移到食品辐照的批准与立法上。目前，全世界已有42个国家和地区共批准辐照农产品和食品240多种，其共式批准了548个辐照食品的卫生标准，年市场销售辐照食品的总量达30多万吨，食品辐照加工已经被FAO/IAEA/WHO推荐为国际重点推广项目。

我国的食品辐照加工研究始于1958年。20世纪70年代初，在原国家科学技术委员会的支持下，我国开展了辐照杀菌杀虫，抑制发芽，鱼、肉、蛋的辐照保藏，水果保鲜及葡萄酒促进陈化等研究工作。卫生部又于1984年组织了全国范围的辐照食品人体试食工作，最终证明食用辐照食品是卫生、安全、可靠的。80年代，食品辐照已进入一定规模的生产阶段，到了90年代，我国研究制定了30多种辐照食品的加工工艺标准，大大推动了食品辐照保藏的发展。目前，中国是世界辐照食品产量的第一大国，2005年我国辐照食品产量达到14.5万吨，占世界辐照食品总量的36%，产值达35亿元。鉴于食品辐照的技术优势和安全性，全球辐照食品量逐年上升，在2006年已达约40万吨。辐照食品虽然从技术上讲已相对成熟，但由于公众的接受性和各类别食品的标准、法规以及检验、辐照设施等尚存在问题，辐照食品未被广泛接受。

目前，辐照技术在食品加工中的应用主要有以下几个方面。①抑制微生物的生长繁殖。食品中的致病微生物如沙门氏菌、大肠杆菌和霉菌是食源性疾病发病的主要诱因。采用适当的辐照加工工艺，可以将这些病菌杀死，从而在很大程度上减少食源性疾病的发病率。徐志成等曾用商品性的小包装冷却鲜猪肉进行辐照试验，辐照前该样品的细菌总数为10^5 cfu/g，经3 kGy剂量辐照处理后，细菌总数≤30 cfu/g。②杀灭谷物、豆类中的害虫。谷物、豆类等农产品在生长、采收、加工、运输、包装时很容易受到昆虫、螨类等害虫的侵害。这些害虫的生长繁殖能力强，蔓延速度快，每年造成大量的粮食等农作物的损失。据估算，若小麦感染了10对谷象，并在适宜的环境中繁殖5年，其后代在这5年内能吃掉400多吨小麦。辐照杀虫技术在杀灭害虫方面有许多独特的优点，如无化学残留，穿透力强，可均匀穿透谷粒，杀灭谷粒内部及大包装产品内部的每个发育阶段的害虫，且辐照杀虫在常温下进行，不影响产品的营养和食用品质。③抑制果蔬发芽。某些果蔬采收后，在贮藏期间容易发芽，从而导致营养品质降低，食用价值丧失。研究表明，0.04～0.09 kGy的低剂量即可起到抑制大蒜发芽的作用；0.08～0.40 kGy的剂量即可有效抑制生姜发芽。④降解化学污染物。食品中的化学污染物(如农药和兽药残留)已经成为危害人体健康的突出隐患，利用辐照技术可有效降解化学污染物，如15～20 kGy剂量，可使枸杞中溴氰菊酯的辐射降解率达到85%。⑤功能食品的改性。功能食品(如功能性多糖)，由于分子量大、黏度高、溶解性差等特点，使其对人体的生物学活性受到严重影响。研究发现，利用电离辐射诱发的物理化学变化(聚合、交联、接枝或降解)，对材料进行改性，比如将多糖分子降解成分子量较低的多糖片段或寡糖，能显著提高其生物活性。龙德武等采用γ射线降解壳聚糖，100 kGy剂量下的降解产物——壳聚糖低聚物的抑菌能力明显提高。

8.2 食品辐照的基本原理

8.2.1 辐射线的产生

8.2.1.1 辐射的分类

辐射是能量传递的一种方式，在电磁波谱中，根据能量的大小，可将电磁波分成无线电波、微波、红外线、可见光、紫外线，X射线和γ射线。通常根据辐射的作用形式将辐射分为电离辐射和非电离辐射两种类型。

1. 非电离辐射

低频辐射线($\upsilon < 1015$，如微波、红外线)，波长较长(频率较低)，能量小，仅能使物质分子产生转动或振动而产生热，可起到加热杀菌作用。

2. 电离辐射

高频辐射线($\upsilon > 1015$)，频率较高，能量大，有激发和电离两种作用。υ在1015～1018 Hz范围内，如紫外线的能量，能使被照射物质的原子受到激发(使电子从低能态到高能态)，亦可起到抑菌杀菌的作用。

8.2.1.2 辐射线的来源

1. 放射性原料

在核反应堆中产生的天然放射性元素和人工感应放射性同位素，会在衰变过程中发射各种放射物和能量粒子，其中有粒子或光子以及中子。这些放射物具有不同的特性，比如中子会使食品中的原子结构被破坏和使食品呈放射性。通常采用放射性同位素钴60（^{60}Co，半衰期为5.27年）或同位素铯137（^{137}Cs，半衰期为30年）作为辐射源。^{60}Co经β-衰变后放出两个能量不同的γ光子，最后变为^{60}Ni；^{137}Cs经β衰变后放出γ光子，最后变为^{137}Ba。^{60}Co的制备方法：将自然界中存在的稳定同位素^{59}Co金属制成棒形、长方形、薄片形、颗粒形、圆筒形或所需要的形状，置于反应堆活性区，经中子一定时间照射，少量^{59}Co原子吸收一个中子后即生成^{60}Co辐射源。目前在商业上采用^{60}Co作为γ射线源。

2. 电子加速器

电子加速器又称静电加速器或范德格拉夫加速器，可产生电子。电子射程短，密度大，穿透力差，一般适用于食品表面的照射。当待处理的食品通过时，可以接受合适的辐射剂量。辐射剂量可以通过提高电压使电子流发出不同程度的光束动力来调节。如对易腐食品辐照时，选定适当的“加速能”，就可使射线不穿透食品内部，只进行表面杀菌。

3. X射线源

采用高能电子束轰击高质量的金属钯（如金钯）时，电子被吸收，其能量的一小部分转变为短波长的电磁射线（X射线），剩余部分的能量在钯内被消耗掉。X射线具有高穿透能力，可以用于食品辐照加工。

研究发现，紫外线，尤其是波长在200~280 nm范围内的紫外线，可以用来使食品表面的微生物钝化。但紫外线透入食品的深度浅，故仅限于对表面处理的应用或用于成薄层露置的液体食品及设备表面、水和空气的处理。X射线的穿透力比紫外线强，所以X射线亦可用于食品保藏中。但是，由于电子加速器作为X射线源效率低，而且能量中包含大量低能部分，难以均匀照射大块样品，因此，X射线在食品方面的应用仅是试验性的，还未应用在工业生产上。

8.2.2 放射线的种类及其特性

1. α射线

α射线相对质量较大，电离能力很强，穿透能力很小，一张纸就能阻挡它的通过。

2. β射线

β射线是由放射性同位素（如^{32}P、^{35}S等）衰变时释放出来的带负电荷的粒子。β射线的质量为氢核质量的几千分之一，带电量为α射线的一半，电离能力比α射线小，穿透能力比α射线大。其在空气中射程短，穿透力弱，在生物体内的电离作用较γ射线和X射线强。

3. X射线

X射线是由X射线机产生的高能电磁波。其波长比γ射线长，射程略近，穿透力不及γ射线，效率低，而且能量中包含大量低能部分，难以均匀照射大块样品，故没有得到广泛的应用。

4. γ射线

γ射线是由放射性同位素^{60}Co或^{137}Cs产生的。它是一种高能电磁波，波长很短(0.001～0.0001 nm)，电离能力比α射线和β射线小，但穿透能力比α射线和β射线大，穿透力强，射程远，一次可照射很多材料，而且剂量比较均匀，适合于完整食品及各种包装食品的内部杀菌处理。但它危险性大，必须屏蔽(需几个厘米的铅板或几米厚的混凝土墙)。

5. 中子

中子是不带电的粒子流。其辐射源为核反应堆、加速器或中子发生器。它是在原子核受到外来粒子的轰击时产生核反应，从原子核里释放出来的。中子按能量大小分为快中子、慢中子和热中子。中子电离密度大，常常引起大的突变。

6. 紫外线

紫外线是一种穿透力很弱的非电离辐射线。核酸吸收一定波长的紫外线能量后，呈激发态，使有机化合物活动能力加强，从而引起变异。可用来处理微生物和植物的花粉粒。

7. 激光

激光是20世纪60年代发展起来的一种新光源。激光也是一种电磁波，波长较长，能量较低。由于它方向性好，单位面积上亮度高，单色性好，能使生物细胞发生共振吸收，导致原子、分子能态激发或原子、分子离子化，从而引起生物体内部的变异。

各种射线，由于电离密度不同，生物效应是不同的，所引起的变异率也有差别。为了获得较高的有利突变，必须选择适当的射线。由于射线来源、设备条件和安全性等因素，目前最常用的是γ射线。

8.2.3 放射线与物质的相互作用

放射性同位素放射出的射线碰到各种物质的时候，会产生各种效应，包括射线对物质的作用和物质对射线的作用两个方面。例如，射线能够使照相底片和核子乳胶感光；使一些物质产生荧光；射线可穿透一定厚度的物质，在穿透物质的过程中，能被物质吸收一部分，或者是散射一部分，还可能使一些物质的分子发生电离；另外，当射线辐照到人、动物和植物体时，会使生物体发生生理变化。对射线来说，辐照是一种能量传递和能量损耗的过程，对受照射物质来说，辐照是一种对外来能量的物理性反应和吸收的过程。

各种射线由于其本身的性质不同，与物质的相互作用各有特点。这种特点还常与物质的密度和原子序数有关。α 射线通过物质时，主要是通过电离和激发把它的辐射能量转移给物质。α 射线射程很短，一个 1 MeV 的 α 射线，在空气中的射程约 <1.0 厘米，在铅金属中只有23 微米，一张普通纸就能将 α 射线完全挡住。但 α 射线的能量能被组织和器官全部吸收。β 射线也能引起物质电离和激发，与 α 射线的能量相同的 β 射线，在同一物质中的射程比 α 射线要远得多。高能量快速运动的 β 射线突然被原子序数高的物质(如铅，原子序数为 82)阻止后，运动方向会发生改变，产生韧致辐射。韧致辐射是一种连续的电磁辐射，它发生的概率与 β 射线的能量和物质的原子序数成正比，因此在防护上采用低密度材料，以减少韧致辐射。β 射线能被不太厚的铝层等吸收。γ 射线的穿透力最强，射程最远，其作用于物质可产生光电效应、康普顿效应和电子对效应，它不会被物质完全吸收，只会随着物质厚度的增加而逐渐减弱。

原子核中质子数相同，中子数不同的一类原子统称为同位素，自然界中有 1800 多种同位素，稳定的有 300 多种，不稳定的有 1500 多种。不稳定同位素衰变过程中伴有各种辐射线产生，这些不稳定同位素称为放射性同位素。

1. 衰变

每个放射性同位素释放出射线后，就转变成另一个原子核，从不稳定的元素变成稳定同位素，这一过程是不可逆的。原子核的转变过程称为放射性衰变。实践证明，在单位时间内，衰变着的原子核的数目和原子核总数成正比，可用公式(8-1)表示为

$$N = N_0 e^{-\lambda t} \tag{8-1}$$

2. 半衰期

放射性同位素的放射性强度因衰变降低到原来一半或原子数衰变至一半时所需的时间称为半衰期。对于单独的一种放射性元素而言，半衰期和衰变常数一样也是常数。用做食品辐照加工的辐射源 ^{60}Co 的半衰期为 5.27 年，^{137}Cs 为 30 年。半衰期以 $t_{1/2}$ 表示，根据公式(8-1)可得

$$\lambda t_{1/2} = \ln 2 = 0.693 \tag{8-2}$$

式(8-2)表明，衰变常数与同位素半衰期的乘积为 0.693，这样可利用半衰期求出其衰变常数。放射性强度因衰变而随时间不断减弱。

8.2.4 辐射和照射的计量单位

8.2.4.1 放射性强度与放射性比度

1. 放射性强度

放射性强度又称放射性活度，是度量放射性强弱的物理量。曾采用的单位有：

(1)居里(Curie，简写为 Ci)。若放射性同位素每秒有 3.7×10^{10} 次核衰变，则它的放

射性强度为1居里(Ci)。

(2)贝可勒尔(Becqurel，简称Bq)。1贝可表示放射性同位素每秒有一个原子核衰变。相关表达式详见公式(8-3)、公式(8-4)和公式(8-5)：

$$1\ \text{Bq} = 1\ \text{次衰变/s} \tag{8-3}$$

$$1\ \text{Ci} = 3.7 \times 10^{10}\ \text{Bq} \tag{8-4}$$

或

$$1\ \text{Bq} = 1\text{s}^{-1} = 2.703 \times 10^{-11}\ \text{Ci} \tag{8-5}$$

(3)克镭当量。放射γ射线的放射性同位素(即γ辐射源)和1克镭(密封在0.5 mm厚铂滤片内)在同样条件下所起的电离作用相等时，其放射性强度就称为1克镭当量。

2. 放射性比度

化合物或元素中的放射性同位素的浓度称为放射性比度，可用以表示单位数量的物质的放射性强度。

8.2.4.2 照射量

照射量X的表达式为

$$X = \mathrm{d}Q/\mathrm{d}m \tag{8-6}$$

式中，$\mathrm{d}Q$的值是在质量为$\mathrm{d}m$的空气中，由光子释放的全部电子(负电子和正电子)在空气中完全被阻止时所产生的离子总电荷的绝对量，单位为库仑·千克$^{-1}$(C/kg)。暂时与SI并用的照射量的专用单位名称是伦琴，符号为R，目前尚无SI单位专名。伦琴与SI单位的关系为

$$1\ \text{R} = 2.58 \times 10^{-4}\ \text{C/kg} \tag{8-7}$$

伦琴的定义是：在1R X射线或γ射线照射下，在0.001293 g(0℃，760 mm汞柱大气压力下1 cm^3干燥空气的质量)空气中所产生的次级电子在空气中形成总电荷量为1静电单位的正离子或负离子。照射量只对空气而言，仅适用于X射线和γ射线。

8.2.4.3 吸收剂量

1. 吸收剂量单位

在一定范围内的某点处，单位质量被辐照物质所吸收的辐射能的量称为吸收剂量(D)。吸收剂量的国际单位为戈瑞(Gy)和拉德(rad)，其表达式为

$$D = \mathrm{d}\varepsilon/\mathrm{d}m \tag{8-8}$$

式中，$\mathrm{d}\varepsilon$是致电离辐射给予质量为$\mathrm{d}m$的受照物质的平均能量。

$$1\ \text{Gy} = 1\ \text{J/kg} = 100\ \text{rad} \tag{8-9}$$

或

$$1\ \text{rad} = 10^{-2}\ \text{J/kg} = 10^{-2}\ \text{Gy} \tag{8-10}$$

吸收剂量是描述电离辐射能量的量。当电离辐射与物质作用时，其部分或全部能量可沉积于受照介质中。与照射量的情况不同，吸收剂量是一个适用于任何类型电离辐射

和任何类型受照物质的辐射量。必须注意的是，在应用此量度时，要指明具体涉及的受照物质，诸如空气、肌肉或者其他特定材料。

2. 吸收剂量速率

单位质量的被照射物质在单位时间中所吸收的能量称为吸收剂量速率，单位为 Gy/s。吸收剂量速率与照射距离和辐射强度有关，距离越近，吸收剂量速率越大；距离相同，辐射强度越大，则吸收剂量越大；物料不同，吸收剂量速率也是不一样的。

3. 辐射剂量与吸收剂量的关系

仪器测定的是辐射剂量，而食品保藏通常讲的是吸收剂量，它们之间可以换算：

$$D = f \times X \tag{8-11}$$

式中，D 为吸收剂量；X 为辐射剂量；f 为转换系数 $f_{空气}=0.83$，$f_{食品}=0.92-0.97$。对空气来讲，1 伦琴就等于 0.83 拉德。

8.2.4.4 当量剂量

在放射医学和人体辐射防护中，辐射剂量有多种衡量模式和计量单位。较为完整的衡量模式是当量剂量，它是反映各种射线或粒子被吸收后引起的生物效应强弱的辐射量。其国际标准单位是西弗，定义是每千克人体组织吸收 1 焦耳，为 1 西弗。西弗是个非常大的单位，因此通常使用毫西弗、微西弗作为计量单位，1 毫西弗 = 1000 微西弗。日本核辐射发布的数据，都是用微西弗来计量的。当量剂量(H)的表达式为

$$H = DQN \tag{8-12}$$

式中，D 是吸收剂量；Q 是品质因子；N 是其他修正系数的乘积，目前指定 N 值为 1。

相同的吸收剂量未必产生同样程度的生物效应，因为生物效应受到辐射类型、剂量与剂量速率大小、照射条件、生物种类和个体生理差异等因素的影响。为了比较不同类型辐射引起的有害效应，在辐射防护中引进了一些系数，当吸收剂量乘上这些修正系数后，就可以用同一尺度来比较不同类型辐射照射所造成的生物效应的严重程度或产生机率。当量剂量只限于防护中应用。

8.2.4.5 有效剂量当量

有效剂量当量是考虑人体组织或器官发生的辐射效应为随机效应时，全身受到非均匀照射的情况下，人体各器官或组织所接受的平均剂量当量与相应的机重因子的乘积之总和。其中辐射单位对照见表 8-1。

表 8-1 辐射量单位对照表

辐射量	辐射量 SI 单位	SI 单位专名	专用单位
照射量	库伦·千克$^{-1}$($C \cdot kg^{-1}$)	未定	伦琴(R) 1 伦琴 = 2.58×10^{-4}库伦·千克$^{-1}$ ($1\ R = 2.58\times10^{-4}\ C\cdot kg^{-1}$)

续表

辐射量	辐射量 SI 单位	SI 单位专名	专用单位
吸收剂量	焦耳·千克 $^{-1}$(J·kg $^{-1}$)	戈瑞(Gy) 1 戈瑞 = 1 焦耳·千克 $^{-1}$ = 100 拉德 (1 Gy = 1 J·kg $^{-1}$ = 100 rad)	拉德(rad) 1 拉德 = 10 $^{-2}$ 焦耳·千克 $^{-1}$ = 100 尔格·克 $^{-1}$ (1 rad = 10 $^{-2}$ J·kg $^{-1}$ = 102 erg·g $^{-1}$)
当量剂量	焦耳·千克 $^{-1}$(J·kg $^{-1}$)	希沃特(Sv) 1 希沃特 = 1 焦耳·千克 $^{-1}$ = 100 雷姆 (1 Sv = 1 J·kg $^{-1}$ = 100 rem)	雷姆(rem) 1 雷姆 = 10 $^{-2}$ 焦耳·千克 $^{-1}$ (1 rem = 10 $^{-2}$ J·kg $^{-1}$)
放射性活度	秒 $^{-1}$(s $^{-1}$)	贝可勒尔(Bq) 1 贝可勒尔 = 1 秒 $^{-1}$ (1 Bq = 1 s $^{-1}$)	居里(Ci) 1 居里 = 3.7×1010 秒 $^{-1}$ (1 Ci = 3.7×1010 s $^{-1}$)

8.2.5 食品辐照的物理学效应

8.2.5.1 原子能射线与物质的作用

原子能射线(γ 射线)都是高能电磁辐射线(光子)，与被照射物原子相遇，会产生不同的效应。

1. 电离作用

光子与被照射物质原子中的电子相遇，把全部能量转移给电子(光子被吸收)，使电子脱离原子成为光电子 e：

$$hv \rightarrow M \rightarrow M^{+} + e \tag{8-13}$$

2. 康普顿散射

若射线光子与被照射物的电子发生弹性碰撞，当光子的能量略大于电子在原子中的结合时，光子把部分能量传递给电子，自身的运转方向发生偏转，朝着另一方向散射，获得能量的电子(也称次电子，康普顿电子)从原子中逸出，上述过程称康普顿散射，详见图 8-1。

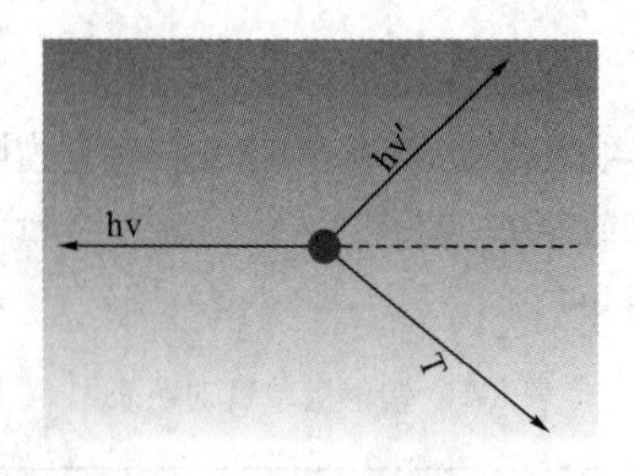

图 8-1 康普顿散射

hv：射线的光子；hv′：散射后的光子

3. 湮没辐射(电子对效应)

光子能量较高(>1.02 MeV)时，光子在原子核库仑场的作用下会产生电子和正电子对(正电子和一个电子结合)而消失，产生湮没辐射。湮没辐射发出两个光子，每个光子的能量为0.51 MeV。光子的能量越大，电子对的形成越显著。

4. 感生放射

射线能量大于某一阈值，射线对某些原子核作用会激发出中子或其他粒子，使被照射物产生放射性，称为感生放射性。能否产生感生放射性，取决于射线的能量和被照射物质的性质，如：10.5 MeV 的 γ 射线对 ^{14}N 照射可使其放射出中子，并产生 N 的放射性同位素；18.8 MeV 的 γ 射线对 ^{12}C 照射，可诱发产生放射线；15.5 MeV 的 γ 射线对 ^{16}O 照射，可产生放射线。

因此，为了避免引起感生放射作用，食品辐照源的能量一般不得超过10 MeV。

8.2.5.2　电子射线的作用

1. 库仑散射

当辐射源放射出的电子射线(高速电子流)通过被照射物时，受到原子核库仑场的作用，会发生没有能量损失的偏转，称库仑散射。库仑散射可以多次发生，甚至经过多次散射后，带电粒子会折返回去，发生反向散射。

2. 电子激发与电离

能量不高的电子射线能把自己的能量传递给被照射物质原子中的电子并使之受到激发。若受到激发的电子已达到连续能级区域，它们就会跑出原子，使原子发生电离。电子射线能量越高，在其电子径迹上电离损耗能量比率(物理学称线性能量传递)越低；电子射线能量越低，在其电子径迹上电离损耗能量比率反而越高。

3. 韧致辐射

电子射线在原子核库仑场作用下，本身速度减慢的同时放射出光子，这种辐射称韧致辐射。韧致辐射放出的光子，能量分布的范围较宽，能量较小的相当于 γ 射线的光子，能量较大的就相当于 X 射线光子，这些光子对被照射物的作用如同 γ 射线与 X 射线。若放射出的光子在可见光或紫外光范围，就称之为契连科夫效应。该效应放出的可见光或紫外线，对被照射物的作用如同日常可见光或紫外线。

4. 电子射线最终去向

电子射线经散射、电离、韧致辐射等作用后，消耗了大部分能量，速度大为减慢，有的被所经过的原子俘获，使原子或原子所在的分子变成负离子；有的与阳离子相遇，发生阴、阳离子湮灭，放出两个光子，其光子对被照射物的作用与上述的光子一样。

8.2.6 食品辐照的化学效应

辐照的化学效应是指被辐照物质中的分子所发生的化学变化。辐照化学效应的强弱用 G 值表示。G 值就是介质中每吸收 100 eV 能量时发生变化的分子数。例如：麦芽糖溶液经过辐照发生降解的 G 值为 4.0，则表示麦芽糖溶液每吸收 100 eV 的辐射能，就有 4 个麦芽糖分子发生降解。不同介质的 G 值可能相差很大，G 值大的，辐射引起的化学效应较强烈；G 值相同者，吸收剂量大者所引起的化学效应较强烈。例如 G 值等于 3，吸收剂量为 1 Mrad 时，每千克介质发生变化的摩尔数为 3.1×10^{-6}，剂量提高到 6 Mrad 时，则每千克发生变化的摩尔数达 1.9×10^{-2}。电离辐射穿透食品物料的程度取决于食品性质和辐射的特性。辐照作用时的效应取决于其改变分子的能力及其电离电位。β 粒子一般具有较大的能量，能在通过物质时使物质产生电离作用。能量级较高的电子束具有较高的穿透深度并能沿着其径迹(比能量低的电子束)产生更多的变更分子和电离作用。当中等能量级的电离辐射通过食品时，在电离辐射与分子级和原子级的食品粒子之间有撞击现象，当来自撞击的能量足以使电子从原子轨道移去时，即导致产生离子对。当撞击现象提供足够能量使原子之间的化学键断裂时，即发生分子变化，形成游离基。游离基为分子的一部分，是原子团或具有不成对电子的单个原子。稳定分子几乎总是具有偶数电子的，不成对电子构型是不稳定的形式。所以游离基具有较大的相互反应和与其他分子反应的趋势，使其奇数电子成对并达到稳定。

氧气经辐射后导致臭氧的形成，氮气和氧气混合后经辐射形成氮的氧化物，溶于水可形成硝酸等化合物。由此说明，离子对的形成，游离基，游离基与其他分子的反应，游离基的重新组合，以及在空气中辐照食品时由于臭氧和氮的氧化物的影响，都足以使食品产生化学变化。食品及其他生物有机体的主要化学组成是水、蛋白质、糖类、脂类及维生素等，这些化合物分子在射线的辐射下会发生一系列的化学变化。

8.2.6.1 直接作用

生物学家提出了射线与基质直接碰撞的靶理论，认为辐照作用主要是由于这种直接碰撞引起的，用该理论经过延伸来解释食品中的变化。例如食品色泽或组织的变化可能是由于 γ 射线或高能 β 粒子与特殊的色素或蛋白质分子直接撞击而引起的。

8.2.6.2 间接作用

食品中的水分也会因辐照而产生辐射效应。水分子对辐射很敏感，当它接受了射线的能量后，首先被激活，然后和食品中的其他成分发生反应。水接受辐射后的最后产物是氢和过氧氢等，形成的机制很复杂。过氧化氢是一种强氧化剂和生物毒素。现已知的中间产物有三种：水合电子；氢氧基(OH·)；氢基(H·)。

8.2.6.3 约束间接作用的途径

在食品辐照保藏中，直接作用和间接作用均可使微生物和酶钝化。食品中的其他成分也受到来自水解作用所产生的游离基的间接作用的影响。为了减少食品在辐照过程中的变化，人们研究约束间接作用的途径，以减少游离基的影响。

1. 在冻结状态下辐射

即使在冻结水中也会产生游离基，虽然程度可能较轻。但是，冻结状态能阻止游离基的扩散和移动，降低游离基与食品组分的接触概率，可显著地约束间接作用对食品成分的影响。

2. 在真空中或在惰性气体环境中辐射

氢基与氧起反应会产生过氧化物基，过氧化物基又可生成过氧化氢。若将氧从系统中除去，此反应则降低到最小程度，食品成分可受到一定程度的保护。但是，除氧和尽量减少这些反应对食品中的微生物也有同样的保护作用，其辐射效果会大大降低。

3. 添加游离基的接受体

抗坏血酸是一种对游离基有较大亲和力的化合物，将抗坏血酸和某些其他物料添加到食品中，通过与之起反应而导致游离基的消耗，从而可保护敏感性色素、香味化合物和食品成分。

在采用以上途径保护食品成分的同时，也降低了辐射对微生物和酶的作用。因此，在实际应用中，需相应地提高辐射剂量，以达到食品保藏的目的。

8.2.6.4　辐射对食品成分的影响

1. 水

水分子被辐射后可能的反应途径为

$$(e_{aq}) + H_2O = H\cdot + OH\cdot$$

$$H\cdot + OH\cdot = H_2O$$

$$H\cdot + H\cdot = H_2$$

$$OH\cdot + OH\cdot = H_2O_2$$

$$H\cdot + H_2O_2 = H_2O + OH\cdot$$

$$OH\cdot + H_2O_2 = H_2O + HO_2\cdot$$

$$H_2 + OH\cdot = H_2O + H\cdot$$

$$H\cdot + O_2 = HO_2\cdot$$

$$HO_2\cdot + HO_2\cdot = H_2O_2 + O_2$$

由此可看出水分子吸收了辐射能而发生了化学效应。

2. 氨基酸和蛋白质

氨基酸经辐射后，可鉴定的生成物及生成物的数量与氨基酸的种类、辐射剂量、氧和水分子的存在与否等因素有关。

蛋白质随着辐射剂量的不同，会因巯基氧化、脱氨基、脱梭、芳香族和杂环氨基酸游离基氧化等引起其一级、二级和三级结构发生变化，导致分子变性，发生凝聚、黏度下降和溶解度降低、蛋白质的电泳及吸收光谱变化等。蛋白质经辐射存在大分子裂解以及小分子聚结现象，可用电子自旋共振的方法来测定。蛋白质经辐射后的主要反应是脱氨基作用而生成氨：

$$e^- + NH_3^+CH_2COOH^- \longrightarrow NH_3 + CH_2COO^- \quad (8\text{-}14)$$

(1)甘氨酸经辐照后可得到氢、二氧化碳、氨、甲胺、乙酸、甲酸、乙醛酸和甲醛；

(2)赖氨酸之类的二氨基一元羧酸经辐照后，除生成多羟基胺外，还可生成β-丙氨酸、α-氨基正丁酸、氧代氨基酸、戊撑二胺、谷氨酸和天冬氨酸；

(3)一氨基二羧基的谷氨酸经氧化脱氨反应，除生成α-氧代戊二酸外，还可生成氨基酸、有机酸、氨和甲醛；

(4)具有巯基或二硫基的含硫氨基酸对射线的敏感性极强，经辐照后，会因含硫部分氧化和游离基反应而发生分解，产生 H_2S（H_2S 的 G 值为1.5）：

$$e^- + NH_3^+CH(CH_2)SHCOO^- \longrightarrow H_2S + NH_2CH(CH_2)COO^- \quad (8\text{-}15)$$

3. 酶

酶是生物机体组织中的重要成分。由于酶的主要组分是蛋白质，所以一般认为辐射对酶的影响基本与蛋白质的情况相似，如变性作用等。酶的辐射敏感性受pH和温度的影响，同时也受共存物质的保护。

在无氧条件下，干燥的酶经过辐照后的失活在不同种酶之间，一般变化不大；但在水溶液中，其失活过程因酶的种类不同而有差别。

关于酶因辐照而引起的失活中的分子损伤，目前还不够了解。不过据研究，核糖核酸酶受辐照后形成聚集体，其失活与特定原子团的损伤无关。木瓜酶是因惟一的巯基被破坏而失去活性，甘油醛-3-磷酸脱氢酶是因其3个巯基被破坏而失去活性。

4. 碳水化合物

在食品辐照保藏的剂量下，一般所引起的糖类物质性质的变化极小。表8-2是辐射对单独存在时的糖类产生的影响。

表8-2 辐射不同固态糖类的主要辐解产物

糖	辐解产物	G 值	500 krad 时浓度/10 mg. kg^{-1}
葡萄糖	甲醛	0.06	0.095
	乙醛		
	丙酮		
	葡糖醛酸	0.40	4.100
	葡糖酸	0.80	8.200
	5-脱氧葡糖酸	0.32	3.000
果糖	甲醛	2.50	4.000
蔗糖	甲醛	0.16	0.250

续表

糖	辐解产物	G值	500 krad 时浓度/10 mg. kg $^{-1}$
甘露糖醇	果糖		
	葡萄糖		
	甲醛	0.80	1.260
	果糖	0.56	5.200

对低分子糖类进行辐照时，不管是固体状态还是水溶液，随着辐照剂量的增加都会出现旋光度降低、褐变、还原性和吸收光谱变化等现象，而且在辐照过程中还会有 H_2、CO、CO_2、CH_4等气体生成。

多糖类经辐照后会发生熔点降低、旋光度降低、吸收光谱变化、褐变和结构变化等现象。在低于200 kGy的剂量照射下，淀粉粒的结构几乎没有变化，但研究发现，直链淀粉、支链淀粉、葡聚糖、各种稻谷类及薯类等淀粉的相对分子质量和碳链的长度会降低。如直链淀粉经20 kGy的剂量辐照后，其平均聚合度从1700降至350；支链淀粉的链长会减少到15个葡萄糖单位以下。淀粉经辐照后的黏度下降要比经过热处理的显著。

多糖类经辐照后，其结构发生了变化，因此对酶作用的敏感性也随之发生变化，并引起 α-1，4-糖苷键偶发性断裂及生成 H_2、CO、CO_2气体。

5. 脂类

辐射对脂类所产生的影响可分为三个方面：①整个理化性质发生变化；②受辐射感应而发生自动氧化变化；③发生非自动氧化性的辐射分解。

辐照可促使脂类的自动氧化(当辐照时及辐照后有氧存在时，其促进作用更显著)，从而促使游离基的生成，使氢过氧化物及抗氧化物质的分解反应加快，并生成醛、醛酯、含氧酸、乙醇、酮等十多种分解产物。因此，辐射剂量、剂量率、温度、是否有氧存在、脂肪组成、抗氧化物质等都对辐射所引起的自动氧化变化有很大的影响。

脂肪酸酯和某些天然脂肪(猪油、橄榄油)在受到50 kGy以下的剂量照射时，品质变化极小。但是另一些脂类则成为辐照食品中异臭的发生源。如经20 kGy左右剂量辐照后，肉类会发生风味变化；牛乳的脂肪会产生蜡烛气味；鱼的脂类因高级不饱和脂肪酸发生氧化酸败而产生很重的异臭味等。

饱和的脂类在无氧状态下辐照时，会发生非自动氧化性分解反应，产生 H_2、CO、CO_2 碳氢化合物、醛和高分子化合物。不饱和脂肪酸经辐照后也会生成与饱和脂肪酸相类似的物质，其生成的碳氢化合物为链烯烃、二烯烃、二烯烃和二聚物形成的酸。脂肪和脂肪酸被射线照射时，饱和脂肪比较稳定，而不饱和脂肪容易氧化，出现脱羧、氢化、脱氨等作用。有氧存在时，由于会发生自动氧化作用，饱和脂肪也会被氧化。辐射促进自动氧化过程可能是由于促进自由基的形成和氢过氧化物的分解，并使抗氧化剂遭到破坏。磷脂类的辐照分解物也是碳氢化合物类、醛类和酯类。

6. 维生素

维生素是食品中重要的微量营养物质。维生素对辐照的敏感性在评价辐照食品的营养价值上是一个很重要的指标。大部分维生素对加热和辐射具有不同的反应，对辐射不稳定的维生素在光、热、氧这三个因素中至少易受其中一个因素的影响而发生分解。

在脂溶性维生素中，维生素 A 和维生素 E 的辐照敏感性最强，维生素 D 比较稳定；水溶性维生素中，维生素 B_1、维生素 C 对辐照最不稳定。维生素的辐射稳定性一般与辐照时食品组成、气相条件、温度及其他环境因素有关。一般来说，在无氧或低温条件下辐照可减少食品中任何维生素的损失，且食品中的维生素要比单纯溶液中的维生素稳定性强。

8.2.7 食品辐照的生物学效应

生物学效应指辐射对生物体如微生物、昆虫、寄生虫、植物等的影响。这种影响是由于生物体内的化学变化造成的。生物有机体吸收射线能以后，会产生一系列的生理生化反应，使新陈代谢受到影响。较低剂量的电离辐射，会引起生物体中某些蛋白质和核蛋白分子的改变，破坏新陈代谢，抑制核糖核酸和脱氧核糖核酸的代射，使生物体的生长发育和繁殖能力受到一定的危害。

已证实辐射不会产生特殊毒素，但在辐射后某些机体组织中有时发现带有毒性的不正常代谢产物。辐射对活体组织的损伤主要是有关其代谢反应，视其机体组织受辐射损伤后的恢复能力而异，这还取决于所使用的辐射总剂量的大小。同时，食品辐照的生物学效应也与生成的游离基和离子有关。当射线穿过生物有机体时，会使其中的水和其他的物质电解，生成游离基和离子，从而影响机体的新陈代谢过程，严重时还会杀死细胞。食品保藏就是利用电离辐射的直接作用和间接作用来杀虫、杀菌、防霉、调节生理生化反应等从而保藏食品。

食品辐照的生物学效应与生物机体内的化学变化有关，不同辐射线达到各种生物效应所必需的剂量各有不同，详见表 8-3。

表 8-3 用 β 射线和 γ 射线达到各种生物效应所必需的剂量

效应	剂量/Gy	效应	剂量/Gy
植物和动物的呼吸作用	0.01 ~ 10	辐照巴氏杀菌	10^3 ~ 10^4
植物诱变育种	10 ~ 500	食品呼吸选择杀菌	10^3 ~ 10^4
通过巴氏性不育杀虫	50 ~ 200	药品及医疗设备的灭菌	$(1.5 \sim 5) \times 10^4$
抑制发芽(马铃薯、洋葱)	50 ~ 400	食品巴氏杀菌	$(2 \sim 6) \times 10^4$
杀灭鼠虫及虫卵	250 ~ 10^3	病毒的失活	$10^4 \sim 1.5 \times 10^4$
酶的失活	$2 \times 10^4 \sim 10^5$		

8.2.7.1 微生物

辐照保藏主要是直接控制或杀灭食品中的腐败微生物及致病微生物。

1. 辐射对微生物的作用机制

1) 直接效应

直接效应指微生物接受辐射后本身发生的反应，可使微生物死亡。

(1) 细胞内蛋白质、DNA 受损，即 DNA 分子碱基发生分解或氢键断裂等，由于 DNA

分子本身受到损伤而致使细胞死亡——直接击中学说。

(2)细胞内膜受损，膜由蛋白质和磷脂组成，这些分子的断裂造成细胞膜泄漏，酶释放出来，导致酶功能紊乱，干扰微生物代谢，使新陈代谢中断，从而使微生物死亡。

2)间接效应

间接效应是指当水分子被激活和电离后，会产生大量的活性离子，这些活性离子与微生物体内的生理活性物质相互作用，而使细胞生理机能受到影响。

2. 微生物对辐射的敏感性

为了表示某种微生物对辐射的敏感性，通常以每杀死90%微生物所需用的剂量(Gy)来表示，即残存微生物数下降到原数的10%时所需用的剂量，并用D_{10}来表示。人们通过大量的试验发现，微生物残存数与辐射剂量存在如下关系：

$$\log N/N_0 = -D/D_{10} \quad (8\text{-}16)$$

微生物种类不同，对辐射的敏感性不同，因而D_{10}也不同。并且微生物所处环境不同，对辐射的敏感性也不相同。

1)细菌

通常杀菌所需的最小辐照剂量的大小取决于辐照对象微生物的种类、被辐照食品种类和辐照时的温度等。通常，带芽孢的细菌比非芽孢菌对辐照有较强的抵抗力。沙门氏菌是最常见的污染食品的致病菌，也是非芽孢菌中最耐辐照的致病微生物，工业上常用热处理杀灭该菌，但热处理会使食品组织和形状发生变化。

2)酵母与霉菌

酵母与霉菌对辐射的敏感性与无芽孢细菌相同。霉菌会造成新鲜果蔬的大量腐败，用2 kGy左右的辐射剂量即可抑制其生长。酵母可使果汁及水果制品腐败，可用热处理与低剂量辐射结合的办法杀灭。

3)病毒

病毒是最小的生物体，它没有呼吸作用，以食品和酶为寄主，自身没有代谢能力，但进入细胞后能改变细胞的代谢机能，产生新的病毒成分。如脊髓灰色质病毒和传染性肝炎病毒据推测来自食品污染。通常使用高达30 kGy的剂量才能将病毒抑制。

用γ射线照射有助于杀死病毒，但使用过高剂量时对新鲜食品的质量有影响，因此，常用加热与辐射并举的方法来降低辐照剂量及抑制病毒活性。

8.2.7.2 虫类

1. 昆虫

对昆虫细胞来说，辐射敏感性与它们的生殖活性成正比，与它们的分化程度成反比。处于幼虫期的昆虫对辐射比较敏感，成虫(细胞)对辐射的敏感性较小，高剂量才能使成虫致死，但成虫的性腺细胞对辐射是敏感的，因此使用低剂量可对成虫造成绝育或引起配子在遗传上的紊乱。

昆虫受到射线照射后立即死亡所需要的剂量为立即致死量。立即致死剂量往往很大，一般要在几千戈瑞才有效。这种剂量具有杀虫迅速的优点，但费用很高。昆虫受到射线照射后要经过一个星期以上的潜伏期才能大量死亡所需的剂量为缓期致死剂量。缓期致死剂量一般在几十戈瑞到几百戈瑞。35 Gy 可作为防治常见鞘翅目储粮害虫的有效致死剂量。昆虫受到射线照射后，丧失生殖能力，产生不孕现象所需的剂量为不孕剂量。这种剂量一般在 80 Gy 以下。用不孕剂量不仅可以降低照射费用，而且可以避免高剂量照射对食品造成的不良影响。

这些作用都是在一定剂量水平下发生的，而在其他低剂量下，甚至可能出现相反的效应，如延长寿命，增加产卵，增进卵的孵化和促进呼吸等。

8.2.7.3 植物

辐照主要应用在植物性食品(主要是水果和蔬菜)抑制块茎、鳞茎类发芽，推迟蘑菇破膜开伞，调节后熟和衰老上。

1. 抑制发芽

电离辐射抑制植物器官发芽的原因是植物分生组织被破坏，核酸和植物激素代谢受到干扰，以及核蛋白发生变性。

2. 调节呼吸和后熟

跃变型果实经适当剂量照射后，一般都表现出后熟被抑制、呼吸跃变后延、叶绿素分解减慢等现象。番茄、青椒、黄瓜、阳梨和一些热带水果都有这种表现。一般可以用修复反应来解释辐射抑制后熟的作用，认为生物体要从辐射造成的伤害中恢复过来，需经过一个修复时期，后熟作用就被延迟了。非跃变型果实(如柑橘类和涩柿)的反应则不同，看不到辐照的修复反应，反而会有促进其成熟的现象，如绿色柠檬和早熟蜜橘辐照后加速了黄化，辐照促进涩柿脱涩、软化等。

3. 辐射与乙烯代谢

不论是跃变型或非跃变型果实，辐射都会对乙烯的产量有瞬时性的促进，从而使呼吸加强(释放的 CO_2增多)。乙烯增长的程度因果实的种类、成熟度和辐射剂量而异。辐射剂量较低，乙烯的生成量上升，达到顶峰后又下降。乙烯的变化与呼吸的变化基本是吻合的。高剂量辐射后，乙烯不再生成，呼吸也表现出紊乱。在绿熟番茄和青梅中也见到相类似的情况。这些表明果实经适当剂量辐照后，会抑制内源乙烯的产生，这显然与辐射抑制后熟也密切相关。

4. 辐射与组织褐变

组织褐变是辐射伤害最明显、最早表现的症状，也是其他诸如机械伤害、冷害、病虫害等许多伤害的共同症状。作为辐射损伤，即使在低照射量范围(50 ~ 400 kGy)，褐变程度也随剂量增加而增高，并因植物品种、产地、成熟度等的不同而不同。研究发现，绿熟番茄由辐射引起或加重的褐变呈斑块状并带凹陷不平的“虎皮病”红棕色斑点或黑褐色斑点。这些褐变在辐剂量为42 Gy时，6d就相当明显；840 Gy以上12 d内全部果实都会发病。研究还发现辐射使蒜的轻微压痕在数日内变得清晰可见。植物活组织的褐变大都是酶褐变，是酚类物质在氧化酶催化下的结果。辐射引起的褐变也是如此。马铃薯辐照后组织内部酚类增多，多酚氧化酶或过氧化物酶活性增强。这种酚类物质的异常积累被认为是生物合成系统活化所致。

总之，辐射引起的食品生物学效应是食品得以保藏的原因之一，但是辐射在调节果蔬后熟、衰老等方面的应用还不成熟，许多问题有待继续深入研究。

8.2.8 电离辐照杀菌作用的影响因素

影响食品辐照杀菌作用的因素较多，如含水量、pH、食品的化学成分、辐照时的环境温度及氧的含量等。

1. 温度

辐照杀菌中，在接近常温的范围内，温度对杀菌效果的影响不大。一般认为，在冰点以下，辐照不产生间接作用或间接作用不显著，因此，微生物的抗辐射性会增强。不过，在冻结工艺控制不当时，由于细胞膜受到损伤，微生物对辐照的敏感性也会增强。

肉类食品在高剂量辐照情况下会产生一种特殊的辐射味。为了减少辐照所引起的物理变化和化学变化，从辐照引起食品的化学效应来解释，在低温条件下辐照，可以减少辐照时产生的游离基的活性，减少食品成分的破坏(断裂和分解)，以及防止食品成分的氧化，这样就减少了辐射味的产生。对于肉类、禽类等含蛋白质较丰富的动物性食品，辐照处理最好在低温下进行，这样可以有效地保证食品的质量。

辐照前后的工艺过程中所进行的热处理对辐照杀菌也有着重要的意义。因为在辐照过程中，要使存在于食品中的酶钝化就需要远比杀菌剂量高得多的剂量。在辐照杀菌后的贮藏过程中，还会因残存酶的作用而使食品质量下降，所以，有必要在辐照前或后进行热处理。热处理的目的是破坏酶，因而热处理在辐照前或后进行都可以，但是辐照后进行比辐照前进行，杀死细菌芽孢的效果更好。

2. 氧的含量

辐照时是否需要氧，要根据辐照处理对象、性状、处理的目的和贮存环境等加以综合考虑来判断。辐照可以使空气中的氧电离，形成氧化性很强的臭氧。辐照处理时有无分子态氧存在对杀菌效果有着显著的影响。一般情况下，杀菌效果因氧的存在而增强。

对于蛋白质和脂肪含量较高的鱼类和肉类食品，空气中氧的存在会造成一定的氧化作用，特别是在中、高剂量照射的情况下更为严重。为了防止氧化生成过氧化物，在肉类食品辐照处理时就要采用真空包装或真空充氮包装以降低氧的含量。

对于水果、蔬菜之类需低剂量辐照处理的食品来说，辐照氧化并不是主要作用，但是采用小包装或密封包装进行辐照也是必要的。其原因是可以减少二次污染的机会，同时在包装内可以形成一个小的低氧环境，使后熟过程变慢。有时为了防止食品中维生素E的损失，要求食品在充氮环境中进行辐照处理。

3. 含水量

在干燥状态下照射，生成的游离基因失去了水的连续相而变得不能移动，游离基等的辐照间接作用就会随之降低，因而辐照作用显著减弱。

4. 放射线的种类

能用于食品杀菌的放射线有高速电子流、γ射线及X射线。射线种类不同，杀菌效果也会发生相应的变化。放射线种类虽然不同，但对微生物来讲，D值不会发生变化。对于其他放射线，电离密度越大，其杀菌效果越好。

5. 照射剂量

在使用不同装置的放射源进行照射时，必须要考虑照射剂量的差异。在照射处理中，射线强度有时发生变化，一般来说，在放射线照射引起的化学反应中，照射效果依赖于放射线的照射强度，即放射线强度影响杀菌效果。

6. 分段照射(重复照射)

在辐照过程中，不采用一次达到规定的杀菌剂量而进行分段照射时，对微生物的影响与对高等生物的影响有所不同。研究结果表明，把所给定的剂量分次作用于微生物，不影响其杀菌效果。

对食品来说，通常只进行一次辐照。有些研究提出，任何重复照射都要避免。但是有的研究提出，①辐解产物的浓度(经辐照引起食品成分发生分解的量)是剂量的线性函数；②辐照后的一些辐解产物的浓度大量地和迅速地减少；③根据毒理学和其他研究，在总平均剂量之内重复辐照不会有害，不产生对营养和工艺性能的显著损害的情况下，可以进行重复辐照。

但是，在现有的技术和知识水平下，接受重复辐照应遵循以下原则：①接受辐照的食品是水分含量低的食品；②受辐照加工的食品中有受过低剂量辐照处理的食品，如由辐照抑制发芽的洋葱制备的干洋葱；③受辐照的食品中含有少量辐照过的调味料，如肉制品中用的调味料或汤料。这些食品之所以可进行重复辐照，是因为经重复辐照后最终产品中增加的辐解产物的数量对产品的影响很小。

7. 微生物的状态

微生物的菌种或菌株不同对放射线的敏感性有很大差异，同一菌株，细胞所处的状态不同，敏感性也会有所不同。处于稳定和衰亡期的微生物对放射线有较强的抵抗力，而处于对数增长期的微生物则敏感性比较强。培养条件也会影响微生物对放射线的敏感性。

8. pH

只有极端pH，才会影响微生物对放射线的抵抗性。在正常的食品中，pH对放射线作用几乎没有影响。

9. 化学物质

微生物对放射线的抵抗性与加热、药剂杀菌相类似，也受周边存在的化学物质的影响，既有对微生物起保护作用的物质，也有促进微生物死亡的物质。

8.3 辐照在食品保藏中的应用

8.3.1 应用于食品的辐照类型

在食品辐照保藏中，按照所要达到的目的把应用于食品上的辐照分为三大类，即辐照阿氏杀菌、辐照巴氏杀菌和辐照耐贮杀菌。

8.3.1.1 辐照阿氏杀菌

辐照阿氏杀菌也称商业性杀菌，所使用的辐照剂量可以使食品中的微生物数量减少到零或有限个数。这种辐照处理以后，食品可在任何条件下贮藏，但要防止再次污染。剂量范围为10～100 kGy。

8.3.1.2 辐照巴氏杀菌

辐照巴氏杀菌只杀灭无芽孢病原细菌(除病毒外)。所使用的辐照剂量使辐照后食品检测时不出现无芽孢病原菌(如沙门氏菌)。剂量范围为5～10 kGy。

8.3.1.3 辐照耐贮杀菌

这种辐照处理能提高食品的贮藏性，降低腐败菌的原发菌数，并延长新鲜食品的后熟期及保藏期。所用剂量在5 kGy以下。

8.3.2 辐照在食品工业中的应用

8.3.2.1 保持食品鲜度

1. 抑制果蔬发芽

蔬菜、水果刚采收后，呼吸作用还比较旺盛，并会继续成熟。辐照处理不仅能抑制发芽，保存营养物质，而且还抑制了果蔬的新陈代谢和呼吸作用，推迟了果蔬的成熟，延长了贮存期和货架期。

2. 杀灭谷类病虫

辐照谷类的主要目的是杀虫，在仓储过程中采用辐照处理是杀灭害虫的有效手段。对谷类及其制品进行辐照，不仅可以杀死害虫，缩短害虫的寿命，而且也能够杀死虫卵，防止大规模爆发。此外，辐照还可以除去大宗粮食及其制品中的霉菌、黄曲霉毒素等，有效地保证食品的安全。

3. 保鲜畜禽肉类

在通常的辐照剂量中，辐照对蛋白质的含量影响不显著。蛋白质产生的辐解产物在数量上是非常小的，不会对人体构成危害。大量的辐照试验也表明，蛋白质经辐照后的氨基酸的种类和含量均无明显的变化，一些氨基酸的含量还有所增加，但辐照后蛋白质的结构和功能都发生了变化，由此也引起了生物体(或生物组织)代谢的延缓或加强，或丧失代谢机能等过程的发生。

4. 保鲜果蔬产品

研究显示，造成果蔬腐败变质的主要微生物对低剂量的辐照都非常敏感。因此，采用低剂量的辐照便可以杀死这些微生物，有利于延长果蔬的贮藏期，减少在长途运输销售期间的损失。

5. 保鲜调味品

调味品辐照保鲜技术具有高效、安全、无污染、无残留的特点，对香料和调味品进行保味杀虫灭菌辐照保藏，不仅可有效地使传染性微生物失去活性，并且可保持香料和调味品原有的风味。陈广球等曾采用7.9 kGy剂量辐照黑胡椒，而后检测出细菌、霉菌和大肠菌群均符合国家标准要求。说明黑胡椒通过辐照可延长货架期，提高产品质量。

8.3.2.2 改善食品品质

1. 改善谷类与豆类品质

辐照除了杀菌保鲜外，还可以改善食品的品质。经辐照的小麦面粉有较好的吸水性、较好的面团稳定性及粉质掺和值，并且用辐照小麦生产的的面包的体积显著增大，色泽及品尝性能都有改善。这对改良面粉工艺品质有重要意义。稻米经射线处理后，淀粉性质的变化将影响到稻米的蒸煮和食用品质。采用低剂量的辐照，可使低、中等直链淀粉水稻品种的直链淀粉含量降低，而对高支链淀粉含量品种的直链淀粉含量没有明显影响，辐照淀粉的黏度明显下降，且都随辐照剂量的增加而下降。淀粉粒电镜扫描分析表明，胚乳内淀粉颗粒经辐照处理会有所变形。说明辐照可以提高稻米食用和蒸煮品质。辐照对淀粉的影响主要是通过打断或剪切淀粉的长链来实现的。豆类中含有丰富的蛋白质，是人类蛋白质的重要来源，但因其含有低聚糖胰蛋白和蛋白酶抑制剂，影响人体对豆类营养的吸收，且引起肠胃不适。适宜剂量的电离辐射可以有效地降低这些有害物质的含量，同时改善豆类的加工品质，提高营养价值。胰蛋白酶抑制剂是豆类中的主要抗营养因子，能抑制人类或动物肠内胰蛋白酶活性，妨碍食物蛋白的消化、吸收和利用，并引起胰腺肿大，导致生长延缓或停滞，甚至导致人体中毒。目前最常用的胰蛋白酶抑制剂的失活处理方法是热处理，这种处理方法虽然操作方便，但会导致食品中必需氨基酸尤其是赖氨酸的损失和食品物料理化性质的改变，进而影响豆类食品的营养价值和加工性能。辐射可以使胰蛋白酶抑制剂失活，但不影响食品的营养价值和加工性能。

2. 改善酒类品质

辐照处理可以加速酒类的人工老化过程，改善酒的品质。液态发酵的酒经过射线辐照后，酒度略有下降，总酸、总酯都有不同程度增加，正丙醇、仲丁醇、乙醇、异戊醇均有不同程度下降，酮类组分减少，辐照产生的过氧化氢含量可控制在 5 × 10 以下；对以谷物为原料、固态发酵生产的酒进行辐照，试验表明辐射处理去除了新酒固有的辛辣苦涩味，而变得绵甜、醇和，说明辐照固态发酵酒也具有明显的催陈作用。

3. 改善果蔬和茶叶品质

辐照对水果品质的改善具有积极的作用。经辐照的水果，酸度有所降低，苦味物质减少，各种营养成分如氨基酸含量显著增加，辐照有效地改善了水果的口感和食用品质，除维生素 C 含量有所降低外，对其他品质没有影响。不同剂量辐照不同含水量的普洱茶后，除咖啡碱、儿茶素特别是脂型儿茶素含量有所下降外，其他品质成分如氨基酸、可溶性糖、茶多酚总量以及茶多酚的氧化产物一般都有所增加。

4. 改善肉类品质

肉类经辐照处理后，氨基酸的含量都有不同程度的增加，维生素含量有所降低，食用品质提高。

8.3.2.3 降低农药残留

随着人们生活水平的不断提高，营养、健康、安全的食品越来越受到人们的关注，食品安全变得尤为重要。但是微生物污染、农药残留超标、环境污染严重阻碍了我国食品工业的发展。辐照可以降低食品中的农药残留，有效地保证食品的安全性。用 ^{60}Co 射线辐照氯霉素溶液和氯霉素含量较高的河虾，辐照剂量 2 ~ 3 kGy 可使低浓度氯霉素溶液(0.1 mg/L)降解到仪器检测限以下，采用 4 kGy 的辐照剂量可使氯霉素含量较高的河虾中的氯霉素残留量减少 50%。

8.3.3 辐照食品的包装

食品包装是食品生产和流通中的重要一环。一般说来，辐照食品包装材料必须具有透气性低、机械强度高、密封性能高、防潮性好，以及耐热、耐辐照等特性，才能有效地防止病虫和微生物对辐照产品的二次污染和适应产品本身的生理生化变化。为了保证辐照食品对包装材料卫生安全性的要求，辐照食品的包装材料在受到辐照时不应产生包装性能的损害和产生有害物质并向食品转移。

国内外在食品包装材料的研制上发展很快，新的包装材料和包装种类不断出现。目前辐照食品的包装主要采用高分子材料，如聚苯乙烯、聚乙烯、聚酰胺等。辐照新鲜水果、蔬菜的包装要注意防止在装运存储过程中的挤压碰伤，还要具有透气性和通风散热的功能，一般选用瓦楞纸箱作为包装材料。食品包装材料在高剂量辐照后可以产生辐射交联或降解作用，并放出一些气体，但在食品辐照工艺规范(GIP)规定的剂量范围内，只要选择合适的食品包装材料，就不会出现包装材料影响食品安全性的问题。

金属罐(如镀锡薄板罐和铝罐)，在使用杀菌剂量照射时是稳定的。但是，超过600 kGy剂量(在食品辐照保藏中不会使用如此高的剂量)会使钢基板、铝出现损坏现象。金属罐中的密封胶、罐内涂料对杀菌剂量水平也是稳定的。在金属罐形状方面，最理想的是立方形，因为这种形状能被辐射源能最好地利用，剂量分布与控制也最好。

塑料包装的食品，在剂量接近20 kGy或更低时，辐照对其物理性质没有明显影响。在剂量超过20 kGy时，塑料薄膜如聚乙烯、聚酯、乙烯基树脂、聚苯乙烯薄膜的物理性质会发生变化，但这种变化影响较小。如果辐照超过了10 kGy，玻璃纸、氯化橡胶会变脆。在塑料包装中被辐照的大多数食品会出现异味。在灭菌剂量下辐照，聚乙烯会放出令人讨厌的气味，会对食品产生影响。

金属箔和各种复合包装材料是比较理想的食品辐照包装材料，它们可接受高达60 kGy剂量的照射。在食品辐射保藏中，一般采用的辐射剂量较低，因此，比较好的辐射包装材料有玻璃纸、人造纤维、聚乙烯膜、聚氯乙烯膜、尼龙、复合薄膜、玻璃容器及金属容器等。

8.4 辐照食品的安全性

8.4.1 残留放射性和感生放射性

食品经X射线、γ射线或加速电子照射后是否有感生放射性产生，是否受放射性物质的污染，一直是人们所关心的问题。只有在辐射能级达到一定的阈值后，才能使被照射物质产生感生放射性。试验证明，5 MeV是促使被辐射物质产生感生放射性的能量阈值，而目前应用于食品辐照的放射源几乎都是^{60}Co(能量为1.17 MeV或1.33 MeV)和^{137}Cs(能量为0.66 MeV)，它们所放出的射线能量远远低于5 MeV，因而经^{60}Co或^{137}Cs放射源照射的食品不可能产生感生放射性。至于以加速电子为放射源的食品辐照，美国陆军纳蒂克研究中心的R. L. Beaker在一份递交给世界卫生组织关于“10～16 MeV加速电子辐照食品产生感生放射性测定的投告”中指出，即使应用能量级为16 MeV的电子加速器为辐射源辐照食品，所产生的感生放射性也是可以忽略的，即便有，其寿命也非常短。FAO/IAEA/WHO联合咨询小组在审议了辐照食品的可接受性的报告后签署声明指出：照射食品的射线能量，加速电子要小于10 MeV；X射线和γ射线要小于5 MeV。目前，由于所有应用于食品辐照的辐射源均小于上述能量阈值，因此关于辐照食品可能存在感生放射性是完全没有必要的担心。

1986年，苏联切尔诺贝利核电站事故，使欧洲各国的不少农产品遭受了放射性尘埃的污染，同时也使人们产生了各种不正确的观念，认为正常的食品辐照也有被放射性物质污染的危险。其实经辐照的食品不可能受辐射源中放射性物质的污染，第一，作为辐照源的放射性物质密闭于钢管内，管内物质并不能散发出来，射线只是透过钢管壁后再照到受辐照的物质上；第二，受辐照的食品一般在包装内接受照射，且不直接与放射源接触，包装内的食品除了接受透入包装的射线能量外，不可能受到放射性物质污染。

8.4.2 辐照对食品品质的影响

辐照处理食品与热加工、冷藏等一些物理加工方法一样，都会导致食品中某些成分发生微量变化。四十多年的研究表明，食品因辐照引起的营养成分变化量要比炒、煮等热处理方法引起的要少。首先从主要营养成分——蛋白质、碳水化合物、脂肪来看，在营养价值上没有发生显著变化，它们的利用率基本不受照射的影响(表 8-4)。当然，其理化性质会有一定的变化，如蛋白质的结构、抗原性等；脂肪可能产生过氧化物；糖是较稳定的，但在大剂量照射时也会引起氧化和分解，使单糖增加。表 8-4 列出了经辐照处理和未经辐照处理的三类食品的营养成分利用率的对比。

对食品中维生素的影响，有关试验已经证明，使用 75 kGy 剂量辐照消毒的食品，它的维生素破坏程度与加热处理的食品差不多(表 8-5)。由表 8-5 可以看出，脂溶性维生素不耐辐照，而水溶性维生素较耐辐照，其中维生素 B_{12} 是最耐辐照的。当然，辐照对食品品质的影响还与照射条件有关，如低温照射能保留较多的维生素。

表 8-4 经辐照处理和未经辐照处理的食品营养成分利用率 (单位：%)

营养成分	未辐照食物	辐照食物(55.8 kGy)
蛋白质	85.9	87.2
脂肪	93.3	94.1
碳水化合物	87.9	87.9

表 8-5 食品经辐照处理后维生素的剩余百分率 (单位：%)

维生素	热消毒	75 kGy 辐照消毒
硫胺素	35	35
核黄素(B_2)	80	80
菸酸	75	75
吡哆素(B_6)	70	75
叶酸	70	95
维生素 A	80	75
维生素 E	90	75
维生素 K	90	15

8.4.3 辐照食品的微生物学安全性

辐照食品微生物学安全性是指食品辐照后能够抑制或消灭致病或致腐微生物，保证食品的安全性，同时不产生新的食品安全性问题。食品灭菌的要求随灭菌处理类别而异。

对于消毒产品，使用的剂量必须能够破坏所有腐败微生物或使其失活。高水分、低盐、低酸食品易使肉毒杆菌芽孢萌发，必须有足够的剂量使孢子数量减少到 $12D_{10}$ 的剂量。值得注意的是，对于最耐辐射的 A 型肉毒杆菌，要求剂量大约为 45 kGy。为了保证食品的绝对安全性，通常应用一种“接种包研究”的方法，即在受怀疑的特定食品中接种一定的肉毒杆菌芽孢，经几种不同剂量辐照处理后，将食品放在促使芽孢萌发的条件下储存，观察肉毒杆菌芽孢生长及毒性的产生与辐照剂量的关系，找出防止肉毒杆菌生长与毒性产生的最低剂量。对于应用低于消毒剂量的辐照控制微生物腐败的食品，则存在另外一些微生物学上的考虑。辐照能消除或抑制食品中常见微生物的正常生长，同时可能导致另一种微生物的过分生长。因此必须鉴定这一新的类型，并确定它能否对消费者产生健康危害。食品中出现过分生长类型的微生物的一个原因是它们对辐照的敏感性往往高于其他微生物，在一定剂量辐射后，不管其他微生物存在与否，它们都可能存活，在随后的生长中，那些辐射后存活下来的微生物就会成为优势微生物。在一些食品中已经观察到这种受到改变的过分生长的现象。食品中出现过分生长类型的微生物的另一种机理可能是辐照诱发细菌的突变，产生具有较大的辐照抗性的微生物类型，但食品中的细菌污染物由于辐照诱变改变其正常特性而导致消费者的健康受到危害的事至今尚未出现。

在应用低于辐射消毒的剂量辐照食品时，仅鉴定出一种细菌对健康造成的潜在危害。例如，某些 E 型肉毒杆菌的辐射抗性非常强，D_{10} 大约为 1.3 ~ 1.4 kGy，它在低于消毒剂量时不会失活，即使在 3.3℃的低温下也能生长并产生毒性。因此，受 E 型肉毒杆菌感染的海洋或淡水动物产品，辐照后若温度和时间等储存条件不当，就有可能产生毒素。在适合肉毒杆菌生长的食品中，用低于消毒剂量的辐照处理后，一般的腐败微生物可能已经失活，不会发生食品腐败，消费者可能对含有肉毒杆菌毒素的食品缺乏警惕而出现中毒。避免出现这种危害的办法是将食品辐照后储存于 3.3℃以下的条件下，并且避免处于缺氧的环境中。需要指出的是，采用其他非完全消毒处理的食品也有类似的问题，这些食品若温度和时间等储存条件不当也会导致芽孢病原体生长繁殖而使食品对消费者健康产生危害。

8.4.4 辐照食品的毒理学研究

辐照食品的安全性问题从一开始就备受人们关注。人们采用动物喂养试验，研究辐照食品对动物生长、食品摄入、存活、血液学、临床化学、毒性、尿分析、生殖、致畸与致突变、整体和组织病理学方面的影响，以评估辐照食品对动物的生物学、营养学和遗传学效应。饲喂试验动物一定数量的辐照农产品或其制品，并经过几代时间，若没有发现辐照食品引起的慢性或急性疾病和致癌、致畸、致突变，就可以将其作为预测人类消费时安全性的有力依据。根据动物喂养研究取得的数据来推断辐照食品在人类消费时的安全性，是评价辐照食品的毒理学效应的一种常用方法。一些国家还进行了辐照食品的人体食用试验。国内外科学家通过大量长期与短期动物饲喂试验，观察临床症状、血液学、病理学、繁殖及致畸等指标，没有发现辐照农产品及其制品致突变现象出现，将辐照的饲料用于家畜饲养，以及免疫缺陷的动物长期食用辐照的农产品及其制品，也未发现有任何病理变化。动物喂养试验和部分人体食用试验的结果均未显示出人类消费辐照食品在剂量达到 10 kGy 时会出现任何健康危害。

早在 1926 年，德国就进行了辐照食品的动物饲喂试验。自从 20 世纪 40 年代以来，世界上许多国家进行了辐照食品的动物饲喂试验。在动物饲喂试验中，美国 Raltech 试验室进行了长期的试验并得出了在统计学上有说服力的结论。该试验室研究了^{60}Co产生的 γ 射线和机械源产生的电子束辐照鸡肉的毒理学，试验的剂量最高时达到 58 kGy，研究内容为用辐照食品喂养小鼠和狗，研究辐照食品对它们的致畸和致突变作用，共计使用了 134 吨的鸡肉，并比较了高剂量辐照和热处理灭菌的鸡肉的毒理学。该研究的结果认为，高剂量辐照的鸡肉对小鼠和狗没有引起任何的副作用，并在 20 世纪 80 年代中期由美国食品和药物管理局(FDA)公布了这一研究成果。

在过去的 40 多年里，许多国家还对辐照食品的大鼠、小鼠和其他动物的喂养试验进行了广泛的研究，结果表明辐照食品对试验动物不构成任何危害。奥地利、澳大利亚、加拿大、法国、德国、日本、瑞典、英国和美国的食品和药物及相关研究机构进行了 25 ~ 50 kGy 的辐照食品喂养动物试验，没有发现辐照食品对试验动物有致畸、致突变和致癌作用。20 世纪 70 年代，中国国家科学技术委员会组织开展了全国范围的辐照农产品及其制品动物毒理试验研究项目，在此期间完成了慢性毒性试验、多代繁殖试验、致畸试验和诱变试验等。试验选用大鼠和狗两个不同属的动物，检测多种辐照农产品及其制品(大米、马铃薯、猪肉香肠、蘑菇等)对大鼠和狗的生物效应，没有发现与辐照农产品及其制品相关的有害作用。中国华西医科大学研究了^{60}Co γ 射线辐照处理的鲜猪肉饲喂亲代(Po)大鼠的效应，结果表明饲喂 26 kGy 和 52 kGy 辐照鲜猪肉的各代大鼠健康状况良好，体态活泼，体重增长持续上升；各代动物受孕、活产率、哺乳存活率及平均产仔数与对照组无显著差异；组织病理检查，其心、肝、肺、肾、脑、肠、睾丸、子宫等组织病理形态不具特殊性，病理变化无显著的分布差异；摄食辐照食物与畸胎无关，无显著致死、致突变作用，也不会引起微核异常改变。江苏省农业科学院等单位研究了^{60}Co γ 射线辐照的捆蹄的生物毒性，结果表明饲喂经 8 kGy 和 12 kGy 辐照的捆蹄，大鼠、小鼠雌雄两性的急性毒性 LD_{50} 均大于 15000 mg/kg，属实际无毒食物类范围；小鼠微核试验阴性，小鼠精子畸变试验阴性，微粒酶系统(Ames)试验呈阴性。

食品辐照化学及各种动物的毒理学研究结果均证明了辐照食品的卫生安全性。在动物试验的基础上，一些国家进行了辐照食品的人体食用试验。美国陆军纳蒂克试验室 1955 ~ 1959 年间除进行一些小动物试验外，还进行了短期人体食用试验，由志愿者对 54 种辐照食品，其中包括肉类 11 种、鱼类 5 种、水果 9 种、蔬菜 14 种、谷物制品 9 种及其他 6 种食品分别进行了人的食用试验。膳食中辐照食品的总热量卡数为 32% ~ 100%。受试者经过全面的医学检查，包括临床检查以及各种生理检查，结果无一例出现毒性反应。20 世纪 60 年代，我国末进行了食用辐照马铃薯的人体试食试验，检测指标包括体重、血液指标和一些血浆酶活性，结果表明食用辐照马铃薯试验组与食用未辐照马铃薯的对照组之间没有显著差异。辐照食品的安全性也可从一些病人食用辐照食品的反应中得到说明。对于一些严重病人，例如一些化疗和器官移植的病人，对细菌和病毒感染非常敏感，需要提供完全灭菌的食品。美国和英国的一些医院对病人提供辐照灭菌的食品数周或几个月，没有发现不良反应。美国 Fred Hutchinson 癌症研究中心在 20 世纪 70 年代中期对病人提供了几年的辐照灭菌食品，均表现出很好的效果。

印度国立营养研究所(NIN)在20世纪70年代中期曾连续发表数篇研究报告，报道喂食经0.75 kGy剂量辐照的小麦(辐照后20 d内)12周后，能够增加营养不良的儿童、小鼠、大鼠和猴子骨髓中的细胞多倍体，并认为该现象与食用辐照小麦有关。但该试验报告在统计分析上存在明显的缺陷，在统计细胞多倍体时仅观察了100个细胞，而要得到具有统计意义的结果则需要观察几千个细胞。该报告发表后立即引起了世界范围内的关注。印度政府委托印度孟买原子研究中心(BARC)成立了一个专家委员会，研究和评估NIN的报告。该委员会经过试验和分析认为，NIN的试验结果不能说明食用辐照小麦与细胞多倍体增加之间的关系，并且经试验发现即使食用45 kGy辐照的小麦的大鼠，在统计了3000个细胞时，没有观察到食用辐照小麦能使细胞多倍体增加的现象。与此同时，澳大利亚、加拿大、丹麦、法国、英国和美国的一些国立研究机构开展了辐照食品与细胞多倍体关系的研究，他们的研究结果认为NIN的研究结果是完全无法接受的，不能说明辐照食品能够增加细胞多倍体。

我国于1982年开始了以短期人体试验为主的辐照食品卫生安全性研究，共有29个研究所参加了这项工作。该项研究到1985年底共完成了8次短期的人体食用辐照食品试验，供试食的辐照食品包括大米、马铃薯、蘑菇、花生、香肠等，所用的最高辐照剂量为8 kGy(猪肉香肠)，辐照食品食用量为全饮食量的60%~66%，试验连续时间为7~15个星期，参加试食辐照食品的志愿者达439人次。详细体检后的各项指标表明，食用辐照食品对人体未产生任何有害的影响，尤其证明了染色体没有明显改变，进一步否定了NIN报道的人或动物食用辐照食品后可能引起多倍体增加这一说法。国际辐照应用委员会(CRA)于1986年8月发表了《多倍体：中国的研究结束了争论》的文章，肯定了中国辐照食品毒理学研究结果的作用和意义。

辐照食品不是一种简单的化学物质，而是一个多成分的复杂系统，因此主要依靠动物饲喂试验研究辐照食品的毒理学。评价辐照食品毒理学安全的另一个方法是食品辐射化学的研究，通过应用高灵敏度的分析技术鉴定出食品的辐射分解产物。只要辐射分解产物被鉴定出来并被测定，就可以对其毒理学作用进行评价。基于辐射化学研究取得的信息用来评价辐照食品毒理学安全性的方法，称为化学准许，是一种很有价值的评估辐照食品安全性的方法。

关于辐照降解产物的毒理学问题，大量研究表明辐照并未形成具有足够量的具有毒理作用的任何物质。美国麻省理工学院的Beynjolfsson博士曾于1985年发表了一篇权威性评论，认为辐照加工与热加工相比辐照降解产物的量很少。各国的动物饲喂试验并未发现辐射降解有任何有害的作用。美国陆军纳蒂克试验室和其他各国著名试验室的分析结果，都证明辐射降解产物是无毒的，是食品主要成分的正常分解产物。即使在很高剂量辐射下产生的苯，也只有十亿分之几，与热加工相比大体上处于相同水平。

动物喂养试验和化学准许方法在评估辐照食品的毒理学研究中互相支持，互为补充。动物喂养试验能够全面评估辐照食品的生物学、生理学和遗传学效应，而采用鉴定所形成的特定化合物以及测量每种化合物的数量的辐射化学方法非常灵敏。因此利用这些方法能够对辐照食品的毒理学进行有效的评价。综上所述，多年来通过大量的毒理试验，均未发现辐照食品对动物和人体有不良影响。适宜剂量照射的食品供人类食用是安全的。辐照农产品及其制品，在进行动物试验中均未发现有异常现象，就是发生一些变化，也都不至于产生危害和损伤，也没有观察到发生致癌、致畸、致突变以及遗传性的改变。

FAO、WHO、IAEA 联合专家委员会分别在 1964 年、1969 年、1976 年和 1980 年召开会议，评估辐照食品的毒理学和其他问题，认为食用辐照食品不会产生任何毒理学问题。WHO 的一个独立专家组于 1992 年评估了 1980 年以来有关辐照食品安全性的材料和数据，进一步确认食用辐照食品的安全性。FAO、WHO、IAEA 联合专家组 1997 年在瑞士日内瓦举行的会议上指出："从毒理学的角度考虑，低于 10 kGy 的辐照剂量不会产生对人体健康产生危害的食品成分"。

8.4.5　辐照食品的致癌、致突变和致畸研究

辐照食品在大规模推广应用之前，毒性试验除考虑急性、亚急性和慢性毒性试验，以及生殖功能的检查外，还须重视"三致"（致癌、致突变、致畸）试验。

8.4.5.1　辐照食品的致癌试验

致癌试验是检验受试物或其代谢产物是否具有致癌或诱发肿瘤作用的慢性毒性试验方法。放射线处理食品会不会产生致癌物质，这是一个极为严肃的问题，为了检查辐照食品对动物有无致癌或诱发肿瘤的作用，在检验过程中，有无肿瘤出现也是重要观察指标之一。

8.4.5.2　辐照食品的致畸试验

致畸试验是检查受试物质是否具有引起胚胎畸变现象的试验方法。所谓致畸是指环境中某些因素作用于胚胎，影响胚胎的正常发育，造成胎体的形体畸形或功能异常。致畸作用是化学物质毒性的一种表现，这类畸形不会遗传。FAO、IAEA、WHO 得出"剂量低于 10 kGy，辐照任何食品不存在毒理学的危害"的结论，因此不需要进行食品毒理学试验。

8.4.6　我国辐照食品的相关标准与法规

食品辐照技术的快速发展，引起了世界各国的高度重视。世界各国都制定了相应的法规对辐照食品进行标准化管理，但是食品辐照技术在全球的发展并不均衡，因此各国有着各自的卫生标准。辐照食品的卫生和工艺标准体系在保证辐照食品的质量和保护消费者健康，促进辐照食品的国际贸易等方面具有重要的意义。全球经济贸易的一体化，促使各国都要履行义务，执行标准，加强各自的辐照食品加工、工艺和质量控制体系，实施并强化辐照食品卫生安全控制战略。

1. 国际法规

对辐照食品标识的管理，各国的规定趋于一致。现行有效的标准是修订后的《国际辐照食品通用标准》和 2003 年修订的《食品辐照加工工艺国际推荐准则》。1991 年，

CAC批准的《预包装食品标识的国际通用标准》中规定了对辐照食品标识的要求。

美国作为最先对食品辐照进行研究和开发利用的国家之一，辐照食品比较普遍，已制定了一系列法规和标准。其中对不同用途的辐照源、食品种类、目的、辐照剂量、标识、包装等均作出了相应的规定。在欧盟成员国中，对食品辐照的意见各有不同，大多持严格和谨慎的态度，各成员国均立法对食品辐照管理措施作出规定。2000年9月20日，欧盟开始实施两部辐照指令。第一个指令允许使用食品辐照的成员国建立主要的辐照规则，但不强制德国等国家放弃其对食品辐照的禁令。该指令涵盖辐照食品和食品配料的制造、营销和进口，对于食品辐照的条件、设施、放射源、辐照剂量、标识、包装材料等都作出了相关规定。第二个指令是“执行”指令，规定了可以在欧洲进行辐照及销售的产品清单。近年，澳大利亚和新西兰取消了1989年以来对食品辐照的禁令。1999年下半年，澳大利亚-新西兰食品标准委员会(ANZFSC)核准了澳新食品主管局(ANZFA)标准——A17《食品辐照》，该标准要求对辐照食品进行标识。加拿大政府对食品辐照的管理基于两个方面：安全和标识，其《食品药物条例和法规》认可食品辐照为一种食品加工过程，并对辐照食品的标识作出了规定。日本对于食品辐照一直持谨慎态度，目前只允许对马铃薯进行辐照以抑制其发芽。韩国则分别在1987年、1991年和1995年批准了19项食品的辐照。根据香港法例第132章《公众卫生及市政条例》内的《食物及药物(成分组合及标签)规例》，指出所有储存辐照食物的容器均须清晰地用英文大楷列明“IRRADIATED”或“TREATED WITH IONIZING RADIATION”及用中文标明“辐照食品”。

2. 国家标准

我国《预包装食品标签通则》明确规定：经电离辐射线或电离能量处理过的食品，应在食品名称附近标明“辐照食品”；经电离辐射线或电离能量处理过的任何配料，应在配料清单中标明。我国1996年4月5日颁布了《辐照食品卫生管理办法》，规定辐照食品必须严格控制在国家允许的范围和限定的剂量标准内，若超出允许范围，须事先提出申请，待批准后方可进行生产。我国规定从1998年6月1日起辐照食品必须在其最小外包装上贴有规定的辐照标识，凡未贴标识的辐照食品一律不准进入国内市场。

我国在辐照食品的工艺剂量、辐照食品质量保证、包装材料评估、人体试验和经济可行性评估等方面进行了广泛的研究。1984~1996年，我国政府批准了18种辐照食品的卫生标准。我国1996年颁布了《辐照食品管理办法》，进一步鼓励对进口食品、原料进行辐照处理，1997年，卫生部又按类批准了6大类食品的辐照卫生标准。2002年4月，农业部在中国农业科学院成立了辐照产品质量监督检验测试中心，用来加强对全国辐照产品质量监督和辐照设施的管理。目前，我国现行有效的辐照食品的国家标准有28项，进出口行业标准有20项，农业部工艺和鉴定行业标准有10项。这些法规和标准的颁布和执行为我国辐照食品技术的应用提供了法律保障。建立和完善我国食品辐照技术的标准体系，最大限度地实现对整个辐照食品产业链的全面控制，是与国际接轨所必需的。

【复习思考题】

1. 辐照保藏的基本原理是什么?
2. 食品辐照常用的辐射源有哪些?
3. 列举辐照保藏在食品加工中的应用实例。

主要参考文献

陈其勋, 中国食品辐照进展. 北京: 原子能出版社, 1998.

陈荣溢. CAC 和部分国家地区辐照食品要求及标准. 中国检验检疫, 2009, 2: 41-42.

高美须, 哈益明, 周洪杰. 国内外食品辐照标准现状及发展建议. 农业质量标准, 2004, 1: 36-38.

胡鹏, 徐同成, 王文亮. 辐照技术在食品加工中的应用研究. 农产品加工, 2008, 12: 48-50.

刘敏. 辐照技术在食品加工中的应用与发展. 宁夏农林科技, 2011, 52(05): 67-68.

施陪新. 食品辐照加工原理与技术. 北京: 中国农业科学技术出版社, 2004, 218-246.

王守经, 等. 生姜辐照抑制发芽贮藏工艺研究. 核农学报, 2003, 17(2): 115-118.

严建民, 等. 辐照食品的卫生安全性研究现状. 核农学报, 2010, 24(1): 0088-0092.

曾庆孝, 芮汉明, 李汴生. 食品加工与保藏原理. 北京: 化学工业出版社, 2002.

张璇, 何建中, 李瑞军. 辐照抑制冷藏大蒜发芽的研究. 核农学报, 2005, 19(2): 102-104.

FAO/WHO. Codex general standard for the labelling of prepackaged foods. CODEX STAN, 1999.